PICARD
Theorie der Fragebogen

CLAUDE FRANÇOIS PICARD

Theorie der Fragebogen

mit einem Anhang von

E. LÜDDE und H. THIELE

AKADEMIE-VERLAG · BERLIN
1973

Französischer Originaltitel:
THEORIE DES QUESTIONNAIRES, PARIS 1965
Übersetzt von E. LÜDDE, wissenschaftlich bearbeitet, herausgegeben und mit einem Anhang versehen von E. LÜDDE und H. THIELE

Erschienen im Akademie-Verlag GmbH, 108 Berlin, Leipziger Str. 3–4

Lizenznummer: 202 · 100/7/73
Herstellung: IV/2/14 VEB Druckerei »Gottfried Wilhelm Leibniz«, 445 Gräfenhainichen/DDR · 3855
Bestellnummer: 5675 · ES 19 B 1,5
EDV 751 959 8

Vorwort zur deutschen Ausgabe

Im letzten Jahrzehnt hat sich ein Gebiet herausgebildet, dessen Bedeutung und Umfang gegenwärtig bereits sehr groß sind, in der Zukunft noch wesentlich wachsen werden: die Theorie der äquivalenten Umformungen von Algorithmen und Programmen sowie die darauf beruhende Theorie ihrer Optimierung hinsichtlich verschiedener Bewertungskriterien.

Das Ziel derartiger Untersuchungen ist klar. Die betreffenden Algorithmen und Programme sollen so geschrieben werden, daß bei ihrer Abarbeitung auf einem Automaten möglichst wenig Zeit und Speicherraum benötigt werden. Wenn man bedenkt, daß die auf Rechnern zu lösenden Probleme und damit die aufzustellenden Algorithmen immer komplizierter und umfangreicher werden, wird die Wichtigkeit einer Optimierungstheorie für Algorithmen und Programme, insbesondere unter volkswirtschaftlichen Gesichtspunkten, sehr deutlich.

Generell ist zu bemerken, daß solche Untersuchungen den Rahmen der „klassischen" Algorithmentheorie, die sich innerhalb der mathematischen Logik entwickelt hat und etwa durch Begriffe wie „rekursive Funktion", „TURING-Maschine, „λ-Kalkül", „POSTscher" oder „MARKOWscher Algorithmus" abgegrenzt werden kann, wesentlich überschreiten. Die klassische Algorithmentheorie, die in den dreißiger und vierziger Jahren dieses Jahrhunderts, insbesondere um das Jahr 1936, entstanden und mit Namen wie HERBRAND, GÖDEL, KLEENE, TURING, CHURCH, POST, MARKOW und anderen verbunden ist, hat in erster Linie das Ziel, den Begriff des Algorithmus und damit Begriffe wie Berechenbarkeit und Konstruktivität überhaupt erst einmal zu präzisieren und damit eine begriffliche Grundlage für Unentscheidbarkeits- und Nichtaxiomatisierbarkeitsbeweise in der mathematischen Logik zu schaffen. In den angedeuteten modernen Untersuchungen wird zum Teil auf die klassischen Algorithmenbegriffe zurückgegriffen, zum Teil wird der Begriff des Algorithmus dabei neu präzisiert, und zwar in Abhängigkeit von der Aufgabenstellung, etwa mit den Hilfsmitteln der Graphentheorie (als Flußdiagramm bzw. als Graphschema) oder als sinnvoller Ausdruck einer (evtl. problemorientierten) algorithmischen Sprache.

Innerhalb der (klassischen, besonders aber der modernen) algorithmentheoretischen Untersuchungen spielt das Teilgebiet der Theorie logischer Entscheidungsprozesse sowohl von seinem mathematischen Gehalt her als auch im Hinblick auf die Anwendungen eine besondere Rolle. Der inhaltliche Ausgangspunkt dieser Betrachtungen besteht darin, daß unbekannte oder nur teilweise bekannte Objekte identifiziert oder in Klassen eingeteilt werden sollen. Der Aspekt der Umformung (also der Aspekt der Informationsverarbeitung) tritt bei dieser Aufgabenstellung in den Hintergrund und fällt nur insofern ins Gewicht, als es für den Identifizierungs- oder Klassifizierungsprozeß notwendig ist, die Objekte zu verändern. Sehr wichtig ist die Feststellung, daß – wie allgemein bei algorithmischen Prozessen – ein Identifizierungs- oder Klassifizierungsprozeß häufig nicht nach einem Schritt beendet ist, sondern aus verschiedenen Gründen sequentiell evtl. sehr viele Teilschritte durchlaufen muß.

Einige Gebiete, in denen Identifizierungs- und Klassifizierungsprozesse grundlegend sind, seien ohne Anspruch auf Vollständigkeit hier genannt: Informationscodierung, Informationsabspeicherung und -wiederauffindung, Informationsreduktion; Informationsverarbeitung, insbesondere Programmierung (nämlich logische Steuerung in Algorithmen und Programmen; wir erinnern dazu an den Begriff des Zielausdrucks in ALGOL-60); Objekterkennung und -klassifizierung im allgemeinsten Sinne, speziell Zeichen- und Mustererkennung, ferner automatische und natürliche Begriffsbildung; schließlich das umfangreiche Gebiet der Lernprozesse sowie allgemeiner der natürlichen und künstlichen Intelligenz.

Die Monographie von Claude François Picard „Théorie des questionnaires", deren deutsche Übersetzung hiermit vorgelegt wird, gehört, obwohl dies im Original nicht ausdrücklich betont wird, in diesen Gedankenkreis. Es werden gerichtete Graphen betrachtet, die auf der Menge ihrer Senken eine Wahrscheinlichkeitsverteilung tragen. Schränkt man den Bereich dieser Graphen, wie es bei Picard zu Beginn seiner Ausführungen geschieht, auf den Bereich der Büschel ein, kann man in einer anschaulich sehr einfachen Weise von der mittleren Weglänge in einem derartigen Graphen sprechen und solche Graphen einerseits – im Sinne der Codierungstheorie – als Codebäume und andererseits als Beschreibungen für sequentielle logische

Entscheidungsprozesse auffassen. Dabei ist die zweite Auffassung verallgemeinerungsfähiger und weittragender. Sie wird offenbar deshalb von PICARD bevorzugt und kommt sogar in der Bezeichnung derartiger Graphen als „questionnaires“ (von uns hinsichtlich der Interpretation als logischer Entscheidungsprozeß mit „Fragebogen“ übersetzt) zum Ausdruck.

Es werden systematisch eine Reihe interessanter und wichtiger Begriffsbildungen eingeführt und entsprechende Resultate abgeleitet. Die Wichtigkeit der Thematik einerseits und die zur Zeit noch spärlichen Publikationen auf diesem Gebiet andererseits haben den Entschluß reifen lassen, die vorliegende Übersetzung herauszugeben.

Die Übersetzer und Bearbeiter der deutschen Ausgabe hielten es aus mehreren Gründen für sinnvoll und gerechtfertigt, den Ausführungen des Verfassers einen Anhang (bestehend aus drei Teilen) hinzuzufügen.

Der Ausgangspunkt für den ersten Teil besteht in der Tatsache, daß die inhaltliche Interpretation der PICARDschen Fragebogen als sequentielle logische Entscheidungsprozesse und damit die Anwendbarkeit der Theorie nicht unproblematisch sind, insbesondere dann, wenn in dem betrachteten Graphen Zyklen oder Kreise vorkommen (man vgl. dazu S. 23). Die Ursache dafür liegt darin, daß der gesamte Ansatz einschließlich des Begriffs des Fragebogens einen sehr hohen Abstraktionsgrad hat. So sind z. B. die Objekte, die klassifiziert werden sollen, bei dem vorliegenden Ansatz (etwa als Eingabegrößen des Algorithmus) nicht erfaßt; ebenfalls sind nicht präzisiert die Verteilungsgesetze, die das Angebot dieser Objekte als Eingabegrößen regeln. Demgemäß reduziert sich der Begriff der Frage auf den Begriff des Knotens mit mindestens zwei direkten Nachfolgern. Das auf der Menge der Ausgänge liegende Wahrscheinlichkeitsverteilungsgesetz ist hinreichend verständlich, wenn der betrachtete Graph ein Büschel ist und als „Codebaum“ einer Codierung aufgefaßt werden kann. Wird diese Auffassung nicht geteilt oder liegt evtl. ein Graph mit Zyklen oder Kreisen vor, so ist das Verteilungsgesetz zunächst nicht sinnvoll interpretierbar. Diese Schwierigkeiten verschwinden automatisch, wenn man „interpretierte“ Fragebogen betrachtet. Bei diesen sind – grob gesprochen – ein Bereich J von Eingabegrößen und ein Verteilungsgesetz über J gegeben. Außerdem wird jeder abstrakten Frage, also jedem Knoten, eine konkrete Frage, d. h. ein Testattribut über J, zugeordnet. Definiert jedes Element ξ aus J in dem Graphen genau einen Weg, der im Eingang beginnt und in genau einem Ausgang endet, so kann man das auf der Menge der

Ausgänge liegende Verteilungsgesetz als eine Übertragung (Vergröberung) des am Eingang existierenden Verteilungsgesetzes deuten.

Der zweite Teil des Anhanges soll die Reihe der Anwendungsbeispiele der Fragebogentheorie gegenüber dem Original vergrößern. Dies erschien uns notwendig zu sein, weil im Original die Anwendungen nach unserer Meinung etwas zu kurz gekommen sind.

Im dritten Teil des Anhanges schließlich haben wir versucht, einige Probleme und Ergebnisse der Fragebogentheorie, die seit dem Erscheinen des Originals im Jahre 1965 von PICARD und seinen Mitarbeitern sowie auch von anderen erzielt worden sind, darzustellen.

Zur Zeit entwickelt sich ein Gebiet, dessen Gegenstand die induktive Erzeugung von interpretierten Fragebogen zur Klassifizierung und Identifizierung von Objekten aus black-box-Informationen ist. Wir weisen ausdrücklich darauf hin, daß derartige Untersuchungen aus Platzgründen in den Anhang nicht aufgenommen wurden.

Die zum Verständnis des vorliegenden Buches erforderlichen mathematischen Vorkenntnisse sind minimal. Es werden de facto alle notwendigen Begriffe definiert (nur an einigen Stellen werden die Grundbegriffe der Differentialrechnung verwendet); eine gewisse Vertrautheit mit den Grundbegriffen der Mengenlehre, Graphentheorie und der SHANNONschen Informationstheorie wird jedoch zweifellos die Lektüre erleichtern.

Zum Schluß möchten wir allen danken, die uns bei der Entstehung der deutschen Ausgabe des Werkes von PICARD unterstützt haben. In erster Linie gilt unser Dank dem Autor für sein großes Verständnis unserer Sorgen bei der Übersetzung und Bearbeitung seines Werkes sowie für unsere Wünsche bezüglich des von uns verfaßten Anhanges. Den Herren Dr. HEINZ-JÜRGEN VOSS und Dipl.-Math. DIETER PÖTSCHKE danken wir für die Durchsicht des Manuskriptes sowie für eine Reihe fachlicher Hinweise. Ferner danken wir Fräulein ANGELIKA MAGDLUNG für das Durchrechnen einiger Beispiele sowie Fräulein ANGELIKA GEBHARDT für ihre Hilfe bei der Fertigstellung des Manuskriptes. Schließlich möchten wir es nicht versäumen, dem Akademie-Verlag Berlin, insbesondere Herrn Dr. SCHUBARTH, für das verständnisvolle Eingehen auf unsere Wünsche und Terminschwierigkeiten herzlich zu danken.

Weimar/Berlin, im Juni 1970

EBERHARD LÜDDE
HELMUT THIELE

Inhaltsverzeichnis

DRITTES KAPITEL

VIERTES KAPITEL

FÜNFTES KAPITEL

SECHSTES KAPITEL

SIEBENTES KAPITEL

ANHANG

ACHTES KAPITEL

NEUNTES KAPITEL

ZEHNTES KAPITEL

Einführung[1]

Grundbegriffe und Ziel der Theorie

Unter einem *vollständigen System von* N *Elementarereignissen* $y_1, y_2, \ldots, y_N$ verstehen wir die Menge E der *Versuchsausgänge eines Versuchs* [3], [4], [9], [20]. Die *Wahrscheinlichkeiten* $p(y_j)$ der zufälligen Ereignisse (Versuchsausgänge) sind durch die Beziehungen

$$p(y_j) \geqq 0 \quad \text{und} \quad \sum_{j=1}^{N} p(y_j) = 1$$

charakterisiert.

Wir setzen in dieser Studie voraus, daß alle Versuchsausgänge eintreten können; denn diejenigen, die nicht auftreten, lassen wir weg, d. h., wir verkleinern E entsprechend. Es gilt daher o. B. d. A.

$$0 < p(y_j) \leqq 1 \qquad \text{für alle } y_j \in \text{E}.$$

Wenn man über eine experimentelle Anordnung verfügt, die bei jeder Durchführung des Versuchs genau eins von N möglichen Versuchsausgängen liefert, dann sagt man, daß man durch das Stellen einer einzigen *Frage* die N Ereignisse[2] voneinander trennen kann.

Wenn die experimentellen Mittel höchstens a_M Ereignisse trennen können, jedoch erlauben, in mehreren Stufen zu arbeiten, so heißt das in unserer Terminologie, daß wir über eine Menge Q von Fragen mit höchstens a_M Antworten verfügen. Um die N Ereignisse einer Menge unter Verwendung von derartigen Fragen zu trennen, muß man also einen zusammengesetzten Versuch durchführen, bei dem man eine Folge von Fragen stellt. Die Antworten, die in einer gewissen Stufe auf eine gestellte Frage gegeben werden, heißen Ausgänge der Frage. Die Anzahl der Ausgänge heißt Basis

1 Eine allgemeinere und nach unserer Meinung präzisere inhaltliche Begründung dieses Ansatzes findet sich im Anhang. – Anm. d. Red.

2 Elementarereignisse nennen wir im weiteren meistens nur Ereignisse, während wir die nicht-elementaren Ereignisse mit den Fragen identifizieren. – Anm. d. Red.

der Frage. Die Antworten führen dazu, daß entweder ein Ereignis y_j identifiziert oder eine neue Frage gestellt wird. So kann es möglich sein, daß gewisse Ereignisse durch r Fragen, andere erst durch R mit $R > r$ identifiziert werden. Die Fragen werden in Abhängigkeit von den Antworten der vorhergehenden Fragen gestellt. Ein zusammengesetzter Versuch wird dann beendet sein, wenn ein Ereignis identifiziert ist und infolgedessen keine neuen Fragen gestellt zu werden brauchen. Der gesamte Versuchsplan wird *Fragealgorithmus* oder *Fragebogen* genannt. *Mittels der Theorie der Fragebogen versucht man, Fragebogen zu konstruieren, die zur Trennung der* N *Ereignisse eines vollständigen Systems im Mittel die geringste Anzahl von Fragen benötigen.*

Die folgende Theorie erlaubt, für eine gegebene Menge von N Ereignissen und für eine Menge von Fragen, deren Basen vorgeschrieben sind, Versuchspläne aufzustellen, die am schnellsten und raumsparendsten zum Ziele führen. In den letzten Kapiteln der vorliegenden Monographie wird gezeigt werden, wie diese Theorie sogar auf die Formulierung der zu stellenden Fragen führt. Von der praktischen Kennzeichnung der verschiedenen Ausgänge einer Frage wird jedoch nur in den Anwendungen die Rede sein. Diese Ausgänge werden einerseits die verschiedenen Antworten auf eine allgemeine Fragestellung für eine nicht festgelegte Anzahl von Ereignissen sein – vom Typ: „Wie groß ist das Gewicht eines Geldstückes?“. Sie werden andererseits die Antworten ja bzw. nein bei binären Entscheidungsfragen sein – vom Typ: „Ist A größer als B?“.

Die erforderlichen Begriffe werden an entsprechender Stelle definiert. Die benutzte Terminologie wird durch eine Übersicht am Anfang eingeführt und erläutert.

Alle Kapitel – vom fünften abgesehen – beziehen sich auf die Theorie der homogenen Fragebogen, bei denen alle Fragen die gleiche Anzahl von Ausgängen haben. Das zweite behandelt den Sonderfall von Systemen gleichwahrscheinlicher Ereignisse, und das dritte schließlich ist der informationstheoretischen Deutung der Fragebogen gewidmet. In den folgenden Kapiteln werden Zerlegungen von Ereignismengen studiert, dann heterogene (inhomogene) Fragebogen betrachtet. Zum Schluß werden durch die Lösung von Beispielen aus der Praxis einige Aspekte der Bedeutung dieser Theorie herausgearbeitet. Die Fragebogentheorie kann als Verbindung der Informationstheorie (diskrete Informationsquelle) mit der Graphentheorie (Büschel) aufgefaßt werden.

Terminologie[1]

1. $G = [X, \Gamma]$ heißt genau dann *gerichteter endlicher Graph*, wenn

   a) X eine endliche Menge und

   b) Γ eine binäre Relation über X ist, d. h. $\Gamma \subseteqq X \times X$ gilt.

Man kann Γ auch als mehrdeutige Abbildung aus X in X deuten.

Die Elemente $x \in X$ werden *Knotenpunkte* oder auch *Ecken* des Graphen G genannt. Diejenigen Elemente, die einem Element x durch die Abbildung Γ zugeordnet sind, werden mit $\Gamma_i x$ ($i = 0, 1, 2, \ldots$) bezeichnet. Sie werden (*direkte*) *Nachfolger* von x genannt, wobei x ihr (*direkter*) *Vorgänger* heißt. Die Menge der (direkten) Vorgänger von x wird mit $\Gamma^{-1}x$ bezeichnet. Als Symbol für die Menge der (direkten) Nachfolger von x wird Γx benutzt. Die Anzahl der Elemente einer endlichen Menge M wird mit $|M|$ bezeichnet.

Ein Paar von Elementen x und x' aus X, für das $x' \in \Gamma x$ gilt, wird als geordnetes Paar $[x, x']$ geschrieben und *Bogen* (oder *gerichtete Kante*) des Graphen genannt. x heißt *Anfangspunkt* (oder Ursprung) des Bogens $[x, x']$ und x' sein *Endpunkt.*

Gilt $x = x'$, so heißt der Bogen $[x, x']$ *Schlinge*. In unserer Studie setzen wir jedoch stets voraus, daß *keine* Schlingen vorkommen.

Der *vordere* (*hintere*) *Halbgrad* eines Knotenpunktes x ist die Anzahl der Bogen, die x zum Endpunkt (Anfangspunkt) haben. Diese Bogen werden einlaufende (auslaufende) Bogen von x genannt. Der *Grad* eines Knotenpunktes x ist die Summe seiner beiden Halbgrade. Er ist gleich der Anzahl der Bogen, die x als Anfangs- oder Endpunkt enthalten.

Man sagt, daß der Bogen $[x, x']$ von x nach x' führt.

Ein (*gerichteter*) *Weg* w eines Graphen ist eine Folge von Bogen, für die der Endpunkt jedes Bogens mit dem Anfangspunkt des folgenden Bogens zusammenfällt. Ist w ein endlicher Weg, so sagen wir, daß w den Anfangspunkt seines ersten Bogens (*Anfang*) mit dem Endpunkt seines letzten Bogens (*Ende*) verbindet. Die *Länge* $l(w)$ eines Weges w ist die Anzahl der Bogen dieses Weges. Wenn Anfang und Ende eines Weges zusammenfallen, wird dieser Weg *Kreis* genannt.

[1] Im Original wird die Terminologie von Berge [1] verwendet. Bei der Übersetzung halten wir uns weitgehend an die Bezeichnungen der deutschen Übersetzung von [2]. – Anm. d. Red.

Wenn Γ eine symmetrische Relation ist, sprechen wir von *ungerichteten Graphen* G'. Bei diesen unterscheiden wir nicht zwischen $[x, x']$ und $[x', x]$ und schreiben deshalb $\{x, x'\}$. Wir nennen $\{x, x'\}$ *Kante* von G'. x und x' heißen *Endpunkte* einer Kante. Eine Folge $[u_1, u_2, \ldots, u_n]$ von Kanten (mit $1 \leqq n$) nennen wir genau dann *Kette*, wenn für jede „innere" Kante u_ν (d.h. mit $1 < \nu < n$) gilt: Ein Endpunkt von u_ν ist Endpunkt von $u_{\nu-1}$ und der andere (oder, falls u_ν eine Schlinge ist, der gleiche) Endpunkt ist Endpunkt von $u_{\nu+1}$. Eine geschlossene Kette heißt *Zyklus*.

In einem gerichteten Graphen G definieren wir jetzt die Menge $\hat{\Gamma} x$ *der Nachfolger* eines Knotenpunktes $x : x' \in \hat{\Gamma} x$ genau dann, wenn $x' = x$ oder es einen Weg w gibt, der x mit x' verbindet. Umgekehrt heißt x *Vorgänger* von allen von x verschiedenen[1] Knotenpunkten aus $\hat{\Gamma} x$.

S = $[X', \Gamma']$ heißt *Untergraph* eines Graphen G = $[X, \Gamma]$, wenn

$$X' \subseteqq X \quad \text{und} \quad \Gamma' = \Gamma \cap (X' \times X').$$

Ein Graph heißt *zusammenhängend* oder *konvex*, wenn es für je zwei seiner Knotenpunkte eine sie verbindende Kette gibt. Nicht zusammenhängende Graphen zerfallen in zusammenhängende Untergraphen oder *Komponenten*, die mindestens einen Knotenpunkt besitzen.

Ein Graph G = $[X, \Gamma]$ kann durch einen *„topologischen"* Graphen dargestellt werden. Man zeichnet dazu in die Ebene für jedes Element $x \in X$ einen Punkt und für jeden Bogen ein gerichtetes JORDANsches Kurvenstück, wobei die so definierten eindeutigen Abbildungen eindeutig umkehrbar sein sollen. Ein ungerichteter Graph G' = [X, U], wobei U die Menge seiner Kanten ist, wird in gleicher Weise durch ungerichtete JORDANsche Kurvenstücke dargestellt. Ein Graph wird *eben* oder *planar* genannt, wenn er zweidimensional gezeichnet werden kann, ohne daß sich zwei seiner Bogen in Knotenpunkten überschneiden, die nicht gleichzeitig Endpunkte beider Bogen sind. Solche Graphen besitzen besondere Eigenschaften.

Ein gerichteter Graph kann durch seine *Verbindungsmatrix*[2] $\mathfrak{G}$ vom Typ (n, n), wobei $n =_{Df} |X|$, definiert werden. Die Elemente dieser Matrix stellen die (mehrdeutige) Abbildung Γ aus X in X dar. Das Element a_{ij}

[1] Im Gegensatz zur üblichen Definition ist es hier zweckmäßig, beim Vorgängerbegriff auf die Reflexivität zu verzichten. – Anm. d. Red.

[2] Verbindungsmatrizen werden auch häufig *Adjazenzmatrizen* genannt. – Anm. d. Red.

erhält den Wert 1, wenn ein Bogen existiert, der x_i mit x_j verbindet. Andernfalls ist $a_{ij} =_{\text{Df}} 0$.

Die Diagonalelemente sind in unserer Studie immer gleich Null, weil keine Schlingen vorkommen.

Ausgehend von der Verbindungsmatrix $\mathfrak{G}$ eines gerichteten Graphen G, kann man ohne weiteres die Verbindungsmatrix des zugehörigen ungerichteten Graphen G′ erhalten. Es genügt, die vorher genannte Matrix so abzuändern, daß man $a'_{ij} =_{\text{Df}} 1$ setzt, wenn in $\mathfrak{G}$ $a_{ij} = 1$ oder $a_{ji} = 1$ ist.

Ein endlicher gerichteter Graph $[X, \Gamma]$ heißt *Baum mit x_0 als Zentrum, Wurzelbaum* oder *Büschel*, wenn

a) jeder Knotenpunkt $x \neq x_0$ Endpunkt genau eines Bogens ist,
b) $x_0 \in X$ Endpunkt von keinem Bogen ist,
c) $[X, \Gamma]$ keinen Kreis enthält.

2. Gegeben seien zwei endliche Mengen (*Quellenalphabet* E und *Ausgabealphabet* C *eines Coders*). Wir nennen jede eineindeutige Abbildung γ von E in die Menge der (endlichen) Wörter über C eine (*kombinatorische*) *Codierung*. Die Menge $\gamma(E)$ nennen wir *Codewortmenge*.

Gegeben sei ferner eine *stationäre Informations-* oder *Nachrichtenquelle*, die *Signale* oder *Buchstaben* $y \in E$ mit gewissen Wahrscheinlichkeiten $p(y)$ sendet. Von einem *Coder* werden diese Signale codiert. An seinem Ausgang beobachten wir nun Wörter $\gamma(y)$ mit der Wahrscheinlichkeit $p(\gamma(y)) = p(y)$.

Unter der *Entropie* einer Nachrichtenquelle mit dem Alphabet E, dessen Elemente mit bestimmten Wahrscheinlichkeiten auftreten, verstehen wir die *Unbestimmtheit eines Versuches*, wobei die Versuchsausgänge die Elemente von E mit den obigen Wahrscheinlichkeiten sind. Die Unbestimmtheit eines derartigen Versuches wird durch

$$H =_{\text{Df}} \sum_{j=1}^{N} - p(y_j) \log p(y_j) \; [1]$$

definiert, wobei die Basis des Logarithmus im allgemeinen gleich einer charakteristischen Größe bei der Trennung der Ereignisse ist.

Die am Ende einer Stufe eines zusammengesetzten Versuchs zur Trennung von Ereignissen gewonnene *Information* ist gleich der Entropie-

[1] In Kapitel III und im Anhang wird genau auf die Entropiedefinition eingegangen. – Anm. d. Red.

abnahme zwischen Anfang und Ende dieser Stufe. Jede Versuchsphase verringert die Unbestimmtheit in der Kenntnis der Ereignisse, weil einige sich als unmöglich herausgestellt haben, d. h. die Zahl der Versuchsgänge also eingeschränkt worden ist.

Rauschen und *Abschwächung* werden durch eine Quelle verursacht, die einen *Nachrichtenübertragungskanal* beeinflußt. Dadurch vermindert sich die in der empfangenen Nachricht enthaltene Information. In einem System, das der Trennung von Ereignissen dient, definieren wir die Abschwächung als Differenz zwischen der mittleren Anzahl von Versuchen und der in E enthaltenen Information. Andererseits verstehen wir unter dem Rauschen die Differenz zwischen der mittleren Anzahl von Versuchen bei einer Versuchsanordnung und der mittleren Anzahl von Versuchen bei einer optimalen Versuchsanordnung.

3. Fragebogen

Es sei $E =_{Df} \{y_1, y_2, \ldots, y_N\}$ eine Menge von N Ereignissen, auf der eine Funktion p definiert ist, die eine *Wahrscheinlichkeitsverteilung* auf der Menge E der Elementarereignisse darstellt. Die Funktion p erfüllt folgende Bedingungen:

$$\text{Für alle } y \in E \quad \text{gilt} \quad 0 < p(y) \leqq 1$$

und

$$\sum_{j=1}^{N} p(y_j) = 1.$$

Weiterhin sei eine endliche Menge Q gegeben, so daß $Q \frown E = \emptyset$ gilt, und ein Graph

$$\mathbf{F} = [Z, \Gamma]$$

mit

$$Z =_{Df} Q \smile E,$$

wobei $|\Gamma y| = 0$ und $|\Gamma^{-1} y| > 0$ für alle $y \in E$ sowie $1 < |\Gamma x| \leqq a_M$ für alle $x \in Q$ gilt und genau ein $x_0 \in Q$ existiert, für das $|\Gamma^{-1} x_0| = 0$ gilt, und x_0 mit allen anderen Knotenpunkten von Z durch mindestens einen Weg verbunden ist. Mit anderen Worten: Jeder Knoten $x \in Q$ hat mindestens zwei direkte Nachfolger. x_0 hat jedoch keinen Vorgänger. Die Knoten y haben dagegen keine Nachfolger, aber mindestens einen Vorgänger. Knoten mit diesen Eigenschaften nennen wir auch *Senken*.

Ein derartiger Graph **F** wird *Fragebogen* genannt.[1] Die Ecken $x \in Q$ heißen *Fragen*. Der Knotenpunkt x_0 wird *Quelle* oder *erste Frage* genannt.

Die Elemente von Γx werden *Ausgänge* der Frage x genannt. Gewisse von ihnen können zu E gehören.

Wenn der Fragebogen ein Büschel ist, dann definiert man als *Wahrscheinlichkeit einer Frage* x die Summe der Wahrscheinlichkeiten aller Nachfolger von x, die Senken sind, d. h.

$$p(x) =_{\mathrm{Df}} \sum_{y \in \hat{\Gamma} x \cap \mathrm{E}} p(y).$$

$p(x)$ ist die Wahrscheinlichkeit dafür, daß der Teilversuch x ausgeführt oder die Frage x gestellt wird. Die Wahrscheinlichkeit der Quelle ist dann nach Definition gleich Eins.

Wenn man die Wahrscheinlichkeit einer Frage definiert hat, kann man einen Fragebogen nicht nur durch seine Verbindungsmatrix $\mathfrak{G}$ und die Verteilung $p(y)$ darstellen, sondern auch direkt durch eine Matrix $\mathfrak{F}$, deren Elemente a_{ij} wir wie folgt definieren:

$$a_{ij} =_{\mathrm{Df}} \begin{cases} p(x_j), & \text{falls } x_j \in \Gamma x_i \\ 0, & \text{sonst.} \end{cases}$$

Basis einer Frage nennt man die Anzahl ihrer Ausgänge (hinterer Halbgrad): $a(x) =_{\mathrm{Df}} |\Gamma x|$. Wenn $a(x)$ in Abhängigkeit von $x \in \mathrm{Q}$ konstant gleich a ist, bezeichnet man einen Fragebogen als *homogen* (mit der Basis a), anderenfalls als *heterogen*. Homogene Fragebogen mit der Basis 2 nennen wir *dichotom*. Ein Fragebogen **F** heißt genau dann *quasihomogen zur Basis* a, wenn alle Fragen von **F** genau a direkte Nachfolger haben, ausgenommen eventuell eine einzige Frage mit weniger als a direkten Nachfolgern.

Man bezeichnet die Gesamtheit der Wege als *Wegmenge* W. Unter der *Länge* $l(z)$ *eines Knotens* $z \in \mathrm{Z}$ verstehen wir das Supremum der Weglängen aller Wege von x_0 nach z. Es ist genau dann unendlich, wenn Kreise in einem dieser Wege vorkommen.

Ein Fragebogen aus einer Klasse von (*äquivalenten*)[2] Fragebogen, dessen mittlere Weglänge[3] minimal ist, wird *optimaler Fragebogen* genannt.

[1] Diese und die auf S. 22 angegebene Definition erfassen die sogen. Nullfragebogen, die nur aus einem Knoten bestehen, nicht. Im Anhang auf S. 162 wird dieser Mangel beseitigt. — Anm. d. Red.

[2] Im Anhang wird das Äquivalenzproblem genau abgehandelt. — Anm. d. Red.

[3] Eine Definition finden wir auf S. 22. Im Anhang wird eine andere vorgeschlagen. — Anm. d. Red.

Zur Konstruktion derartiger Fragebogen führen wir in Kapitel I die „*Permutation von Unterbüscheln*" ein. In Kapitel IV erklären wir eine weitere Operation, nämlich das „*Produkt*" von Büschelfragebogen.

Nach dieser Übersicht über die wesentlichsten Begriffe können wir unsere Untersuchungen beginnen, wobei wir einige der genannten Begriffe weiter präzisieren.

ERSTES KAPITEL

Theorie der homogenen Fragebogen

1.1. Einleitung

Im ersten Kapitel werden wir homogene Fragebogen untersuchen und Verfahren zur Konstruktion optimaler homogener Fragebogen studieren. Wir stellen als erstes die erforderlichen Begriffsbildungen zusammen.

Gegeben sei eine endliche Menge E, bestehend aus N Elementen. Ein Fragebogen besteht nach Definition aus einer Menge von Fragen, die man stellen darf, und den Verbindungen, die man zwischen diesen einführen muß, um alle Elemente (auch Fälle oder *Ereignisse* genannt) der Menge E voneinander zu trennen.

Voraussetzung 1. *Die Basen (Anzahl der Ausgänge) aller Fragen stimmen überein und sind größer als* 1.

Wir sagen in diesem Fall, daß der Fragebogen *homogen* sei. Jede Frage bewirkt dann eine „Polychotomie“ (Vielteilung). Die Theorie der Fragebogen macht keine Voraussetzung über das Prinzip der Einteilung, das heißt über den Bereich, aus dem die Fragen hervorgehen.[1] a wird als Basis des Fragebogens bezeichnet. Ist $a = 2$, nennt man ihn *dichotom*. Wenn $a = N$, so gibt es einen Fragebogen, der aus einer einzigen Frage besteht.

Voraussetzung 2. *Es gibt eine diskrete Wahrscheinlichkeitsverteilung auf* E, d. h. zu jedem $y \in E$ gibt es eine Zahl $p(y)$, so daß

$$0 < p(y) \leqq 1 \quad \text{und} \quad \sum_{i=1}^{N} p(y_i) = 1$$

gilt.

[1] In den Anwendungen in den Kapiteln VI und VII wird dagegen der Fragebereich durch explizite Angaben der Fragen, die der besonderen Situation Rechnung tragen, mitgeteilt. – Wie wir im Anhang zeigen werden, ist es günstig, der Theorie der Fragebogen einen logischen Kalkül zugrunde zu legen. Dadurch wird der Fragebereich eingeschränkt. Auch das Verteilungsgesetz wird verständlicher. – Anm. d. Red.

Die Wahrscheinlichkeiten zur Realisierung der N Ereignisse werden a priori als bekannt angenommen.

Problemstellung. *Man will unter Berücksichtigung der Voraussetzungen 1 und 2 einen Fragebogen konstruieren, der im Mittel eine minimale Anzahl von Fragen benötigt, um jedes der Ereignisse identifizieren zu können.*

Dieses Problem wird mit Hilfe der Graphentheorie in Angriff genommen und dann im Sinne der Informationstheorie interpretiert (siehe Kapitel III).

Es sei Q die Menge der Fragen mit

$$Q =_{Df} \{x_0, x_1, \ldots, x_N\},$$

wobei $0 \leqq n$.

Es sei E die Menge der Ereignisse mit

$$E =_{Df} \{y_1, y_2, \ldots, y_n\},$$

wobei $1 \leqq N$.

Es werden gerichtete Graphen

$$F = [Z, \Gamma]$$

untersucht, wobei gilt: $Z =_{Df} Q \cup E$, $Q \cap E = \emptyset$,

wenn $z \in E$, so $|\Gamma z| = 0$ (und $|\Gamma^{-1} z| > 0$),

wenn $z \in Q$, so $1 < |\Gamma z| = a$ [1],

x_0 ist der einzige Knotenpunkt, für den $|\Gamma^{-1} x_0| = 0$ gilt, und x_0 ist mit allen anderen Knotenpunkten durch mindestens einen Weg verbunden.

Ein derartiger Graph **F** *wird homogener Fragebogen genannt.*

F ist also ein zusammenhängender gerichteter Graph, der N Knoten vom hinteren Halbgrad Null hat. Diese Knoten werden *Senken* oder *Ereignisse* genannt. Jeder Knoten $x \in Q$ $(x \neq x_0)$ wird als *innerer Knoten* oder als *Frage* bezeichnet. x_0 heißt *Quelle* oder *erste Frage* von **F**.

Anmerkung. Alle graphentheoretischen Begriffe beziehen sich auf die den Fragebogen zugrunde liegenden Graphen.

Unter der Menge W(E) bzw. W(y) versteht man die Menge der Wege w bzw. $w(y)$, die von x_0 ausgehen und in E bzw. in y enden.

Die *mittlere Länge* L *der Wege* von W(E) wird definiert durch

$$L =_{Df} \sum_{y \in E} \frac{1}{|W(y)|} \sum_{w(y) \in W(y)} p(y) \cdot l(w(y)),$$

[1] Diese Forderung entspricht Voraussetzung 1. – Anm. d. Red.

wobei im Falle der Existenz von Kreisen nur endlich viele Wege berücksichtigt werden dürfen.[1]

Ein Beispiel.

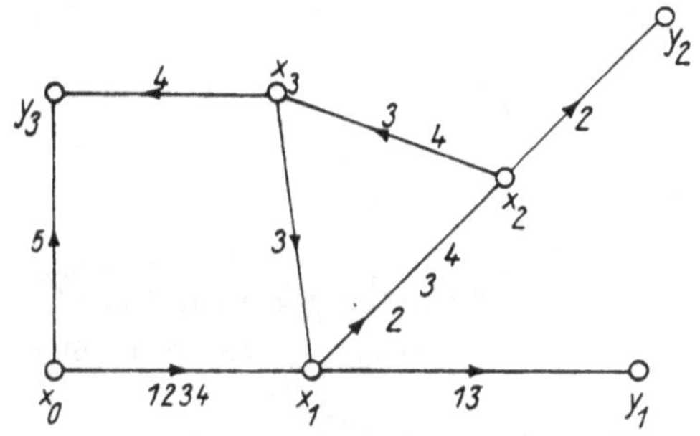

Abb. 1.1. Dichotomer Fragebogen mit einem Kreis

Wenn auf jedem Wege aus $W(E)$ jeder Bogen nur einmal durchlaufen wird, ergibt sich

Weg-nummer	Weg-länge	End-punkt y
j	$l(w_j)$	i
1	2	1
2	3	2
3	5	1
4	4	3
5	1	3

End-punkt y	Wege-anzahl	Wahrschein-lichkeit	Weg-länge
i	$\|W(y)\|$	$p(y)$	$\sum_{w \in W(y)} l(w)$
1	2	$\frac{1}{2}$	$2 + 5$
2	1	$\frac{1}{3}$	3
3	2	$\frac{1}{6}$	$4 + 1$

[1] Auf die Problematik dieser Formel gehen wir im Anhang ein. – Anm. d. Red.

$p(y) \sum_{w \in W(y)} l(w)$	$\frac{1}{\lvert W(y) \rvert}$	Produkt
$\frac{1}{2} \cdot 7$	$\frac{1}{2}$	$\frac{7}{4}$
$\frac{1}{3} \cdot 3$	1	1
$\frac{1}{6} \cdot 5$	$\frac{1}{2}$	$\frac{5}{12}$

Die mittlere Weglänge beträgt $\frac{19}{6}$.

Diese Optimierungsgröße L soll minimiert werden. Dazu ist es erforderlich, daß die zur Konkurrenz zugelassenen Fragebogen genau abgegrenzt werden.

Definition. Wir nennen für die Erfordernisse dieses Kapitels und der folgenden (außer dem fünften) quasihomogene Fragebogen F und F′ genau dann *homogen-äquivalent* (kurz h-äquivalent)[1], wenn $a = a'$ gilt und es eine eineindeutige Abbildung χ von der Senkenmenge E auf die Senkenmenge E′ gibt, die die Wahrscheinlichkeiten invariant läßt, d. h.,

$$\text{für alle } y \in \mathrm{E} \text{ gilt: } p(y) = p'(\chi(y)).$$

Das gestellte Problem kann man jetzt folgendermaßen ausdrücken: *Innerhalb einer Äquivalenzklasse ist ein Fragebogen* **F** *minimaler mittlerer Weglänge zu konstruieren.*

1.2. Eigenschaften optimaler homogener Fragebogen

1.2.1. Verkleinerung der mittleren Weglänge L

In diesem Paragraphen werden wir unter anderem zeigen, daß wir uns bei der Betrachtung von optimalen Fragebogen o. B. d. A. auf Büschel beschränken können, d. h., in optimalen Fragebogen kommen keine Zyklen vor. Dazu beweisen wir folgendes Theorem:

Theorem. *Zu jedem quasihomogenen Fragebogen* **F** *der Basis a existiert ein zur Basis a quasihomogener Büschelfragebogen* **B**, *welcher zu* **F** *h-äquiva-*

[1] Diese Definition ist im Original nur implizit vorhanden. „h-äquivalent" soll daran erinnern, daß es sich insbesondere um eine Äquivalenz homogener Fragebogen handelt. – Anm. d. Red.

lent ist und keine größere mittlere Weglänge als **F** *hat. Dabei enthält* **B** *höchstens eine Frage* x_n[1]*, deren hinterer Halbgrad nicht größer als* $a - 1$ *ist.*[2]

Dieses Theorem gilt insbesondere für optimale Fragebogen. Um es zu beweisen, zeigen wir konstruktiv:

F *sei ein quasihomogener Fragebogen mit* $\mathrm{N} = a^k + \alpha(a-1) + \beta$ *Ereignissen* $(0 \leqq \beta \leqq a-2,\ \mathrm{N} \geqq 2)$. *Dann gibt es einen zu* **F** *h-äquivalenten quasihomogenen Büschelfragebogen* **B**, *der im Falle* $\beta = 0$ *homogen ist und im Falle* $\beta \geqq 1$ *eine Frage vom hinteren Halbgrad* $\beta + 1$ *enthält, während alle anderen den hinteren Halbgrad* a *haben. Dabei ist die mittlere Weglänge von* **B** *nicht größer als diejenige von* **F**.

Beweis. Da alle Fragebogen initial zusammenhängend sind, ist jeder Knotenpunkt von x_0 erreichbar.

Wir werden nun aus **F** nacheinander alle Zyklen in der Weise entfernen, daß in **F** zwischen jedem Ereignis y und der Frage x_0 ein kürzester Weg verbleibt. Es werden zwei Fälle unterschieden:

(1) Es sei k ein Kreis. w sei ein kürzester Weg von der Quelle x_0 nach k. Das Ende des Weges w sei mit z bezeichnet. Wir entfernen aus **F** denjenigen zu k gehörenden Bogen, der z zum Endpunkt hat.

(2) Es sei c ein Zyklus, der kein Kreis ist. Dann gibt es einen Knotenpunkt z, dessen vorderer Halbgrad größer als 1 ist. In **F** kommen damit zwei Wege vor, die x_0 mit z verbinden. Wir löschen denjenigen der in z einlaufenden Bogen, der letzter Bogen des längeren Weges ist. Sind beide Wege gleich lang, so lösche man einen der beiden Bogen.

Durch wiederholte Anwendung von (1) und (2) erhält man einen zyklenfreien Büschelfragebogen $\mathbf{B}^*$, in dem die Länge jeder Frage x und die Länge jedes Ereignisses y gleich der Länge eines kürzesten Weges zwischen x_0 und x bzw. y ist. Damit hat $\mathbf{B}^*$ keine größere mittlere Weglänge als **F**.

$\mathbf{B}^*$ hat aber noch nicht die im Satz genannte Eigenschaft. Wir formen daher $\mathbf{B}^*$ nach folgender Methode um:

(3) Gibt es in $\mathbf{B}^*$ einen Knoten $x \in Q$ mit dem hinteren Halbgrad 0, so wird er zusammen mit dem in x einlaufenden Bogen entfernt. Dieser

[1] Wir werden in Kapitel V sehen, daß die Ereignisse, die direkte Nachfolger von x_n sind, in optimalen Fragebogen die kleinsten Wahrscheinlichkeiten und die größten Längen haben.

[2] Dr. Voss ergänzte und präzisierte den von Picard an dieser Stelle gegebenen Beweis. – Anm. d. Red.

Schritt wird so lange wiederholt, bis es einen solchen Knoten nicht mehr gibt.

(4) Gibt es in $\mathbf{B}^*$ eine Frage x, deren hinterer Halbgrad nicht größer als $a - 1$ ist, und eine Frage x', deren direkter Nachfolger ein Ereignis y' ist, und gilt $l(x) < l(x')$, so löschen wir in $\mathbf{B}^*$ den Bogen $[x', y']$ und fügen den Bogen $[x, y']$ hinzu. Dieser Schritt wird so lange wiederholt, bis es derartige Fragen nicht mehr gibt. Anschaulich bedeutet unser Vorhaben, daß wir die „nicht gesättigten" Fragen, die eine geringe Entfernung von x_0 haben, „auffüllen". Man fahre mit (3) fort.

(5) Ist (4) nicht mehr anwendbar, so haben alle „nicht gesättigten" Fragen von x_0 den gleichen Abstand. Wir „füllen" nun einige der Fragen auf, bis sie „gesättigt" sind, d. h., bis es höchstens nur noch eine „nicht gesättigte" Frage x_n gibt. Man gehe zu (3) über.

(6) Da der Fragebogen endlich ist, sind die Schritte (3), ..., (5) einmal nicht mehr anwendbar. Ist $\beta \neq 0$, so ist das Verfahren beendet. Ist $\beta = 0$, d. h., ist $N - 1$ durch $a - 1$ teilbar, so existiert eventuell eine Frage x, deren einziger direkter Nachfolger y ein Ereignis ist. Wegen $N \geqq 2$ gilt $x \neq x_0$, und es gibt eine Frage x^*, die mit x durch den Bogen $[x^*, x]$ verbunden ist. Wir entfernen x aus $\mathbf{F}$ zusammen mit den Bogen $[x^*, x]$ und $[x, y]$ und fügen den Bogen $[x^*, y]$ ein.

Man erkennt sofort, daß bei keinem Schritt die Länge irgendeines Ereignisses vergrößert wurde. Damit hat der so erhaltene Büschelfragebogen, den wir mit $\mathbf{B}$ bezeichnen wollen, keine größere mittlere Weglänge als $\mathbf{B}^*$.

Das Optimierungsproblem eines Fragebogens mit Zyklen ($\beta \geqq 0$) läßt sich also immer auf das Optimierungsproblem eines quasihomogenen Büschels zurückführen. Deshalb verwenden wir im allgemeinen die folgende Voraussetzung.

Voraussetzung 1'. *Alle Fragen haben genau a Ausgänge, ausgenommen eventuell eine einzige Frage mit weniger Ausgängen.*

Die Paragraphen 1.2, 1.3 und 1.4 werden ausschließlich dem Studium von Büscheln mit $\beta = 0$ gewidmet sein. Die Ausdehnung auf den Fall $\beta > 0$ ist naheliegend. Ohne daß es jeweils ausdrücklich betont wird, gelten viele Beziehungen, die für homogene Fragebogen formuliert sind, ebenfalls für quasihomogene Fragebogen.

1.2.2. Homogene Büschelfragebogen

Im folgenden beschäftigen wir uns mit den Sätzen bzw. Definitionen P 1, ..., P 10, die für Büschel bewiesen bzw. eingeführt werden.

Eigenschaft P 1. *In jedem Büschel existiert zu jedem vom Zentrum x_0 verschiedenen Knoten $z \in Z$ genau ein Weg, der x_0 mit z verbindet.*

Wir wissen, daß jedes Büschel zusammenhängend ist [1, S. 157]. Daraus folgt, daß man eine Zerlegung von **F** erhält, wenn man alle Bogen wegläßt, die von einem Knotenpunkt $x \in Q$ ausgehen. Diese Zerlegung ergibt $a + 1$ Untergraphen, die ebenfalls Büschel sind. Davon haben a Büschel die Quellen $\Gamma_0 x, \Gamma_1 x, \ldots, \Gamma_{a-1} x$, und einer hat – ebenso wie **F** – die Quelle x_0. Jede Frage liefert auf diese Weise die Möglichkeit, alle Ereignisse, die zum Durchschnitt $\hat{\Gamma} x \cap E$ gehören, in a disjunkte Klassen zu zerlegen. Dabei ist $\hat{\Gamma} x$ die Menge, die aus x und seinen Nachfolgern besteht.

Wir bezeichnen mit Z_ϱ, Q_ϱ bzw. E_ϱ die Menge aller Knoten z, x bzw. y, die die gleiche Länge ϱ haben. Mengen der Form Z_ϱ nennen wir *Rang*.

Wenn $z \in Q$, dann ist die Länge $l(z)$ gleich der Anzahl der Fragen, die der Frage z vorausgegangen sind. Wenn $z \in E$, dann ist die Länge $l(z)$ gleich der Anzahl der Fragen, die es ermöglicht haben, das Ereignis z zu identifizieren. Außerdem gilt $l(x_0) = 0$.

Eigenschaft P 2. *Die Anzahl der Bogen von* **F** *beträgt* $|Q| + N - 1$.

Nach [1] ist jeder Knotenpunkt von Q, ausgenommen x_0, und jeder Knotenpunkt von E Endpunkt genau eines Bogens.

Andererseits ist die Anzahl der Bogen $a\,|Q|$. Daraus folgt:

Eigenschaft P 3. *Für jeden homogenen Fragebogen, der ein Büschel ist, besteht zwischen der Anzahl* N *der Ereignisse, der Basis a der Fragen und der Anzahl* $|Q|$ *der Fragen folgende Gleichung:*

$$N = (a - 1)\,|Q| + 1. \qquad \text{(P 3)}$$

Sonderfälle.

$a = 2$, Dichotomie. Es folgt $N = |Q| + 1$. Die Anzahl der Ereignisse kann somit eine beliebige positive ganze Zahl sein. Für $a = 3$ ergibt sich: $N = 2\,|Q| + 1$. N muß also ungerade sein.

Folgerungen.

a) Die Anzahl der Ereignisse eines homogenen Büschelfragebogens ist von seiner Basis abhängig. Wenn $a = 3$ ist, dann ist sie ungerade. Genau dann, wenn $a = 2$, können beliebig viele Ereignisse vorkommen.

b) Es sei $N = a^k + A < a^{k+1}$ die Anzahl der Ereignisse eines homogenen Büschels, wobei $A \geqq 0$ vorausgesetzt wird. Aus P 3 erhält man

$$|Q| = \frac{(a^k + A) - 1}{a - 1} = \frac{a^k - 1}{a - 1} + \frac{A}{a - 1}.$$

Dann muß A durch $a - 1$ teilbar sein. Es sei $A = \alpha (a - 1)$. Daraus ergibt sich

$$N = a^k + \alpha (a - 1),$$

wobei α eine nichtnegative ganze Zahl ist.

Eigenschaft P 4. *Die Anzahl $|Z_\varrho|$ der Knotenpunkte aus einem beliebigen Rang Z_ϱ mit $\varrho > 0$ ist stets ein Vielfaches von a.*

Wir bezeichnen mit R bzw. r die Länge eines längsten bzw. kürzesten Weges aus W(E), d. h., $R =_{Df} \sup_{w \in W(E)} l(w)$ und $r =_{Df} \inf_{w \in W(E)} l(w)$. R ist endlich, weil N endlich ist und keine Kreise vorkommen. Wir nennen E_R *Maximalrang*, während E_r *Minimalrang* heißt. Die Anzahl der Ereignisse des Maximalranges ist ein Vielfaches von a.

Eigenschaft P 5. *Die mittlere Weglänge ist gleich der Summe*

$$L = \sum_{y \in E} p(y)\, l(y).$$

Zum Beweis bemerken wir, daß zu jedem $y \in E$ genau ein Weg mit der Länge $l(y)$ existiert, der die Quelle x_0 mit y verbindet.

Eigenschaft P 6. *Die mittlere Weglänge ist gleich der Summe der Wahrscheinlichkeiten der Fragen.*

Beweis. Die Wahrscheinlichkeiten $p(y)$ der Ereignisse $y \in E$ eines Fragebogens F sind nach Voraussetzung bekannt. Jedem Knotenpunkt $x \in Q$, dessen (direkte) Nachfolger Ereignisse sind, soll die Wahrscheinlichkeit zugeordnet werden, die gleich der Summe der Wahrscheinlichkeiten seiner a Nachfolger ist. Ebenso soll jedem vorhergehenden Knotenpunkt von Q Schritt für Schritt eine Wahrscheinlichkeit zugeordnet werden, die gleich der Summe der Wahrscheinlichkeiten seiner direkten Nachfolger ist. Die Quelle x_0 wird dann als Wahrscheinlichkeit die Summe der Wahrscheinlichkeiten der N Ereignisse erhalten, das heißt, es gilt $p(x_0) = 1$.

$p(y)$ stellt die a-priori-Wahrscheinlichkeit für die Realisierung des Ereignisses y dar. $p(x)$ stellt die a-priori-Wahrscheinlichkeit dar, die Frage x zu stellen.

A. Die Länge des Weges $l(w(y))$, der x_0 mit y verbindet, ist gleich der Länge von $y: l(w(y)) = l(y) = \varrho$. Der Beitrag L_y dieses Weges zur mittleren Weglänge L ist $L_y =_{Df} p(y)\, l(y)$. Er kann als die Summe der ϱ gleichen Wahrscheinlichkeiten $p(y)$ betrachtet werden, die den Vorgängern von y zugeordnet sind. Die Vorgänger sind ϱ Knotenpunkte $x \in Q$. Es gilt dann

$$L_y = p(y) \sum_{x \in Q} f_y(x),$$

wobei

$$f_y(x) =_{Df} 1, \text{ wenn } y \in \Gamma x \cap E \text{ ist, und anderenfalls } f_y(x) =_{Df} 0$$

gilt.

Wir definieren die Wahrscheinlichkeit einer Frage x wie folgt:

$$p(x) = \sum_{y \in E_x} p(y), \qquad \text{(P 6.1)}$$

wobei

$$E_x =_{Df} \Gamma x \cap E.$$

Es folgt schrittweise:

$$L = \sum_{y \in E} p(y)\, l(y) = \sum_{y \in E} p(y) \sum_{x \in Q} f_y(x),$$

$$L = \sum_{x \in Q} \sum_{y \in E_x} p(y)$$

und

$$L = \sum_{x \in Q} p(x). \qquad \text{(P 6.2)}$$

Das ist die Eigenschaft P 6.

B. Die Wahrscheinlichkeiten $p(x)$ der Ecken eines Ranges Z_ϱ genügen bestimmten Beziehungen. Für jeweils festes ϱ gilt:

Wenn $0 \leqq \varrho < r$, so $\sum_{x \in Q_\varrho} p(x) = 1$;

wenn $\varrho = r$, so $\sum_{x \in Q_r} p(x) + \sum_{y \in E_r} p(y) = 1$.

Setzen wir

$$T_\varrho =_{Df} \sum_{\substack{l(y) \leqq \varrho \\ y \in E}} p(y),$$

dann gilt:

$$\text{Wenn} \quad r \leqq \varrho < R, \quad \text{so} \quad \sum_{x \in Q_\varrho} p(x) = 1 - T_\varrho . \qquad \text{(P 6.3)}$$

Dieses gilt auch für $\varrho < r$. Dann ist nämlich $T_\varrho = 0$.

Eigenschaft P 7. *Einführung eines Bezeichnungssystems für die Knotenpunkte eines homogenen Büschels.*

Jeder Knotenpunkt z von F soll mit Hilfe von zwei natürlichen Zahlen gekennzeichnet werden: $[\varrho, \sigma]$. Dabei ist ϱ die Länge von z ($0 < \varrho \leqq R$), und σ soll die Stellung von z unter den Knotenpunkten von Z_ϱ näher bezeichnen. σ sei ein Codewort aus ϱ Ziffern im Zahlensystem mit der Basis a: Die Ziffer mit der größten Einheit, die am weitesten links steht, ist 0, 1, 2, ... oder $(a - 1)$, je nachdem der Weg, der x_0 mit z verbindet, den Bogen enthält, der von x_0 nach $\Gamma_0 x_0$, $\Gamma_1 x_0$, ..., oder $\Gamma_{a-1}\, x_0$ führt. Die nächstfolgende Ziffer von σ ist 0, 1, 2, ... oder $(a - 1)$ je nach dem Bogen, den der Weg von x_0 bis z zwischen dem Knotenpunkt aus Z_1, der zweiten Frage, und dem Knotenpunkt der Länge 2, der dritten Frage, vorschreibt. Ebenso ist für alle anderen Ziffern von σ zu verfahren. Die ϱ-te und letzte Ziffer von σ ist der kleinsten Einheit zugeordnet. Sie steht am weitesten rechts und zeigt den vorgeschriebenen Bogen nach der ϱ-ten Frage an. Dieser führt von einem Knotenpunkt der Länge $\varrho - 1$ zu einem Knotenpunkt z der Länge ϱ. Die Quelle x_0 bezeichnen wir mit [0, 0].

Wenn wir entsprechend Nullen vor die Zahlencodes σ schreiben, ist die Bezeichnung durch σ eineindeutig. Verwenden wir Zahlensysteme mit einer kleineren Basis als a, so geht diese Eigenschaft verloren. Das können wir durch Einführung einer Zahl ϱ vermeiden. Deshalb gibt es keine Schwierigkeiten, wenn wir im folgenden σ als Zahl interpretieren.

Diese Bezeichnungsweise erlaubt es, sehr schnell die Darstellungen aller direkten Nachfolger einer beliebigen Frage $x \in Q$ aufzuschreiben. Es sei $x = [\varrho, \sigma]$[1] ein Knotenpunkt von Q. Dann erhält man die Nachfolger von x, indem man die Zahl σ mit a multipliziert, das heißt im System mit der Basis a an die vorhandene Ziffernfolge rechts eine Null anhängt und dadurch sämtliche vorhandene Einheiten um den Faktor a vergrößert, und sodann eine Zahl addiert, die zwischen 0 und $a - 1$ liegt und dem

[1] Ist x durch $[\varrho, \sigma]$ gekennzeichnet, wird im folgenden kurz $x = [\varrho, \sigma]$ geschrieben. – Anm. d. Red.

Bogen entspricht, der zum Abschluß des Weges von x aus anzufügen ist. Die Bezeichnungen der direkten Nachfolger von x sind also

$$[\varrho + 1, a\sigma], [\varrho + 1, a\sigma + 1], \ldots, [\varrho + 1, a\sigma + (a - 1)].$$

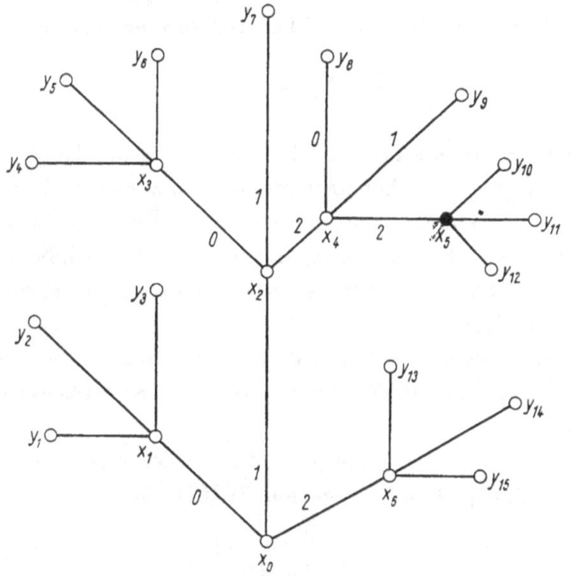

Abb. 1.2. Trichotomes Büschel mit Bezeichnung der Frage x_5 durch ein Zahlenpaar
$N = 15$, $|Q| = 7$, $a = 3$; $r = 2$; $R = 4$; $X_r = 4$

$$x_5 = \begin{cases} [3,122] \text{ im Trialsystem} \\ [3,17] \text{ im Dezimalsystem} \end{cases}$$

Es sei r wie oben definiert als $\inf\limits_{w \in W(E)} l(w)$. Dann wird für jedes ϱ mit $\varrho \leqq r$ die Zahl σ alle Werte zwischen 0 und $a^\varrho - 1$ annehmen. Daraus ergibt sich als Anzahl X_r der Fragen mit einer Länge kleiner als r

$$X_r = 1 + a + a^2 + a^3 + \cdots + a^{r-1} = \frac{a^r - 1}{a - 1}.$$

Wenn nicht alle Ereignisse die gleiche Länge haben, dann werden die zwischen r und R von σ angenommenen Werte jeweils a aufeinanderfolgende Zahlen zwischen 0 und $a^\varrho - 1$ sein.

Eigenschaft P 8. *Büschel mit spezieller Struktur.*

a) *Wenn* $N = a^k$, *dann gibt es ein Büschel* **A'**, *bei dem alle Ereignisse die gleiche Länge* $\varrho = k = r = R$ haben. Daneben gibt es für $N = a^k$ Büschel mit Ereignissen unterschiedlicher Länge.

Die Eigenschaft P 8a ist trivial und folgt aus der Definition der Potenz. Sie leitet sich leicht aus P 3 und P 7 her, indem man schreibt

$$|Q| = \frac{N - 1}{a - 1} = \frac{a^r - 1}{a - 1} = X_r.$$

Dieses Büschel **A'** *ist die Lösung folgenden Problems:* „Es ist ein Fragebogen mit a^k Ereignissen zu konstruieren, in dem zur Identifizierung jedes Ereignisses niemals mehr als k Fragen gestellt zu werden brauchen."

Wir werden sehen, daß im Falle ungleicher Wahrscheinlichkeiten der Ereignisse dieses Büschel das anfangs gestellte Minimisierungsproblem im allgemeinen nicht löst.

b) *Wenn* $N = a^k + \alpha (a - 1)$ *mit* $0 \leqq \alpha < a^k$, *dann gibt es eine Menge von Büscheln* A_0, *für die sich die Längen der Ereignisse höchstens um* 1 *voneinander unterscheiden.*

Beweis. Wenn $\alpha = 0$ ist, dann gibt es nach der Eigenschaft P 8a ein Büschel $A' = [Z', \Gamma']$, dessen Wege aus $W(E')$ dieselbe Länge k haben, wobei

$$Z' =_{Df} Q' \cup E', \quad |Q'| = \frac{a^k - 1}{a - 1}, \quad |E'| = a^k,$$

$$Q' =_{Df} \{x'_0, x'_1, \ldots, x'_n\}, \quad E' =_{Df} \{y'_1, y'_2, \ldots, y'_N\}$$

und $\quad l(y') = k \quad$ für alle $y' \in E'$ gilt.

Ebenso existiert ein analog konstruiertes Büschel **A'** für $k + 1$.

Wenn nun $\alpha > 0$, d. h. wenn $a^k < N < a^{k+1}$ gilt, dann haben alle Büschel vom Typ **A'**, die zu $N_k = a^k$ und $N_{k+1} = a^{k+1}$ gehören, weniger bzw. mehr als N Ereignisse. Wir werden, ausgehend von einem Büschel vom Typ **A'** mit a^k Ereignissen, ein entsprechendes Büschel A_0 definieren. Es sei

$$Y' =_{Df} \{y'_j : y'_j \in E', j = 1, 2, \ldots, \alpha\},$$
$$Y^* =_{Df} \{y^*_{ij} : i = 1, \ldots, a \text{ und } j = 1, \ldots, \alpha\},$$
$$Y^* \cap (Q' \cup E') = \emptyset,$$
$$\Gamma =_{Df} \Gamma' \cup \bigcup_{j=1}^{\alpha} \bigcup_{i=1}^{a} \{[y'_j, y^*_{ij}]\},$$

d. h., wir fügen $a\alpha$ Bogen hinzu,

$$Q =_{Df} Z' \cup Y', \quad E =_{Df} (E' \setminus Y') \cup \bigcup_{y' \in Y'} \Gamma y',$$

$$Z =_{Df} Q \cup E.$$

Dann setzen wir

$$A_0 =_{Df} [Z, \Gamma].$$

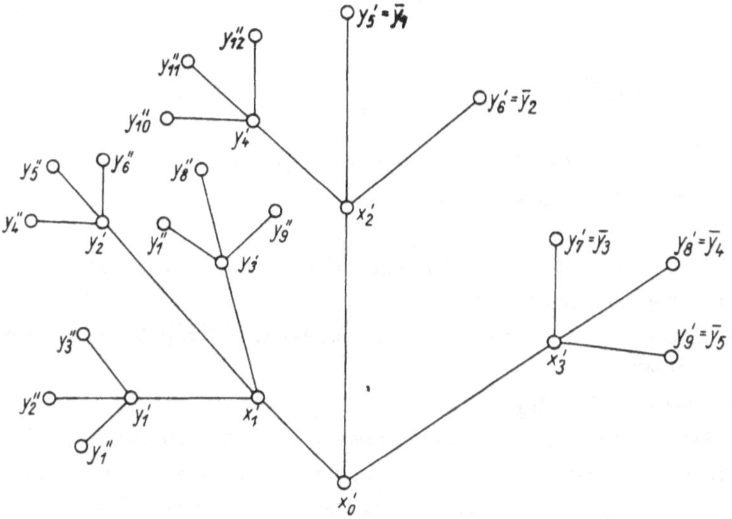

Abb. 1.3. Zusammenhang zwischen A' und A_0 für $|Y'| = \alpha = 4$
A' mit $a = 3$ und $k = 2$, $|E'| = 3^2$, $|Q'| = 4$
A_0 mit $|E| = 3^2 + 2\alpha = 17$
$l(y') = 2, l(y'') = 3$

Die Büschel vom Typ A_0 sind folgendermaßen charakterisiert: Jedes dieser Büschel hat $a^k - \alpha$ Wege der Länge k, deren jeder in einem der Knotenpunkte $\bar{y} \in E' \setminus Y'$ endet, und $a\alpha$ Wege der Länge $k+1$, deren jeder in einem der Knotenpunkte $y'' \in \bigcup_{y' \in Y'} \Gamma y'$ endet. Das heißt, es ist

$$l(\bar{y}) = k \quad \text{und} \quad l(y'') = k + 1 \qquad \text{q. e. d.}$$

Wir werden im folgenden Büschel vom Typ A_0 und A' – für positives α bzw. $\alpha = 0$ – gemeinsam mit A_0 bezeichnen. Damit ist A_0 durch den Wert $N = a^k + \alpha(a - 1)$ und die in b genannten Forderungen über die Länge der Ereignisse definiert.

Wenn die N Ereignisse gleichwahrscheinlich sind, das heißt $p(y) = \frac{1}{N}$ für alle y gilt, dann ist die mittlere Weglänge

$$L_0 = \frac{1}{N} [(a^k - \alpha) k + a \alpha (k + 1)].$$

Und weil

$$N = a^k + \alpha (a - 1),$$

folgt

$$L_0 = k + \frac{\alpha a}{N}.$$

Jedes Büschel vom Typ $\mathbf{A}_0$ *hat folgende Eigenschaften:*

(1) L_0 ist immer kleiner als $k + 1$ und genau dann gleich k, wenn $\alpha = 0$.

(2) Für alle Büschel vom Typ $\mathbf{A}_0$ kann R nicht kleiner als k und, wenn $\alpha \neq 0$, nicht kleiner als $k + 1$ sein.

Büschel vom Typ $\mathbf{A}_0$ sind von Pryves und Gray [13] unter dem Namen „balanced-tree" beschrieben worden.

c) *Büschel vom Typ* $\mathbf{A}_R$:

Ein Büschel vom Typ $\mathbf{A}_R$ sei durch folgende Eigenschaft definiert: Aus jeder Frage x gehen $a - 1$ Wege der Länge 1 und ein Büschel hervor (vgl. Abb. 1.4). Dann gibt es in jedem Rang (begonnen mit dem Rang Z_1 bis

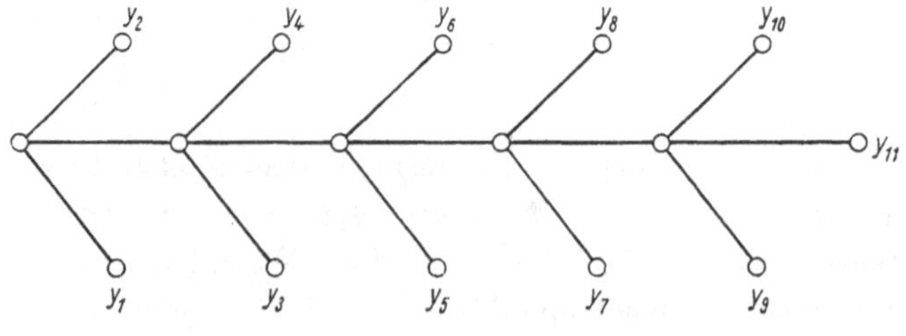

Abb. 1.4. Trichotomes Büschel vom Typ $\mathbf{A}_R$
$a = 3$, $N = 11$; $l(y_9) = l(y_{10}) = l(y_{11}) = R = 5$

zum Rang Z_{R-1}) einen Knotenpunkt $x \in Q$ und $a - 1$ Knotenpunkte $y \in E$. Es ist $|Q| = R$, und der Maximalrang E_R enthält als einziger a Senken, d. h. $|E_R| = a$.

Wegen (P 3) besteht zwischen R und N die Beziehung

$$N = (a-1)R + 1.$$

Der Wert

$$R = \frac{N-1}{a-1}$$

charakterisiert die homogenen Büschel A_R mit N Ereignissen. Kein Knotenpunkt aus Q kann die Länge $\frac{N-1}{a-1}$ haben, weil er sonst nur einen einzigen Nachfolger – im Gegensatz zur Voraussetzung 1 – hätte.

Wenn die N Ereignisse gleichwahrscheinlich sind, d. h. für alle $y \in E$

$$p(y) = \frac{1}{N}$$

gilt, dann ist die mittlere Weglänge

$$L_R = \frac{1}{N}\left\{\left[1+2+3+\cdots+\left(\frac{N-1}{a-1}-1\right)\right](a-1) + a\frac{N-1}{a-1}\right\}$$

und vereinfacht

$$L_R = \frac{N-1}{N}\cdot\frac{N+a}{2(a-1)}.$$

A_R hat folgende Eigenschaften:

(1) L_R nimmt annähernd proportional N zu.

(2) Jedes Ereignis eines Büschels mit N Ereignissen kann höchstens die Länge $\frac{N-1}{a-1}$ haben.

1.3. Matrixdarstellung von Büschelfragebogen. Operationen mit Büscheln

1.3.1. Die Verbindungsmatrix $\overline{\mathfrak{A}}$

Jede Verbindungsmatrix $\overline{\mathfrak{A}}$ eines homogenen Büschels ist durch $N + |Q| = \frac{aN-1}{a-1}$ Zeilen (s. Formel P 3), $\frac{aN-1}{a-1}$ Spalten und $a\,|Q|$ Elemente charakterisiert, die den Wert 1 annehmen (s. die Eigenschaften P 3 und P 4), wobei $|Q| = n + 1$ gilt.

Bevor wir die Elemente einer Verbindungsmatrix angeben, müssen wir die Elemente von Z durchnumerieren: $z_i =_{Df} x_i$, falls $i \leqq n$; $z_{n+i} =_{Df} y_i$, falls $i \leqq N$.

Das Element a_{ij} von $\overline{\mathfrak{A}}$ ist genau dann gleich 1, wenn es einen Bogen gibt, der vom Knotenpunkt z_i zum Knotenpunkt z_j führt, also nur dann, wenn der Knotenpunkt z_i zu Q gehört. Das Element a_{ij} ist genau dann gleich 0, wenn der Knotenpunkt z_i nicht direkter Vorgänger von z_j $(j \neq 0)$ ist.

In der j-ten Spalte von $\overline{\mathfrak{A}}$ mit $j = 1, 2, \ldots, n + N$ hat genau ein Element den Wert 1. Dieses stellt den Bogen dar, der z_j als Endpunkt hat.

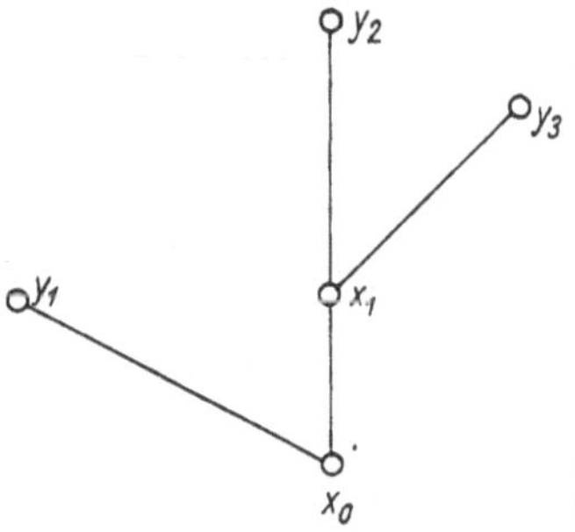

Abb. 1.5. Dichotomes Büschel und Verbindungsmatrix

Nur in der nullten Spalte kommt keine Eins vor. In der i-ten Zeile haben genau a Elemente den Wert 1, wenn $z_i \in Q$; gilt dagegen $z_i \in E$, so kommt keine Eins vor.

$\overline{\mathfrak{A}}$	0	1	2	3	4
0	0	1	1	0	0
1	0	0	0	1	1
2	0	0	0	0	0
3	0	0	0	0	0
4	0	0	0	0	0

1.3.2. Die Verbindungsmatrix $\mathfrak{A}$ mit Wahrscheinlichkeitsverteilung

Jedes Büschel **A** einschließlich seiner Wahrscheinlichkeitsverteilung $p(z)$ kann ebenfalls durch eine Verbindungsmatrix $\mathfrak{A}$ dargestellt werden. Diese wird aus $\overline{\mathfrak{A}}$ hergeleitet, indem man für jedes von Null verschiedene Element der Spalte j an die Stelle von 1 den Wert $p(z_j)$ einsetzt.

Die $(n+i)$-te Spalte, die ein Ereignis von A bedeutet, erhält den Wert $p(y_i)$ einer gegebenen a-priori-Wahrscheinlichkeit. Das von Null verschiedene Element der j-ten Spalte, die eine Frage von A bedeutet, erhält den Wert $p(x_j)$, der die Summe der Wahrscheinlichkeiten der a Ausgänge von x_j ist. Das ist jeweils die Summe der Elemente der Zeile j:

$$p(x_j) = \sum_{m=0}^{N+|Q|-1} a_{jm}\,. \tag{1.1}$$

$\mathfrak{A}$ und $\bar{\mathfrak{A}}$ haben gleich viele Zeilen, gleich viele Spalten und an gleichen Stellen eine Null.

Die zum Fragebogen A der Abbildung 1.5 gehörige Verbindungsmatrix $\mathfrak{A}$ lautet bei gegebenen Wahrscheinlichkeiten

	$\mathfrak{A}$	0	1	2	3	4
$p(y_1) = 0{,}6$	0	0	0,4	0,6	0	0
$p(y_2) = 0{,}3$	1	0	0	0	0,3	0,1
$p(y_3) = 0{,}1$	2	0	0	0	0	0
———————	3	0	0	0	0	0
$p(x_1) = 0{,}4$	4	0	0	0	0	0

1.3.3. Permutation von disjunkten Unterbüscheln eines Büschels

Es seien $A = [Z, \Gamma]$ ein Büschel und $p(z)$ Wahrscheinlichkeiten, wobei $z \in Z$ und $Z =_{Df} Q \cup E$.

Durch die *Permutation von disjunkten Unterbüscheln*[1] können wir ein neues Büschel $A^{z,z'}$ definieren.

Es seien $\hat{\Gamma} z, \hat{\Gamma} z'$ die Mengen der Nachfolger zweier beliebiger Knoten z und z'. Ihr Durchschnitt sei leer. $p(z)$ und $p(z')$ seien die Wahrscheinlichkeiten von z und z'. Dann wird $A^{z,z'} = [Z, \Gamma^{z,z'}]$ folgendermaßen definiert:

Man nimmt die in z bzw. z' entspringenden Unterbüschel und vertauscht sie. Dabei bleiben die Wahrscheinlichkeiten fest mit den Unter-

[1] PETOLLA [50] zeigt in der Klasse der Büschel, daß das aus dieser Regel bestehende Regelsystem vollständig ist. Die Widerspruchsfreiheit dieser Regeln, d. h., daß man bei ihrer Anwendung eine gegebene Äquivalenzklasse nicht verläßt, ist trivial. – Anm. d. Red.

büscheln verbunden. Man muß jedoch die Wahrscheinlichkeiten der Vorgänger der Zentren z und z' der Unterbüschel neu berechnen sowie neue Bezeichnungen für die vertauschten Zentren und ihre Nachfolger einführen. Die anderen Wahrscheinlichkeiten bleiben unverändert. Zur Veranschaulichung dient folgendes Beispiel:

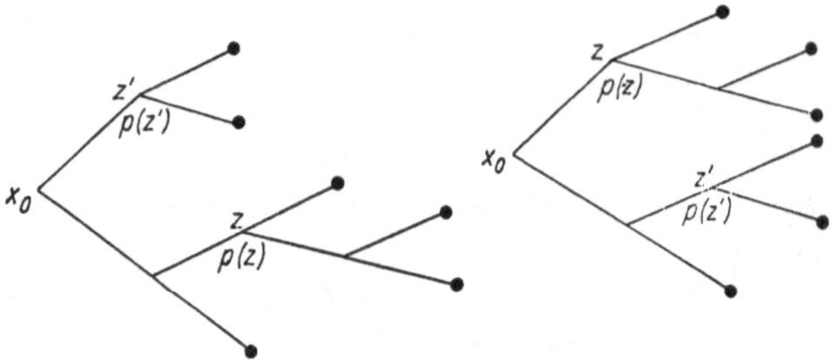

Abb. 1.6. Büschel **A** und daraus durch Permutation entstandenes $\mathbf{A}^{z,z'}$. **A** mit R = 4 und $\mathbf{A}^{z,z'}$ mit R = 3

Wenn man die Matrixdarstellung zugrunde legt, wird die Operation der Permutation nach folgendem Verfahren durchgeführt:

- Wahl der Zentren z und z',
- Vertauschung der Zeilen z und z' (diese entsprechen den Bogen, die von z und z' ausgehen),
- Vertauschung der von Null verschiedenen Elemente der Spalten z und z' (diese entsprechen den Bogen, die in z und z' enden),
- Korrektur der Wahrscheinlichkeiten der Vorgänger von z und z' nach der Gleichung (1.1)

$$p(x_j) = \sum_{m=0}^{N+|Q|-1} a_{jm},$$

indem man bei den direkten Vorgängern von z und z' beginnt, danach die Wahrscheinlichkeiten ihrer direkten Vorgänger berechnet usw. bis zum Zentrum x_0,
- Neubezeichnung der Ecken von $\mathbf{A}^{z,z'}$, die zu $\Gamma^{z,z'}z$ und $\Gamma^{z,z'}z'$ gehören.

Es seien $z = [\varrho, \sigma]$ und $z' = [\varrho', \sigma']$ die durch Paare gekennzeichneten Quellen der permutierten Unterbüschel. Die zu z und z' gehörigen Nachfolger u bzw. v seien dann durch

$$u = [\varrho + \varrho_u, \sigma a^{\varrho_u} + \sigma_u] \quad \text{bzw.} \quad v = [\varrho' + \varrho_v, \sigma' a^{\varrho_v} + \sigma_v]$$

bezeichnet, wobei

$$0 \leqq \sigma_u \leqq a^{\varrho_u} - 1 \quad \text{und} \quad 0 \leqq \sigma_v \leqq a^{\varrho_v} - 1.$$

Nach der Permutation ist

$$z = [\varrho', \sigma'], \quad z' = [\varrho, \sigma]$$

und

$$u = [\varrho' + \varrho_u, \; \sigma' a^{\varrho_u} + \sigma_u];$$

$$v = [\sigma + \varrho_v, \; \sigma a^{\varrho_v} + \sigma_v]$$

und

$$p(z) = p(z), \quad p(z') = p(z');$$

$$p(u) = p(u), \quad p(v) = p(v).$$

Beispiel.

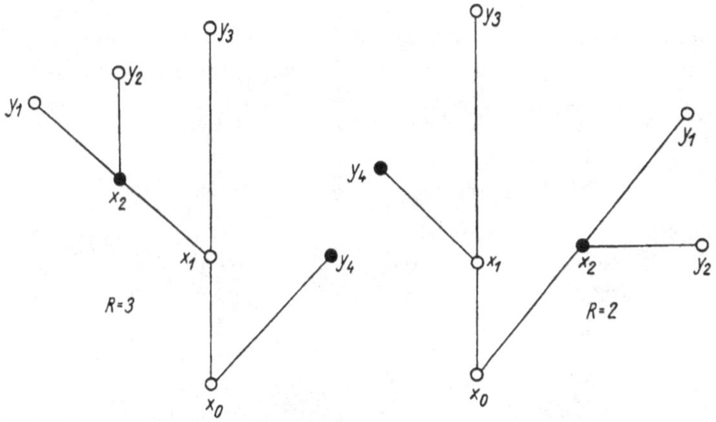

Abb. 1.7. Permutation der in x_2 bzw. y_4 entspringenden Unterbüschel sowie zugehörige Verbindungsmatrizen

Gegeben: Verbindungsmatrix $\mathfrak{A}$

$p(y_1) = 0{,}4$
$p(y_2) = 0{,}3$
$p(y_3) = 0{,}2$
$p(y_4) = 0{,}1$

$\mathfrak{A}$	0	1	2	3	4	5	6
0	0	0,9	0	0	0	0	0,1
1	0	0	0,7	0	0	0,2	0
2	0	0	0	0,4	0,3	0	0
3	0	0	0	0	0	0	0
4	0	0	0	0	0	0	0
5	0	0	0	0	0	0	0
6	0	0	0	0	0	0	0

Verbindungsmatrix $\mathfrak{A}^{z,z'}$ ohne Umnumerierung

$\mathfrak{A}^{z,z'}$	0	1	6	3	4	5	2
0		0,3					0,7
1			0,1			0,2	
6	0	0	0	0	0	0	0
3							
4							
5							
2	0	0	0	0,4	0,3	0	0

1.4. Die mittlere Weglänge homogener Büschel und optimale Büschel

Die Büschel A und $A^{z,z'}$ seien durch Permutation der Unterbüschel mit den Zentren z und z' auseinander hervorgegangen. Wir setzen

$$S =_{Df} E \frown \Gamma z =_{Df} \{u_1, u_2, \ldots . u_s\}$$

und

$$S' =_{Df} E \frown \Gamma z' =_{Df} \{v_1, v_2, \ldots, v_t\}.$$

Die mittlere Weglänge von A ist

$$L = \sum_{y \in E \setminus (S \cup S')} p(y)\, l(y) + \sum_{u \in S} p(u)\, l(u) + \sum_{v \in S'} p(v)\, l(v)$$

und die von $A^{z,z'}$

$$L^{z,z'} = \sum_{y \in E \setminus (S \cup S')} p(y)\, l(y) + \sum_{u \in S} p(u)\, [l(u) - l(z) + l(z')]$$
$$+ \sum_{v \in S'} p(v)\, [l(v) - l(z') + l(z)].$$

Ihre Differenz ist

$$L^{z,z'} - L = \sum_{u \in S} p(u)\, [l(z') - l(z)] + \sum_{v \in S'} p(v)\, [l(z) - l(z')].$$

Nun ist aber auf Grund von (P 6.1)

$$\sum_{u \in S} p(u) = p(z) \quad \text{und} \quad \sum_{v \in S'} p(v) = p(z'),$$

woraus sich

$$L^{z,z'} - L = [p(z) - p(z')]\, [l(z') - l(z)] \tag{1.2}$$

ergibt.

Daraus folgt

$$L^{z,z'} = L, \text{ wenn}$$

$$l(z) = l(z') \quad \text{oder} \quad p(z) = p(z');$$

$$L^{z,z'} < L, \text{ wenn}$$

$$[p(z) - p(z')]\,[l(z') - l(z)] < 0, \tag{1.3}$$

das heißt, wenn

$$p(z) > p(z') \quad \text{und} \quad l(z) > l(z')$$

oder

$$p(z) < p(z') \quad \text{und} \quad l(z) < l(z').$$

Das ist zum Beispiel der Fall, wenn in **A** die größte Wahrscheinlichkeit dem Knotenpunkt mit der größten Länge zugeordnet ist.

Aus diesem Grunde kann man durch Permutation – indem man dem Knotenpunkt mit kleinerer Länge eine größere Wahrscheinlichkeit zuordnet – die mittlere Weglänge um den Betrag $[p(z) - p(z')]\,[l(z) - l(z')]$ verringern.

In $A^{z,z'}$ wird dem Knotenpunkt z mit der Länge $l(z')$ die Wahrscheinlichkeit $p(z)$ zugeordnet.

Die Gleichung (1.2) gibt uns die Möglichkeit, *die ersten beiden Regeln über die Reduktion der mittleren Weglänge* auszusprechen.

R 1. *Regel der Permutation von Ereignissen.*

Es seien die Zentren der zu permutierenden Unterbüschel Ereignisse. Die mittlere Weglänge eines Büschels kann ohne Veränderung seiner Struktur folgendermaßen reduziert werden: Man ordne einem Ereignis aus E_r die größte Wahrscheinlichkeit zu und wiederhole das Verfahren, indem man den Ereignissen nicht abnehmender Länge nicht zunehmende Wahrscheinlichkeiten zuordnet, bis schließlich den $m\,a$ Ereignissen aus dem Maximalrang E_R die $m\,a$ kleinsten Wahrscheinlichkeiten zugeordnet sind.

R 2. *Regel der Permutation von Unterbüscheln.*

Es sei die Quelle mindestens eines der zu permutierenden Unterbüschel eine Frage. Die mittlere Weglänge kann unter Veränderung der Struktur des Büschels reduziert werden: Man ordne dem Knotenpunkt, Frage oder Ereignis, mit geringerer Länge die größere Wahrscheinlichkeit zu.

Daraus ergibt sich:

Eigenschaft P 9. *Es gibt eine mit den Längen und Wahrscheinlichkeiten verträgliche lineare Quasihalbordnung aller Knotenpunkte $z \in Z$ eines optimalen Fragebogens, d. h. die wie folgt definierte binäre Relation*

$$z \leqq z' =_{Df} l(z) \leqq l(z') \text{ und } p(z) \geqq p(z')$$

ist eine lineare Quasihalbordnung.

In einem Büschel **A** sei z ein Knotenpunkt aus dem Rang Z_{ϱ_0} und der Wahrscheinlichkeit p_0 und z' ein Knotenpunkt, dessen Länge mindestens $\varrho_0 + 2$ beträgt und dessen Wahrscheinlichkeit gleich p_0 ist. Alle Knotenpunkte der Länge $\varrho_0 + 1$ haben dann eine Wahrscheinlichkeit, die nicht größer als $p(z)$ und nicht kleiner als $p(z')$ ist. Das ist in unserem Fall die Wahrscheinlichkeit p_0. Nun sei z'' der Vorgänger von z' aus dem Rang Z_{ϱ_0+1}. Dieser hat auf Grund der Voraussetzungen 1 und 2 eine Wahrscheinlichkeit, die mit Sicherheit größer als $p(z') = p(z)$ ist. Also gilt $p(z'') > p(z)$ und $l(z'') > l(z)$. Die mittlere Weglänge von **A** ist daher nicht minimal. Durch Permutation von Unterbüscheln können wir ein Büschel $\mathbf{A}^{z,z'}$ konstruieren, das eine kleinere mittlere Weglänge hat. Es gilt also:

Eigenschaft P 10. *In jedem homogenen optimalen Fragebogen gilt für Knotenpunkte mit gleicher Wahrscheinlichkeit, daß sich ihre Längen um höchstens 1 unterscheiden.*

Durch wiederholte Anwendung der Regeln R 1 und R 2 kann man ein Büschel konstruieren, das eine geringere mittlere Weglänge aufweist als ein a priori gegebenes Büschel. Wenn es nicht mehr möglich ist, die Reduktion durch Permutationen vom Typ R 1 oder R 2 fortzusetzen, muß man es mit Unterbüscheln mit den Quellen z und z', wobei $l(z) = l(z')$, versuchen. Die mittlere Weglänge des neuen Büschels ist gleich der des ursprünglichen. Aber dieser Typ der Permutation erlaubt, die Wahrscheinlichkeiten in besonderer Weise neu zu ordnen, so daß danach R 1 oder R 2 eventuell wieder zur Reduktion der mittleren Weglänge verwendet werden können.

Wir betrachten einen Rang Z_ϱ, der mindestens $2a$ Knotenpunkte, Fragen oder Ereignisse, enthält. Die a Knotenpunkte $u_0, u_1, u_2, \ldots, u_{a-1}$ mit kleinsten, eventuell unterschiedlichen Wahrscheinlichkeiten sollen zu direkten Nachfolgern ein und desselben Knotenpunktes z gemacht werden. Ebenso seien die anderen Knotenpunkte nach der Größe der Wahrscheinlichkeiten geordnet. Schließlich seien die Knotenpunkte $v_0, v_1, \ldots, v_{a-1}$

mit maximalen Wahrscheinlichkeiten direkte Nachfolger ein und desselben Knotenpunktes z'. $z, \ldots, z'$ haben dabei die gleiche Länge $\varrho - 1$.

Es gelten dann folgende Beziehungen:

$$\Gamma z = \{u_0, u_1, \ldots, u_{a-1}\},$$
$$\Gamma z' = \{v_0, v_1, \ldots, v_{a-1}\},$$
$$l(z) = \cdots = l(z') = \varrho - 1,$$
$$p(u_0) \leqq p(u_1) \leqq \cdots \leqq p(u_{a-1}) \leqq \cdots \leqq p(v_0) \leqq p(v_1) \leqq \cdots$$
$$\leqq p(v_{a-1}).$$

Das Verfahren zur Herstellung dieser Ordnung werden wir Regel 3 nennen.

Wenn mindestens ein Knotenpunkt, etwa v_{a-1}, existiert, für den

$$p(v_{a-1}) > \sum_{i=0}^{a-1} p(u_i),$$

das heißt, wenn

$$p(v_{a-1}) > p(z) \quad \text{mit} \quad l(v_{a-1}) = l(z) + 1$$

gilt, dann kann die mittlere Weglänge – durch Anwendung von R 1 und R 2 – noch einmal reduziert werden.

R 3. *Nach den Reduktionen durch Permutationen vom Typ* R 1 *und* R 2 *ordne man die Knotenpunkte jedes Fragebogens neu. Man fasse zu diesem Zweck in jedem Rang die Knotenpunkte in der Reihenfolge nicht zunehmender Wahrscheinlichkeiten zusammen.*

Von nun an soll die Anordnung der Knoten nach nicht zunehmender Größe ihrer Wahrscheinlichkeiten nicht mehr in Abhängigkeit von der Länge allein erfolgen, wie es die Eigenschaft P 9 vorsieht. In jedem einzelnen Rang sollen die Wahrscheinlichkeiten den Knotenpunkten ebenfalls nach nicht zunehmender Größe zugeordnet sein, und zwar in Folgen von je a Werten, die nach zunehmendem Wert σ der zugehörigen Knotenpunkte geordnet sind.

Wenn nach dieser Umordnung sich ein Paar von Knotenpunkten finden läßt, für das die Ungleichung (1.3) gilt, dann ist das vorliegende Büschel noch nicht optimal. Wenn aber die Ungleichung (1.3) für kein Paar von Knotenpunkten des Büschels **A** gilt, dann ist **A** optimal.

In der Tat sind die nach Anwendung von R 3 durchzuführenden Vergleiche für dieses Büschel **A** wichtiger als für alle anderen mit gleicher mittlerer Weglänge. Aus der Optimalität von **A** folgt nämlich die Optimalität aller Büschel, die die gleiche mittlere Weglänge und die gleiche Verteilung auf E haben.

Wenn die Wahrscheinlichkeitsverteilung der Ereignisse nach Voraussetzung als gegeben angenommen wird, werden nunmehr die a Ereignisse mit geringster Wahrscheinlichkeit maximale Länge haben. Dabei zeigt der Vergleich der Summe mit der nächsthöheren Wahrscheinlichkeit den Längenunterschied zu gewissen anderen Ereignissen an. Weiterhin erlaubt die Ersetzung dieser a Ereignisse durch ihren gemeinsamen Vorgänger, dessen Wahrscheinlichkeit nach (P 6.1) gebildet worden ist, die Untersuchung mit den restlichen $N - a + 1$ Ereignissen zu wiederholen. Solche Überlegungen geben die Möglichkeit, ein optimales Büschel **A** zu konstruieren. Man geht dabei von den Knotenpunkten kleinster Wahrscheinlichkeit und demgemäß größter Länge aus und geht zu den Knotenpunkten, Ereignissen und Fragen, mit größerer Wahrscheinlichkeit über. Auf Grund der vereinbarten Ordnung bei der Einteilung der Knotenpunkte von gleichem Rang ergibt sich, indem man nacheinander R 1, R 2 und R 3 befolgt, *ein eindeutiger Weg zur Ermittlung der Wahrscheinlichkeiten* sämtlicher Fragen. Da die mittlere Weglänge durch die Wahrscheinlichkeiten der Fragen allein bestimmt ist (Eigenschaft P 6), folgt, daß jeder nach dieser Vorschrift konstruierte homogene Fragebogen optimal ist.[1]

Ein optimaler Fragebogen **A** kann auch durch aufeinanderfolgende Permutationen vom Typ R 1, R 2 und R 3 gewonnen werden. Er ist, was seine Struktur betrifft, nicht eindeutig bestimmt. Wenn $x \in Q$, $y \in E$ und $p(x) = p(y)$, kann man wegen $|l(x) - l(y)| \leqq 1$ zwei äquivalente Büschel mit gleicher mittlerer Weglänge erhalten. Auch können andere Fragebogen dieselbe mittlere Weglänge haben, wenn sie sich von **A** nur durch Anwendung von R 3 unterscheiden.[1]

Wir haben damit alle optimalen Fragebogen charakterisiert:

THEOREM (Zusammenfassung). *Jeder homogene Fragebogen mit minimaler mittlerer Weglänge, der* N *Ereignisse trennen kann, wobei* $N \equiv 1 \bmod (a - 1)$ *gilt, ist ein Büschel mit dem Zentrum* x_0 (P 1)
und mit

$$\frac{N - 1}{a - 1} \text{ Fragen.} \qquad \text{(P 3)}$$

[1] Die hier nur angedeuteten Optimalitätsbeweise lieferte PETOLLA [50]. – Anm. d. Red.

Die Anzahl der Knotenpunkte ist in jedem Rang ein Vielfaches von a. (P 4)
Der Unterschied der Längen von Knotenpunkten mit gleicher Wahrscheinlichkeit ist niemals größer als 1. (P 10)
Es gibt eine mit den Längen und den Wahrscheinlichkeiten verträgliche lineare Quasihalbordnung aller Knoten (R 1, R 2). *Die Wahrscheinlichkeit einer Ecke aus einem Rang* Z_ϱ *ist nicht größer als die Summe der Wahrscheinlichkeiten von a anderen Knotenpunkten aus dem gleichen Rang* (1.4). *Die mittlere Weglänge ist gleich der Summe der Wahrscheinlichkeiten aller Fragen.*

1.5. Theorie der Fragebogen und Codierungstheorie[1]

1.5.1. Betrachtungen über Codierungen

Wir studieren in diesem Abschnitt Zusammenhänge zwischen eindeutig decodierbaren kombinatorischen Codierungen und Fragebogen. Wir benutzen dabei als Ausgabealphabet des Coders die Menge

$$C =_{\mathrm{Df}} \{0, 1, 2, \ldots, a-1\}.$$

Die durch die (stationäre) Quelle bzw. den Coder produzierten Wörter über $E =_{\mathrm{Df}} \{y_1, \ldots, y_N\}$ bzw. C werden kommafrei geschrieben. Die Quelle arbeite unabhängig und produziere Buchstaben y_j mit einer Wahrscheinlichkeit $p(y_j)$.

Wenn man Nachrichten (Wörter) möglichst schnell übertragen will, muß man eine Codierung mit minimaler mittlerer Codewortlänge konstruieren. Wie wir noch zeigen werden, ist dieses Problem der Konstruktion optimaler Fragebogen äquivalent, d. h., man kann eine eineindeutige Abbildung von der Menge der Codewörter auf die Menge der Ereignisse eines entsprechenden Fragebogens angeben.

Das genannte Codierungsproblem ist der Gegenstand zahlreicher Arbeiten. Insbesondere sind die von SHANNON und FANO[2] vorgeschlagenen Codierungen untersucht worden. Das Ziel der Betrachtungen bestand darin, im Mittel mit minimaler Codewortlänge unter Verwendung des Alphabets $C = \{0, 1\}$ auszukommen, wenn Nachrichten zu übertragen

[1] Weitere Erläuterungen sind im Anhang zu finden. — Anm. d. Red.
[2] Diese Methoden sind bei FEY [33, S. 52ff.] ausführlich dargestellt. — Anm. d. Red.

sind und die N Elementarcodewörter $\chi(y_j)$ mit einer Wahrscheinlichkeit $p(y_j)$ auftreten. Die Codierungen nach SHANNON und FANO sind jedoch nicht immer optimal. Ihre Konstruktionsvorschrift lautet:

Die zu codierenden Buchstaben werden in a Klassen derart eingeteilt, daß die Summe der Wahrscheinlichkeiten der Elemente möglichst gleich ist. Dieses Prinzip wiederholt man für jede Klasse so lange, bis jede nur noch ein

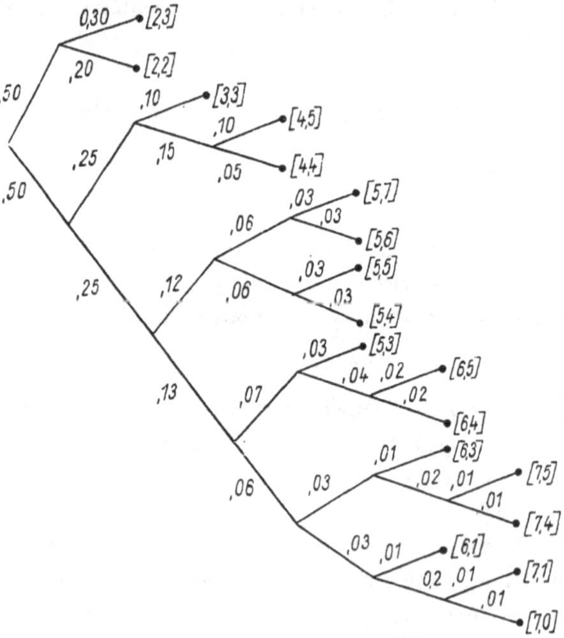

Abb. 1.8. Darstellung einer Codierung nach SHANNON und FANO – Die 18 Ereignisse sind durch $[\varrho, \sigma]$ bezeichnet. Die Wahrscheinlichkeiten sind an den einlaufenden Bogen vor den Fragen und Ereignissen angegeben.
H(0) und $H_{1,0}(2)$ sind maximal, $L = L_{opt} = 3{,}29$

Element enthält. Das bedeutet, daß den direkten Nachfolgern jeder Frage möglichst gleiche Wahrscheinlichkeiten angeordnet werden. Dieses Verfahren ist für jede Frage bis zur größten Länge durchzuführen.

Dieses Codierungs- und Einteilungsprinzip wird manchmal fälschlicherweise als Vorschrift anerkannt, mit der eine optimale Codierung (oder ein bester Fragebogen) konstruiert werden kann.[1] Es führt aber nur für besondere Wahrscheinlichkeitsverteilungen zu einer optimalen Codierung. Ein Beispiel dafür ist die Codierung in Abbildung 1.8. Das Verfahren garantiert jedoch nicht für beliebige Wahrscheinlichkeitsverteilungen, daß die so konstruierten Codierungen optimal sind [9].

Für eine Menge E, die aus acht Ereignissen mit den Wahrscheinlichkeiten

$$0{,}50,\quad 0{,}12,\quad 0{,}12,\quad 0{,}10,\quad 0{,}07,\quad 0{,}05,\quad 0{,}03,\quad 0{,}01$$

besteht, ist die Aufteilung „halbe-halbe" im Büschel I der Abbildung 1.9 durchgeführt. Die Aufteilung in zwei Klassen mit gleichen Wahrscheinlichkeiten, das heißt die Aufteilung in zwei Unterbüschel, deren Quellen gleiche Wahrscheinlichkeiten besitzen, ist in diesem Büschel für die Ränge Z_0 und Z_1 verwirklicht. Dieses Büschel ist nicht optimal, weil R 2 nach Anwendung von R 3 angewendet werden kann. Vorher kann das nicht geschehen.

Das Büschel II derselben Abbildung 1.9 ist optimal, weil die Wahrscheinlichkeiten gemäß R 3 geordnet sind und R 2 nicht angewendet

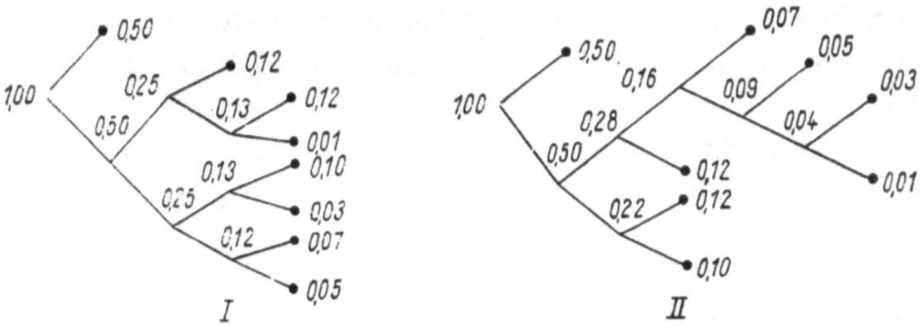

Abb. 1.9. Äquivalente Fragebogen mit unterschiedlichem L

werden kann. Dabei ist in II die Aufteilung „halbe-halbe" nur im Rang Z_0 verwirklicht worden.

Die mittleren Weglängen $= \sum_{x \in Q} p(x)$ sind:

für den „halbe-halbe" Fragebogen I

$$L_1 = 2{,}38 \quad \text{bei} \quad R = 4$$

[1] Dieser Fehler findet sich auch bei Meyer-Eppler [48]. – Anm. d. Red.

und für den optimalen Fragebogen II

$$L_2 = 2{,}29 \quad \text{bei} \quad R = 6.$$

In der Tat ist das Theorem über homogene Fragebogen mit den Resultaten von HUFFMAN über optimale Codes äquivalent [8].

Durch impliziten Gebrauch der Regel R 3 – ohne sie explizit zu erwähnen – hat HUFFMAN eine optimale Codierung erhalten. Sie ist deshalb leicht in die Sprache der Fragebogen zu übersetzen. HUFFMAN interessiert sich allerdings nur für die Wahrscheinlichkeiten der Senken. Sein Ziel besteht darin, mit Hilfe von a Buchstaben in sparsamster Weise die Menge der N Codewörter zu bilden. Seine Theorie weist daher zwei Unterschiede im Vergleich zu der der Fragebogen auf.

a) HUFFMAN berechnet die Größe L mit Hilfe der Wahrscheinlichkeiten und der Längen der *Ereignisse.* Dagegen läßt sich die Berechnung von L auf weit schnellere Weise – ohne Multiplikationen – mit Hilfe der Wahrscheinlichkeiten der Fragen bewerkstelligen, die HUFFMAN in seinem Algorithmus nur implizit verwendet.

b) Für die Bezeichnung oder Codierung der Ereignisse benutzt HUFFMAN nur eine einzige Größe σ. Diese stimmt mit dem oben definierten Codewort σ überein und wird im Zahlensystem mit der Basis a ausgedrückt. Auf diese Weise erhalten zwei Ereignisse y und y' niemals dasselbe Codewort σ. Die Wege, die die Quelle x_0 mit den beiden Ereignissen verbinden, unterscheiden sich spätestens von dem Rang an, zu dem eines der beiden Ereignisse gehört. Diese Eigenschaft sichert die eindeutige Decodierbarkeit bei kommafreier Übertragung (vgl. S. 30).

1.5.2. Eigenschaften optimaler homogener Fragebogen und von Codierungen mit minimaler mittlerer Codewortlänge

Die Theorie von HUFFMAN beruht auf zwei Annahmen P 11 und P 12, die den Eigenschaften P 1 und P 7 gleichwertig sind. Sie führt dazu, drei Eigenschaften P 9, P 13 und P 14 der Codierungen mit minimaler mittlerer Codewortlänge anzugeben.

Aus der Sicht der Fragebogen lauten diese:

Eigenschaft P 11. *Die Codewörter σ und σ' von zwei Ereignissen $[\varrho, \sigma]$ und $[\varrho', \sigma']$ sind im Zahlensystem mit der Basis a verschieden.*

Eigenschaft P 12. *Man kann im Zahlensystem der Basis a die Bezeichnungen oder Codewörter σ der Ereignisse kommafrei hintereinander schreiben, ohne die eindeutige Identifizierung oder Decodierbarkeit zu gefährden.*

Eigenschaft P 13. *Die Codewörter von mindestens 2 und maximal a Ereignissen des Maximalranges* E_R *unterscheiden sich im Zahlensystem mit der Basis a nur in ihrer letzten Ziffer.*

Eigenschaft P 14. *In einer Folge σ von Zahlen stellt eine Aufeinanderfolge von* R *Ziffern ein Ereignis aus* E_R *dar, oder sie umfaßt in ihren Ziffern zur Linken diejenigen eines Ereignisses der Länge* $\varrho <$ R.

P 11. Die Annahme von HUFFMAN ist oben im Paragraphen 1.5.1 erklärt worden.

P 12 und P 14 ergeben sich aus P 1, aus den Bezeichnungen P 7 und aus P 11.

P 13 ist eine Folgerung aus P 4, P 7 und aus der Tatsache, daß Fragebogen mit Zyklen ausgeschlossen sind.

1.5.3. Der Algorithmus von HUFFMAN

HUFFMAN hat einen Algorithmus angegeben, um homogene Fragebogen mit der Basis a und minimaler mittlerer Weglänge zu konstruieren. Dieser leitet sich direkt aus dem Beweis unseres Theorems über optimale Fragebogen her und lautet folgendermaßen:

1. Es sind die N Ereignisse nach abnehmender Größe der Wahrscheinlichkeiten zu ordnen (bei gleichen Wahrscheinlichkeiten beliebig).

2. Es sind die letzten a Knoten (wenn $\beta > 0$, die letzten $\beta + 1$ Knoten) zu nehmen. Die Summe ihrer Wahrscheinlichkeiten ist zu bilden. Es ist ein neuer Knoten einzuführen und einzuordnen. Die a bzw. $\beta + 1$ Knoten sind wegzulassen.[1] Die Anzahl der verbleibenden Knoten ist $N' \equiv 1 \bmod (a - 1)$.

3. Man muß die jetzt letzten a Ecken nehmen und wie in 2 verfahren.

4. Das Verfahren ist abzubrechen, sobald $N' = a$.

Die a Ereignisse dieses kontrahierten Fragebogens bilden im optimalen Fragebogen die Knotenpunkte der Länge 1. Die Knotenpunkte der Länge 2 sind diejenigen, deren Wahrscheinlichkeit man addiert hat, um die Fragen

[1] Bei PETOLLA [50] heißt diese Operation Kontraktion. – Anm. d. Red.

der Länge 1 zu erhalten, ... Die Knotenpunkte maximaler Länge sind diejenigen Ereignisse, deren Wahrscheinlichkeiten zuerst addiert worden sind, und – was vorkommen kann – die Ereignisse der unmittelbar danach gebildeten Summen.

5. Die Länge eines Ereignisses ergibt sich, indem man abzählt, wie oft seine Wahrscheinlichkeit als Summand (implizit) auftrat.

6. Die mittlere Weglänge ist gleich der Summe der Wahrscheinlichkeiten der so gebildeten Fragen.

Bemerkung. Es ist möglich, bei Anwendung des Algorithmus die Zahlen σ derart zu codieren, daß die Knotenpunkte größter Wahrscheinlichkeit bei gleicher Länge die höchsten (nach HUFFMAN) oder auch die niedrigsten Zahlen σ erhalten.

ZWEITES KAPITEL

Homogene und quasihomogene Fragebogen mit Gleichverteilung auf der Menge der Ereignisse

2.1. Die mittlere Weglänge

Im ersten Kapitel haben wir gezeigt, daß ein Fragebogen genau dann optimal ist, wenn es nicht mehr möglich ist, durch Permutationen von Unterbüscheln, d. h. durch Anwendung der Regeln 1–3, die mittlere Weglänge zu reduzieren.

Bei Gleichverteilung haben dann zwei Elementarereignisse entweder die gleiche Länge, oder ihre Länge unterscheidet sich nach P 10 nur um Eins. Ein solches Büschel erhält nach P 8 die Bezeichnung A_0, wenn zusätzlich $N-1$ durch $a-1$ teilbar ist. Für den Fall, daß die Wahrscheinlichkeit jedes Ereignisses $p(y) = \frac{1}{N}$ ist, – das heißt, daß Gleichverteilung auf E vorliegt –, und $N - 1$ durch $a - 1$ teilbar ist, wurde die mittlere Weglänge in Kapitel I bestimmt (P 8).

Wenn

$$N = a^k + \alpha(a-1) + \beta \quad \text{mit} \quad 0 \leqq \alpha < a^k \quad \text{und} \quad 0 < \beta < a-1$$

gilt, hat die Frage x_n mit der Basis $\beta + 1$ nur Ereignisse maximaler Länge als Ausgänge. Wenn x_n eine kleinere Länge als k hätte, wäre die Regel 1 anwendbar, und der Fragebogen wäre nicht optimal; denn die Wahrscheinlichkeit von x_n liegt zwischen den beiden Schranken $\frac{1}{N}$ und $\frac{a}{N}$, d. h., es gilt

$$\frac{1}{N} < \frac{\beta+1}{N} < \frac{a}{N},$$

wobei die Ereignisse der Länge k oder $k + 1$ die Wahrscheinlichkeit $\frac{1}{N}$ und Fragen der Länge k die Wahrscheinlichkeit $\frac{a}{N}$ haben.

Jeder optimale Fragebogen hat nach Anwendung der drei Regeln des Paragraphen 1.4

$a^k - (\alpha + 1)$ Ereignisse der Länge k

und

$$a\alpha + \beta + 1 \text{ Ereignisse der Länge } k + 1.$$

$\beta + 1$ Ereignisse sind Nachfolger genau einer Frage der Länge k, während a Ereignisse auf α weitere Fragen der Länge k folgen.

Jeder quasihomogene Fragebogen mit $N - b$ Ereignissen der Länge k und b Ereignissen der Länge $k + 1$ erfüllt die Beziehung

$$b = a\alpha + \beta + 1.$$

Beweis. Wenn $b > a\alpha + \beta + 1$ ist, dann gibt es eine Frage mit einer Länge kleiner als k, die weniger als a Ausgänge hat, oder ein Ereignis mit einer Länge $\varrho < k$.

Wenn $b < a\alpha + \beta + 1$, d. h., $b = a\alpha + \beta + 1 - c$ mit $c > 0$ gilt, dann gibt es weniger als $N - (a\alpha + \beta + 1 - c)$ Ereignisse der Länge k. Und die Anzahl der Ereignisse ist kleiner als N, was unseren Voraussetzungen widerspricht.

Die mittlere Weglänge beträgt

$$L = \frac{1}{N}\{k\,[a^k - (\alpha + 1)] + (k + 1)\,[a\alpha + \beta + 1]\}$$

oder einfacher ausgedrückt

$$L = k + \frac{a\alpha + \beta + 1}{N}.$$

Wir vereinbaren zu sagen, daß auch ein Fragebogen mit $\beta \neq 0$ den Typ A_0 hat.

Die angegebene Gleichung ist richtig für $0 < \beta \leqq a - 1$, jedoch nicht mehr für $\beta = 0$.

Zusammenfassung. *Wenn $N = a^k + \alpha(a - 1) + \beta$ gilt, ergibt sich für die minimale mittlere Weglänge folgende Fallunterscheidung:*

Wenn $\alpha = \beta = 0$, *so gilt* $L = k$, (2.1)

wenn $0 \leqq \alpha \leqq a^k$ *und* $\beta = 0$, *so gilt* $L = k + \frac{a\alpha}{N}$, (2.2)

wenn $0 \leqq \alpha \leqq a^k$ *und* $0 < \beta \leqq a - 1$, *so gilt*

$$L = k + \frac{a\alpha + \beta + 1}{N}. \tag{2.3}$$

2.2. Eine charakteristische Eigenschaft von Büscheln des Typs A_0

A_0 ist jetzt als Büschel definiert, dessen Ereignisse sich in ihren Längen um höchstens 1 unterscheiden. (Die frühere Einschränkung über die Teilbarkeit von N — 1 durch $a - 1$ dient nur noch zur Fallunterscheidung.)

Fall A.

$$N = a^k + \alpha (a - 1).$$

Es sei $z = [\varrho, \sigma]$ ein beliebiger Knotenpunkt von A_0. Wir bezeichnen dann z mit z_ϱ. Der Index ϱ hat nichts mit der auf S. 30 eingeführten Numerierung zu tun. Unter $A(z_\varrho)$ verstehen wir das in z_ϱ entspringende Unterbüschel von A_0, das von allen Knoten aus Γz_ϱ erzeugt wird.

Es sei $C(z_\varrho)$ die Menge der Wege von $A(z_\varrho)$, die von z_ϱ ausgehen und einen Knotenpunkt $y \in E$ zum Endpunkt haben.

Man erkennt unmittelbar: Da N — 1 durch $a - 1$ teilbar ist, genügt die Anzahl der Elemente von $C(z_\varrho)$ für beliebige ϱ der Ungleichung

$$a^{k-\varrho} \leqq |C(z_\varrho)| \leqq a^{k-\varrho+1}. \qquad \text{(I)}$$

Die Gleichheitszeichen entsprechen den beiden Grenzfällen, daß alle Endpunkte die Länge k bzw. die Länge $k + 1$ haben.

$|C(z_\varrho)|$ ist die Anzahl der Endpunkte der von z_ϱ ausgehenden Wege. Daraus folgt:

Wenn $z_\varrho \in Q$, dann kann man $C(z_\varrho)$ in a Teilmengen

$$C_j(z_\varrho) \text{ mit } j = 0, 1, 2, \ldots, a - 1$$

zerlegen, so daß $C_j(z_\varrho)$ die Menge der Wege darstellt, deren erster Bogen $[z_\varrho, \Gamma_j z_\varrho]$ heißt.

Es gilt

$$a^{k-\varrho-1} \leqq |C_j(z_\varrho)| \leqq a^{k-\varrho}, \qquad \sum_{j=0}^{a-1} |C_j(z_\varrho)| = |C(z_\varrho)|. \qquad \text{(II)}$$

Wenn $\varrho = k$ gilt, haben die Wege, die von den Knotenpunkten $z_k \in Q$ ausgehen, die Länge 1:

$$|C_j(z_k)| = 1 \quad \text{für alle } j \quad \text{und} \quad |C(z_k)| = a.$$

Wenn $\varrho = k$ oder $\varrho = k + 1$ und $z_\varrho \in E$ gilt, wird man die Vereinbarung $|C(z_\varrho)| =_{Df} 1$ treffen, denn z_ϱ liegt auf einem einzigen Weg.

Die Ungleichungen (I) sind dann für alle $z_\varrho \in Q \cup E$ mit $\varrho = 0, 1, \ldots, k, k+1$ verifiziert.

Diese Ungleichungen zeigen an, daß *die Anzahl der Wege, die von jedem Knotenpunkt der Länge ϱ ausgehen, zwischen denselben aufeinanderfolgenden Potenzen von a liegt. Die Exponenten hängen von der Länge ϱ ab.*

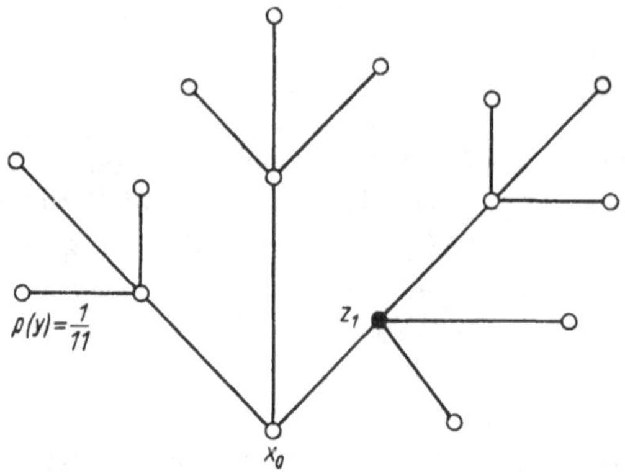

Abb. 2.1. Trichotomes Büschel mit Anzahl der Wege,
$a = 3,\ k = 2,\ N = 3^2 + 1(3-1) = 11,$
$|C(z_1)| = 5,\ |C_0(z_1)| = |C_1(z_1)| = 1,\ |C_2(z_1)| = 3$

Im besonderen erfüllt das Verhältnis der Anzahl der Wege zweier Unterbüschel mit den Zentren $\Gamma_j z_\varrho$ bzw. $\Gamma_h z_\varrho$ für jedes ϱ die Ungleichungen

$$\frac{1}{a} \leqq \frac{|C_h(z_\varrho)|}{|C_j(z_\varrho)|} \leqq a \quad \text{sowie} \quad \frac{a-1}{a} + 1 \leqq \sum_{\substack{h=0\\ h\neq j}}^{a-1} \frac{|C_h(z_\varrho)|}{|C_j(z_\varrho)|} + 1 \leqq a(a-1) + 1$$

und für die Kehrwerte

$$\frac{1}{a(a-1)+1} \leqq \frac{|C_j(z_\varrho)|}{|C(z_\varrho)|} \leqq \frac{a}{2a-1}. \tag{III}$$

Man zieht aus (I) weiter den Schluß, daß für jedes ϱ die Wahrscheinlichkeiten der Knotenpunkte aus Z_ϱ zwischen $\frac{a^{k-\varrho}}{N}$ und $\frac{a^{k-\varrho+1}}{N}$ liegen, wobei N die Anzahl der Ereignisse ist, d. h.

$$\frac{a^{k-\varrho}}{N} \leqq p(z_\varrho) \leqq \frac{a^{k-\varrho+1}}{N}.$$

Wenn $\varrho = k+1$, dann gilt:

$$z_{k+1} \in E \quad \text{und} \quad p(y_{k+1}) = \frac{1}{N}.$$

Wenn $\varrho = k$, dann gilt:

$$p(y_k) = \frac{1}{N} < p(x_k) = \frac{a}{N}.$$

Das Verhältnis der Wahrscheinlichkeiten von zwei Knotenpunkten gleicher Länge wird also abgeschätzt durch

$$\frac{1}{a} \leqq \frac{|C_h(z_\varrho)|}{|C_j(z_\varrho)|} = \frac{p(\varrho+1, h)}{p(\varrho+1, j)} \leqq a,$$

und für die bedingte Wahrscheinlichkeit[1] eines Knotenpunktes der Länge $\varrho + 1$ folgt

$$\frac{1}{a(a-1)+1} \leqq p_{\varrho,\sigma}(\varrho+1, a\sigma+h) =_{\mathrm{Df}} \frac{p(\varrho+1, a\sigma+h)}{p(\varrho, \sigma)} \leqq \frac{a}{2a-1}. \quad \text{(III')}$$

Als Umkehrung beweisen wir:

Die Eigenschaft (I) *charakterisiert unter allen Büscheln mit der Quelle* x_0 *und* N *Ereignissen die Fragebogen vom Typ* $\mathbf{A}_0$. *Aus Ungleichung* (I) *folgt somit die Ungleichung* (III).

Wir wollen also zeigen, daß die Büschel, die die Eigenschaft (I) haben, vom Typ $\mathbf{A}_0$ sind.

Beweis. Es sei **D** ein Büschel mit $R = k + 1$, dessen Knotenpunkte die Ungleichungen

$$a^{k-\varrho} \leqq |C(z_\varrho)| \leqq a^{k-\varrho+1}$$

erfüllen. Es sei vereinbart:

Wenn $z_\varrho \in E$, so $|C(z_\varrho)| =_{\mathrm{Df}} 1$.

Die Ereignisse der Länge $k+1$ erfüllen dann die Gleichungen

$$|C(y_{k+1})| = a^{k-(k+1)+1} = 1,$$
$$|C(y_k)| = a^{k-(k)} = 1.$$

Angenommen, es gibt ein Ereignis mit einer Länge ϱ kleiner als k, dann gilt für dieses einerseits

$$|C(y_\varrho)| = 1$$

und andererseits

$$|C(y_\varrho)| \geqq a^{k-\varrho} \geqq a.$$

[1] Die bedingten Wahrscheinlichkeiten werden im nächsten Kapitel auf S. 66 eingeführt. – Anm. d. Red.

Das ist ein Widerspruch. Folglich haben die Ereignisse von **D** entweder die Länge k oder die Länge $k + 1$, was die genannte Umkehrung beweist.

Fall B.

$$N = a^k + \alpha(a - 1) + \beta \quad \text{mit} \quad 0 < \beta < a - 1.$$

Es existiert mindestens eine Frage x_n der Länge k, die weniger als a Ausgänge hat. Für die Anzahl der Wege, die von einer solchen Frage x_n ausgehen, gilt dann

$$1 < |C(x_n)| < a.$$

Die Anzahl der Wege, die von einer Frage z_ϱ ausgehen, unter deren Nachfolgern sich x_n befindet, befriedigen die Ungleichungen

$$a^{k-\varrho} < |C(z_\varrho)| < a^{k-\varrho+1}.$$

Die Gleichheitszeichen gelten also nicht, falls $\beta > 0$ (vgl. (I)).

Umgekehrt haben die Fragebogen mit $R = k + 1$, die die Eigenschaft (I) erfüllen, ausschließlich Ereignisse mit der Länge k oder $k + 1$.

Theorem. *Die Längen der Ereignisse eines quasihomogenen Büschelfragebogens mit Gleichverteilung auf* E *sind genau dann gleich* k *oder* $k + 1$, *wenn die Anzahl der Wege, die von einer Frage* $z_\varrho \in Z_\varrho$ *ausgehen oder in einem Ereignis der Länge* ϱ *enden, den Ungleichungen*

$$a^{k-\varrho} \leqq |C(z_\varrho)| \leqq a^{k-\varrho+1}$$

genügt.

Ein derartiger Fragebogen ist genau dann optimal, wenn $\beta = 0$, *oder, falls* $\beta > 0$, *wenn die Frage* x_n *mit der Basis* $\beta + 1$ *die Länge* k *hat und damit das Büschel vom Typ* A_0 *ist.*

Jedes andere Büschel mit Gleichverteilung auf E *hat eine größere mittlere Weglänge.*

Korollar. *Die homogenen optimalen Büschel mit Gleichverteilung auf der Menge* E *der* N *Ereignisse sind durch folgende Eigenschaft charakterisiert: Für jedes* ϱ *liegt die Wahrscheinlichkeit jedes Knotens* z_ϱ *aus dem Rang* Z_ϱ *zwischen den Schranken:*

$$\frac{a^{k-\varrho}}{N} \leqq p(z_\varrho) \leqq \frac{a^{k-\varrho+1}}{N}.$$

2.3. Dichotome Büschel

2.3.1. Optimale Büschel

Der Fall der Dichotomie besitzt zahlreiche Anwendungen im Bereich der automatischen Informationsverarbeitung. Er verdient eine besondere Behandlung, weil für ihn immer $\beta = 0$ gilt.

Die Eigenschaften P 2, P 3, P 4, P 7, P 8 des Paragraphen 1.2.2 vereinfachen sich wie folgt:

P* 2, P* 3: Die Anzahl der Fragen ist gleich $N - 1$, und die Anzahl der Bogen ist gleich $2(N - 1)$.

P* 4: Die Anzahl der Knotenpunkte ist für jeden Rang Z_ϱ mit $\varrho > 0$ gerade.

P* 7: Es gibt $X_r = 2^r - 1$ Fragen geringerer Länge als die kleinste Länge r eines Ereignisses. Durch die Einführung der Bezeichnungsweise $[\varrho, \sigma]$ der Knoten kann σ jede Zahl zwischen 0 und $2^r - 1$ sein.

P* 8: Jeder optimale dichotome Fragebogen mit N gleichwahrscheinlichen Ereignissen hat die mittlere Weglänge

$$L_0 = k + \frac{2\alpha}{N}. \tag{2.4}$$

Die mittlere Weglänge eines dichotomen Büschels mit N gleichwahrscheinlichen Ereignissen beträgt höchstens

$$L_{max} = \frac{N-1}{N}\left(1 + \frac{N}{2}\right)$$

(vgl. S. 35). L_{max} wächst bedeutend schneller als L_0.

Für $N = 1024$ ist

$$L_0 = 10 \quad \text{und} \quad L_{max} = 513.$$

Für $N = 10^6$ ist

$$L_0 \approx 20 \quad \text{und} \quad L_{max} \approx 5 \cdot 10^5.$$

2.3.2. Die mittlere Weglänge nicht optimaler dichotomer Büschel

B *sei ein Büschel, das* (I) *nicht erfüllt.* **B** habe N Senken:

$$N = 2^k + \alpha \quad \text{mit} \quad \alpha > 0.$$

Wir betrachten einige Sonderfälle:

I. $R = k + 1$

I.1. **B** habe genau eine Senke der Länge $\varrho < k$ und $N - 1$ Senken der Länge k oder $k + 1$.
Dann muß gelten

$$2^{k-\varrho+1} - 1 \leqq 2^k - \alpha.$$

In diesem Fall läßt sich ein Fragebogen **B** finden, welcher enthält:

eine Senke der Länge ϱ,

$2^k - \alpha - (2^{k-\varrho+1} - 1)$ Senken der Länge k,

$2\alpha + (2^{k-\varrho+1} - 2)$ Senken der Länge $k + 1$.

Die mittlere Weglänge ist dann

$$\begin{aligned} L &= \frac{1}{N}\{\varrho + [2^k - \alpha - (2^{k-\varrho+1} - 1)]\,k + [2\alpha + 2^{k-\varrho+1} - 2]\,(k + 1)\} \\ &= \frac{1}{N}\{(2^k + \alpha)\,k + 2\alpha + 2^{k-\varrho+1} - k + \varrho - 2\} \\ &= k + \frac{2\alpha}{N} + \frac{2^{k-\varrho+1} - (k - \varrho + 2)}{N}. \end{aligned}$$

Nun gilt aber für den Zähler $2^{k-\varrho+1} - (k - \varrho + 2) \geqq 1$, weil $k - \varrho \geqq 1$. Außerdem wächst dieser Ausdruck mit $k - \varrho$. Daher gilt

$$L \geqq k + \frac{2\alpha}{N} + \frac{1}{N}. \tag{2.5}$$

Das Gleichheitszeichen ergibt sich für $\varrho = k - 1$.

I.2. **B** habe i Senken mit den Längen ϱ_ι:

$$1 \leqq \varrho_1 \leqq \varrho_2 \leqq \varrho_3 \leqq \cdots \leqq \varrho_i < k,$$

so daß für alle natürlichen Zahlen h gilt:

Wenn $\varrho_h < \varrho_{h+1} = \varrho_{h+m} < \varrho_{h+m+1}$, so $m < 2^{\varrho_h+1}$,

und

$N - i$ Senken der Länge k oder $k + 1$.

Die mittlere Weglänge ist dann

$$\begin{aligned} L = \frac{1}{N}\Bigg\{\sum_{\iota=1}^{i} \varrho_\iota + \left[2^k - \alpha - \left(\sum_{\iota=1}^{i} 2^{k-\varrho_\iota+1} - i\right)\right] k \\ + \left[2\alpha + \left(\sum_{\iota=1}^{i} 2^{k-\varrho_\iota+1} - i\right) - i\right](k + 1)\Bigg\}, \end{aligned}$$

$$L = \frac{1}{N}\left\{(2^k + \alpha)k + 2\alpha + \sum_{\iota=1}^{i} 2^{k-\varrho_\iota+1} + \sum_{\iota=1}^{i} \varrho_\iota - ki - 2i\right\}$$

$$= k + \frac{2\alpha}{N} + \frac{1}{N}\left\{\sum_{\iota=1}^{i}(2^{k-\varrho_\iota+1}) + \sum_{\iota=1}^{i}(\varrho_\iota - k - 2)\right\},$$

$$L = k + \frac{2\alpha}{N} + \frac{1}{N}\left\{\sum_{\iota=1}^{i} 2^{k-\varrho_\iota+1} - \sum_{\iota=1}^{i}(k - \varrho_\iota + 2)\right\}.$$

Da $k - \varrho_\iota \geqq 1$, gilt $2^{k-\varrho_\iota+1} - (k - \varrho_\iota + 2) \geqq 1$. Deshalb gilt

$$L \geqq k + \frac{2\alpha}{N} + \frac{i}{N}. \tag{2.6}$$

Das Gleichheitszeichen gilt, wenn

$$\varrho_\iota = k - 1 \quad \text{für alle } \iota.$$

II. $R = k + 2$

II.1. **B** habe eine Senke der Länge $\varrho < k$ und $N - 1$ Senken der Länge $k + 1$ oder $k + 2$. Für die auf der vorigen Seite untersuchten Büschel galt $2^{k-\varrho+1} - 1 \leqq 2^k - \alpha$.

Hier muß aber gelten

$$2^{k-\varrho+1} - 1 > 2^k - \alpha.$$

Wir setzen

$$t =_{\mathrm{Df}} 2^{k-\varrho+1} - 1 - (2^k - \alpha).$$

Offenbar ist t stets positiv.

Es läßt sich dann ein Fragebogen **B** mit folgenden Eigenschaften finden: Er enthält

eine Senke der Länge ϱ,
$N - 1 - 2t$ Senken der Länge $k + 1$,
$2t$ Senken der Länge $k + 2$.

Die mittlere Weglänge ist dann

$$L = \frac{1}{N}\{\varrho + (N - 1 - 2t)(k + 1) + 2t(k + 2)\}$$

$$= \frac{1}{N}\{Nk + N + 2t - (k - \varrho + 1)\}$$

$$= k + \frac{2\alpha}{N} + \frac{1}{N}\{2^k - \alpha + 2t - (k - \varrho + 1)\}$$

$$= k + \frac{2\alpha}{N} + \frac{1}{N}\{2^{k-\varrho+1} + t - (k - \varrho + 2)\}$$

und infolgedessen haben wir

$$L \geqq k + \frac{2\alpha}{N} + \frac{1+t}{N}. \tag{2.7}$$

Das Gleichheitszeichen gilt für $k - \varrho = 1$.

Der Fall $t = 0$ entspricht dem vorigen Grenzfall.

II.2. B habe i Senken mit den Längen $\varrho_1, \varrho_2, \varrho_3, \ldots, \varrho_i$, wobei

$$1 \leqq \varrho_1 \leqq \varrho_2 \leqq \varrho_3 \leqq \cdots \leqq \varrho_i < k,$$

so daß für alle natürlichen h gilt:

$$\text{Wenn } \varrho_h < \varrho_{h+1} = \varrho_{h+m} < \varrho_{h+m+1}, \quad \text{so } m < 2^{t_{h+1}},$$

und

N − i Senken der Länge $k+1$ oder $k+2$.

Wir definieren:

$$t =_{\mathrm{Df}} \sum_{\iota=1}^{i} 2^{k-\varrho_\iota+1} - i - 2^k + \alpha.$$

B enthält dann

i Senken der Länge $1 \leqq \varrho_\iota < k$,
$N - i - 2t$ Senken der Länge $k+1$,
$2t$ Senken der Länge $k+2$.

Die mittlere Weglänge ist

$$\begin{aligned} L &= \frac{1}{N}\left\{\sum_{\iota=1}^{i} \varrho_\iota + (N - i - 2t)(k+1) + 2t(k+2)\right\} \\ &= k + \frac{2\alpha}{N} + \frac{1}{N}\left\{2^k - \alpha + 2t + \sum_{\iota=1}^{i} \varrho_\iota - i(k+1)\right\} \\ &= k + \frac{2\alpha}{N} + \frac{1}{N}\left\{\sum_{\iota=1}^{i} 2^{k-\varrho_\iota+1} - i + t + \sum_{\iota=1}^{i} \varrho_\iota - i(k+1)\right\} \\ &= k + \frac{2\alpha}{N} + \frac{1}{N}\left\{\sum_{\iota=1}^{i} 2^{k-\varrho_\iota+1} - \sum_{\iota=1}^{i} (k - \varrho_\iota + 2) + t\right\} \end{aligned}$$

und infolgedessen gilt

$$L \geqq k + \frac{2\alpha}{N} + \frac{i+t}{N}. \tag{2.8}$$

DRITTES KAPITEL

Informationstheoretische Untersuchung der Fragebogen

3.1. Deutung der Fragebogen im Sinne von SHANNON

In seiner ersten fundamentalen Arbeit zur Informationstheorie [17] hat SHANNON den Begriff der *Entropie* als Maß der Unbestimmtheit für den Ausgang eines zufälligen Ereignisses eingeführt. Indem er Erzeugung und Übertragung von Nachrichten als zufällige Ereignisse auffaßt, gelingt es ihm, auf der Grundlage des Entropiebegriffs eine quantitative Theorie von Nachrichtenerzeugungs- und Nachrichtenübertragungsprozessen – die bekannte SHANNONsche Informationstheorie – aufzubauen.

Eine Nachrichtenübertragungskette[1] ist nach SHANNON aus fünf Elementen aufgebaut, die in der Abbildung 3.1 angedeutet sind:

1. Durch eine *Quelle* (häufig *Nachrichtenquelle* genannt) werden auf Grund eines bestimmten Zufallsmechanismus stochastisch *Nachrichten* produziert.

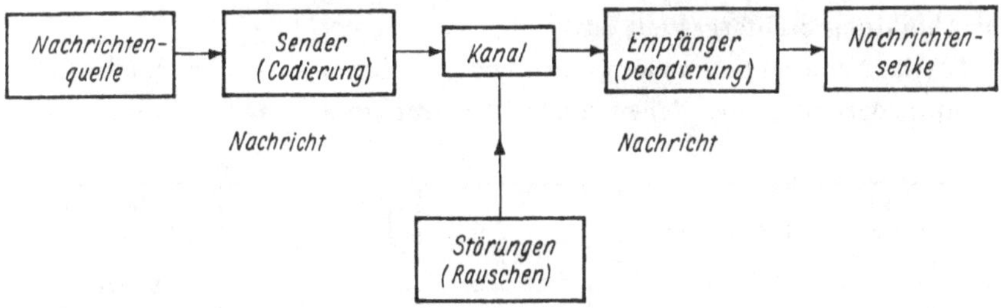

Abb. 3.1. Schema einer Nachrichtenübertragungskette nach SHANNON

Nachrichten können strukturell sehr unterschiedlicher Art sein; dies drückt sich z. B. darin aus, daß zur mathematischen Beschreibung von Nachrichten verschiedenartige Mittel – Vektoren, Folgen, Zeitfunktionen, Funktionen in Abhängigkeit von der Zeit und anderen Variablen – verwendet werden.

[1] Man vergleiche z. B. CHINTSCHIN [4], FEINSTEIN [6], FEY [33], HENZE [37]. – Anm. d. Red.

2. Ein *Sender* (oder besser: eine *Codiereinrichtung*) setzt die produzierten Nachrichten in *Signale* um, die zu einem gegebenen *Kanal* in dem Sinne gehören, daß sie durch ihn übertragen werden können.

3. Ein *Übertragungskanal* (häufig kurz *Kanal* genannt) ist das zwischen Sender und Empfänger vermittelnde Medium. Ein Signal, das übertragen werden soll, kann *Störungen* unterworfen sein. Es wird vorausgesetzt, daß alle Störungen allein im Kanal auf das Signal einwirken.

4. Ein *Empfänger* (oder besser: eine *Decodiereinrichtung*) kehrt die vom Sender realisierte Operation um, d. h., er stellt aus dem empfangenen Signal eine – nicht notwendig in der Menge der Nachrichten, die die Quelle produzieren kann, liegende – Nachricht her.

5. Eine *Nachrichtensenke* ist eine Person oder Einrichtung, die die decodierte Nachricht erhält und auswerten soll.

Es ist möglich, einen Fragebogen als Teil einer Nachrichtenübertragungskette aufzufassen. Wir erläutern dies am Beispiel eines Rechnerprogramms.

In einem Programm möge ein Unterprogramm vorkommen, das einen logischen Entscheidungsprozeß realisiert, durch den aus N möglichen Sprungzielen genau eines (in Abhängigkeit von den bei Eintritt in das Unterprogramm vorhandenen Informationen) ausgewählt wird.[1] Man kann nun die folgende spezielle Nachrichtenübertragungskette betrachten, die in Abbildung 3.2 dargestellt ist.

1. Als Nachrichtenquelle wählen wir die Gesamtheit der Stellen im Hauptprogramm, von denen aus das betrachtete Unterprogramm auf-

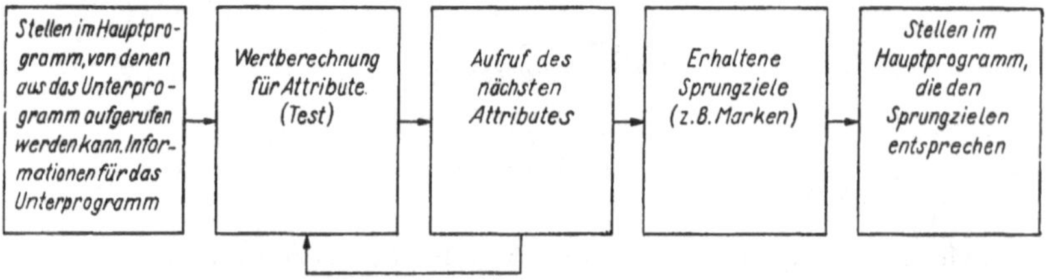

Abb. 3.2. Schema eines Auswahlunterprogramms

gerufen werden kann (einschließlich der von dort aus gelieferten Informationen für das Unterprogramm).

[1] Zur Veranschaulichung denke man etwa an den Aufruf einer Verteilervereinbarung in ALGOL-60. – Anm. d. Red.

2. Als Sender fassen wir den Algorithmus des Unterprogramms auf, durch den der logische Wert des betrachteten Attributes errechnet wird.

3. Der Kanal ist der Algorithmus des Unterprogramms, durch den in Abhängigkeit vom errechneten logischen Wert das nächste Attribut, dessen Wert berechnet werden soll, ausgewählt wird.

4. Der Empfänger wird durch die Gesamtheit der Resultate der Abarbeitung des betrachteten Unterprogramms, d. h. durch die N möglichen Sprungziele, definiert.

5. Als Nachrichtensenke wird die Gesamtheit der Stellen im Hauptprogramm, die den N möglichen Sprungzielen entsprechen, angesehen.

Wir bemerken, daß bei dieser Auffassung die Kopplung zwischen Sender und Kanal wesentlich stärker ist als allgemein vorausgesetzt wird; denn bei unserer Interpretation ist der Kanal auf den Sender rückgekoppelt in der Weise, daß das vom Sender erzeugte nächste Symbol von der Übertragung des vorhergehenden im Kanal abhängt. (Man vergleiche dazu die Abb. 3.1 und 3.2)

Bei dieser Interpretation repräsentiert ein Fragebogen offenbar die Teile zwei und drei (Sender und Kanal) der betrachteten Nachrichtenübertragungskette. Da Sender und Kanal zu einem neuen Kanal zusammengefaßt werden können, kann man die *Information* betrachten, die ein Fragebogen bei Anschluß an eine geeignete Quelle überträgt.

Es sei nun ein homogener Fragebogen F mit der Basis $a > 1$, der Menge E von Ereignissen und dem Verteilungsgesetz p auf E gegeben. In der SHANNONschen Informationstheorie wird die *von einem Kanal übertragene Information* definiert als Differenz der Entropie des Kanaleingangs (der Quelle) X und der Entropie des Eingangs X unter der Bedingung, daß der Kanalausgang Y beobachtet wird bzw. damit gleichwertig als Differenz der Entropie des Ausgangs Y und der Entropie des Ausgangs Y unter der Bedingung, daß der Eingang X beobachtet wird, d. h., man setzt

$$\begin{aligned} I(X, Y) &=_{\mathrm{Df}} \mathrm{H}(X) - \mathrm{H}_Y(X) \\ &=_{\mathrm{Df}} \mathrm{H}(Y) - \mathrm{H}_X(Y). \end{aligned}$$

Da ein Fragebogen (bzw. ein Unterprogramm) ein determiniert arbeitender Kanal ist, gilt $\mathrm{H}_X(Y) = 0$, und somit ist die von diesem Kanal übertragene Information gleich der Entropie des Kanalausgangs; das ist aber die Entropie des Verteilungsgesetzes p auf E, nämlich

$$H =_{Df} H(Y) = \sum_{y \in E} - p(y) \log_a p(y).$$ [1]

Wenn $p(y) = \frac{1}{N}$ für alle $y \in E$ gilt, dann folgt

$$H = \log_a N.$$

Dabei benutzen wir als *Einheit der Entropie* die Unbestimmtheit einer einzelnen Frage, die a gleichwahrscheinliche Ausgänge hat, d. h., wir verwenden den Logarithmus zur Basis a.

Beim Durchlaufen eines Fragebogens gewinnt man von Rang zu Rang (Durchlauf der Iterationsschleife gemäß Abb. 3.2) durch Entropieverminderung einen bestimmten Informationsbetrag. Es wird weiter unten gezeigt, daß die Summe aller dieser Informationsbeträge gleich H, d. h. gleich der gesamten übertragenen Information, ist.

Beispiel. Wenn ein Unterprogramm aus einer einzigen Frage besteht, die $N = a$ Ausgänge hat, dann ist die mittlere Weglänge

$$L = \sum_{x \in Q} p(x) = p(x_0) = 1,$$

und zwar unabhängig von den Wahrscheinlichkeiten der a Ereignisse. Ein solcher Fragebogen ist genau dann ohne Abschwächung, wenn H den Wert 1 hat, d. h., wenn die Ereignisse gleichwahrscheinlich sind; denn es gilt

$$\sum_{j=0}^{a-1} - p(y_j) \log_a p(y_j) \leqq 1.$$

H stellt die am Schluß des Unterprogramms gewonnene Information dar. Nun gilt allgemein, daß die mittlere Anzahl der Fragen, die ausreichen, um unter allen Umständen diese Information zu erhalten, größer oder gleich dieser durch den Kanal übertragenen Information ist. Da die mittlere Anzahl der Fragen mit der mittleren Weglänge des betreffenden Fragebogens übereinstimmt, ist sie offenbar genau dann minimal, wenn der Fragebogen optimal ist. Daraus folgt, daß bei einem optimalen Fragebogen die erhaltenen Antworten nicht noch einmal einer Frage unterworfen werden, die bereits vorher gestellt wurde. Diese Feststellung ent-

[1] Im Anhang gehen wir auf die Definition der Entropie H eines Fragebogens noch genauer ein. — Anm. d. Red.

spricht der graphentheoretischen Bedingung, daß keine Kreise[1] vorkommen dürfen. Ferner treten keine Fragen auf, deren Antwort a priori bekannt ist. In einem solchen Fall würde der Wert der Entropie, da von dieser Frage nur ein Bogen[2] ausgeht, sich durch das Durchlaufen des betreffenden Bogens nicht ändern.

Während die Graphentheorie die Möglichkeit lieferte, die Theorie der Fragebogen zu erarbeiten, erlaubt die Informationstheorie, die gewonnenen Ergebnisse zu interpretieren.

Jeder als Übertragungskanal in einer Nachrichtenübertragungskette – welche hier durch ein spezielles Unterprogramm gebildet wird – gedeutete Fragebogen ist „*Störungen*", die menschliche oder technische Ursachen haben, ausgesetzt; außerdem kann er „Rauschen" oder „Abschwächung" aufweisen.

a) Die menschlichen oder technischen Ursachen von Störungen sind Irrtümer beim Programmieren, Fehler im Rechenteil sowie den Zuführungs- oder Übertragungseinheiten des benutzten Rechenautomaten. In der vorliegenden Arbeit setzen wir stets voraus, daß derartige Störungen nicht vorkommen.

b) Ist F ein Fragebogen, L seine mittlere Weglänge, L_{opt} die mittlere Weglänge eines zu F äquivalenten optimalen Fragebogens und H schließlich die Entropie von F, so definieren wir als *Abschwächung von* F die Differenz L — H und als *Rauschen von* F die Differenz $L - L_{opt}$. Somit läßt sich die Abschwächung wie folgt zerlegen

$$L - H = (L - L_{opt}) + (L_{opt} - H).$$

Weil stets die Abschätzung

$$H \leqq L_{opt} \leqq L$$

gilt, sind alle auftretenden Differenzen nichtnegativ. Der erste Summand wird offenbar um so größer, je „ungeschickter" die Fragen von F ausgewählt oder angeordnet werden und umgekehrt. Der zweite Summand dagegen kann dadurch größer als Null werden, daß bei rationalen Wahrscheinlichkeiten L_{opt} stets rational ist, H jedoch transzendent werden

[1] Im Anhang diskutieren wir dieses Problem vom Standpunkt der „interpretierten" Fragebogen genauer. – Anm. d. Red.

[2] Das wäre ein Widerspruch zu Voraussetzung 1. Deshalb führt Picard [62] später „Quasifragebogen" ein (vgl. S. 240). – Anm. d. Red.

kann. Ist H rational, dann gilt $L_{opt} = H$; es ist aber immer noch $L > L_{opt} = H$ möglich.

In den folgenden Paragraphen werden wir diese Beziehungen genauer untersuchen, insbesondere notwendige und hinreichende Bedingungen dafür angeben, daß Rauschen bzw. Abschwächung verschwinden.

3.2. Entropie eines homogenen Fragebogens

Wir betrachten einen Fragebogen als einen Algorithmus zur Bestimmung einer Folge von Versuchen $0, 1, 2, \ldots, \varrho - 1, \varrho, \ldots, R - 1$, wobei der Versuch ϱ aus der Menge der Fragen der Länge ϱ und jedem der jeweils zugehörigen a Ausgänge besteht. Man kann eine Entropie für jeden Versuch und jeden Rang definieren, indem man die Begriffe der bedingten Wahrscheinlichkeit und der bedingten Entropie benutzt.

Wir wiederholen die erforderlichen Begriffe und verwenden dabei die $[\varrho, \sigma]$-Bezeichnung der Knotenpunkte der homogenen Fragebogen.

Es sei $p(\varrho, \sigma)$ die dem Knotenpunkt $[\varrho, \sigma]$ zugeordnete Wahrscheinlichkeit.

Wir setzen voraus, daß $[\varrho, \sigma]$ eine Frage ist, d. h., daß $[\varrho, \sigma] \in Q$ gilt. Unter dieser Voraussetzung definieren wir eine *(bedingte) Wahrscheinlichkeitsverteilung* mit der Bedingung $[\varrho, \sigma]$ auf der Menge der Endpunkte $[\varrho + 1, a\sigma + i]$ $(i = 0, 1, \ldots, a - 1)$ der von $[\varrho, \sigma]$ auslaufenden Bogen wie folgt:

$$p_{\varrho,\sigma}(\varrho + 1, a\sigma + i) =_{\mathrm{Df}} \frac{p(\varrho + 1, a\sigma + i)}{p(\varrho, \sigma)}.$$ [1]

Die *bedingte Entropie der Antwort auf die Frage* $[\varrho, \sigma]$ lautet dann:

$$H_{\varrho,\sigma}(\varrho) =_{\mathrm{Df}} \sum_{i=0}^{a-1} - p_{\varrho,\sigma}(\varrho + 1, a\sigma + i) \log p_{\varrho,\sigma}(\varrho + 1, a\sigma + i).$$ [2]

Bemerkung. Für das Folgende ist es zweckmäßig, auch für die Ereignisse, d. h. für $[\varrho, \sigma] \in E$, die Größe $H_{\varrho,\sigma}(\varrho)$ zu definieren. Da auf diese

[1] Da vorausgesetzt worden ist, daß die Verteilung p auf keinem Ereignis gleich Null ist, gilt stets $p(\varrho, \sigma) > 0$. Ferner ist zu beachten, daß i bis β mit $\beta \leqq a - 1$ läuft, falls $[\varrho, \sigma]$ gleich der Frage x_n ist, die eventuell weniger als a Ausgänge hat. – Anm. d. Red.

[2] Hier und im folgenden wird, wenn nicht ausdrücklich anders festgelegt (wie z. B. in Kap. V), stets der Logarithmus zur Basis a verwendet. – Anm. d. Red.

Fragen keine Antwort erfolgen kann, d. h., da diese Knoten Senken unseres Graphen sind, setzen wir in diesem Fall:

$$H_{\varrho,\sigma}(\varrho) =_{\mathrm{Df}} 0.$$

Unter der *bedingten Entropie eines Ranges* Z_ϱ *in Abhängigkeit vom Rang* $Z_{\varrho-1}$ verstehen wir

$$H_{\varrho-1}(\varrho) =_{\mathrm{Df}} \sum_{[\varrho,\sigma]\in Q_\varrho} p(\varrho,\sigma)\, H_{\varrho,\sigma}(\varrho),$$

wobei Q_ϱ die Gesamtheit der Fragen der Länge ϱ ist.[1] Daraus folgt

$$H_{\varrho-1}(\varrho) = \sum_{[\varrho,\sigma]\in Q_\varrho} \sum_{i=0}^{a-1} p(\varrho+1, a\sigma+i) \log \frac{p(\varrho,\sigma)}{p(\varrho+1, a\sigma+i)}.$$

Wir definieren schließlich die *Entropie* $H(\varrho)$ *eines Ranges* Z_ϱ, und zwar induktiv durch die folgende Rekursionsformel:

$$H(0) =_{\mathrm{Df}} \sum_{i=0}^{a-1} -p(1,i)\log p(1,i)$$

$$H(\varrho+1) =_{\mathrm{Df}} H(\varrho) + H_\varrho(\varrho+1).$$

Beispiel. Die definierten Funktionen sollen für das in Abb. 3.3 angegebene Beispiel mit $a = 4$ und $N = 10$ berechnet werden.

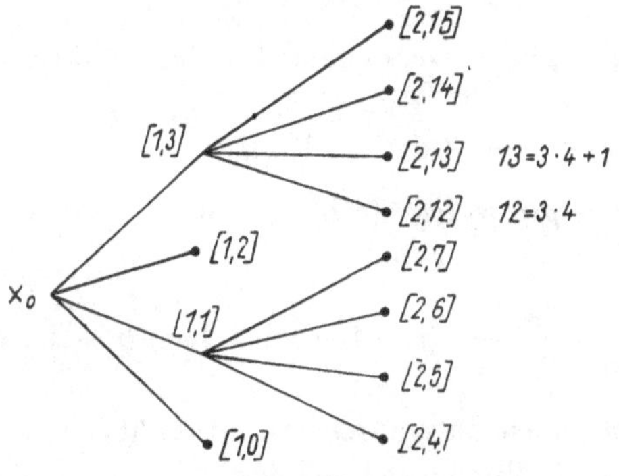

Abb. 3.3. Homogener Fragebogen mit $a = 4$

[1] Da die Funktion p auf der Menge Q_ϱ im allgemeinen kein Verteilungsgesetz ist, sondern nur

$$\sum_{[\varrho,\sigma]\in Q_\varrho} p(\varrho,\sigma) \leq 1$$

gilt, kann die Größe $H_{\varrho-1}(\varrho)$ nicht immer als mittlere bedingte Entropie der Antwort auf eine Frage im Rang Z_ϱ aufgefaßt werden. – Anm. d. Red.

$$H(0) = \sum_{i=0}^{3} - p(1, i) \log p(1, i),$$

$$H_{1,0}(1) = H_{1,2}(1) = 0, \quad \text{denn} \quad [1, 0], \quad [1, 2] \in E,$$

$$H_{1,1}(1) = \sum_{i=0}^{3} p_{1,1}(2, 4+i) \log \frac{p(1, 1)}{p(2, 4+i)},$$

$$H_{1,3}(1) = \sum_{i=0}^{3} p_{1,3}(2, 12+i) \log \frac{p(1, 3)}{p(2, 12+i)},$$

$$H_0(1) = \sum_{[1,\sigma] \in Q_1} p(1, \sigma)\, H_{1,\sigma}(1),$$

$$H_0(1) = \sum_{i=0}^{3} p(2, 4+i) \log \frac{p(1,1)}{p(2, 4+i)} + \sum_{i=0}^{3} p(2, 12+i) \log \frac{p(1, 3)}{p(2, 12+i)},$$

$$H(1) = H(0) + H_0(1) = \sum_{[\varrho,\sigma] \in E} - p(\varrho, \sigma) \log p(\varrho, \sigma).$$

Es gilt $R = 2$ und daher

$$H(R) = H(1);$$

denn die acht Knotenpunkte des Ranges Z_2 sind Ereignisse, d. h., es gilt

$$[2, \sigma] \in E.$$

Wir leiten jetzt eine explizite Darstellung für die induktiv definierte Größe $H(r)$ her.[1]

Satz. *Für beliebiges* r *mit* $r = 0, 1, \ldots, R$ *gilt:*

$$\text{(I)} \qquad H(r) = \sum_{\substack{[\varrho,\sigma] \in E \wedge \\ 1 \leq \varrho \leq r}} - p(\varrho, \sigma) \log p(\varrho, \sigma) + \sum_{[r,\sigma] \in Q_r} \sum_{i=0}^{a-1} - p(r+1, a\sigma + i) \log p(r+1, a\sigma + i).$$

Beweis. Wir beweisen diesen Satz durch Induktion über r.

A. Anfangsschritt. $r = 0$. Wir hatten definiert

$$H(0) = \sum_{i=0}^{a-1} - p(1, i) \log p(1, i).$$

[1] Dieser Satz wird im Original nur für die Spezialfälle $H(R-1)$ und $H(R)$ (man vgl. dazu die Folgerung 1, S. 70) bewiesen. Da die Durchführung des Beweises im Original nicht sehr durchsichtig ist, wurde auch der Beweis in die angegebene Form abgeändert. – Anm. d. Red.

Offenbar gilt der Satz in diesem Fall, da für $r = 0$ in der rechten Seite von (I) die erste Summe leer, also gleich Null ist, die zweite Summe aber gerade den für H(0) definierten Wert annimmt.

B. Induktionsschritt. Nach Definition von H(r) gilt

$$\text{(II)} \qquad \mathrm{H}(r+1) = \mathrm{H}(r) + \mathrm{H}_r(r+1).$$

Wir formen als erstes in der angegebenen Darstellung (I) für H(r) die zweite Summe um. Dabei gehen wir davon aus, daß jeder direkte Nachfolger $[r+1, \tau]$ einer Frage $[r, \sigma]$ des r-ten Ranges, d. h. mit $[r, \sigma] \in \mathrm{Q}_r$, entweder ein Ereignis oder eine Frage $(r+1)$-ten Ranges ist, d. h., daß entweder $[r+1, \tau] \in \mathrm{E}_{r+1}$ oder $[r+1, \tau] \in \mathrm{Q}_{r+1}$ gilt. Es ergibt sich

$$\begin{aligned} &\sum_{[r,\sigma]\in \mathrm{Q}_r} \sum_{i=0}^{a-1} - p(r+1, a\sigma + i) \log p(r+1, a\sigma + i) \\ &= \sum_{[r+1,\tau]\in \mathrm{E}_{r+1}} - p(r+1, \tau) \log p(r+1, \tau) \\ &+ \sum_{[r+1,\tau]\in \mathrm{Q}_{r+1}} - p(r+1, \tau) \log p(r+1, \tau). \end{aligned}$$

Somit haben wir für H(r) die Form

$$\text{(III)} \qquad \begin{aligned} \mathrm{H}(r) = &\sum_{\substack{[\varrho,\sigma]\in \mathrm{E}_r \wedge \\ 1 \leq \varrho \leq r+1}} - p(\varrho, \sigma) \log p(\varrho, \sigma) \\ &+ \sum_{[r+1,\tau]\in \mathrm{Q}_{r+1}} - p(r+1, \tau) \log p(r+1, \tau). \end{aligned}$$

Als zweites formen wir die nach Definition gültige Darstellung

$$\mathrm{H}_r(r+1) =_{\mathrm{Df}} \sum_{[r+1,\tau]\in \mathrm{Q}_{r+1}} \sum_{j=0}^{a-1} p(r+2, a\tau + j) \log \frac{p(r+1, \tau)}{p(r+2, a\tau + j)}$$

um. Wir erhalten zunächst durch einfache Umrechnung des Logarithmus

$$\begin{aligned} \mathrm{H}_r(r+1) = &\sum_{[r+1,\tau]\in \mathrm{Q}_{r+1}} \sum_{j=0}^{a-1} p(r+2, a\tau + j) \log p(r+1, \tau) \\ - &\sum_{[r+1,\tau]\in \mathrm{Q}_{r+1}} \sum_{j=0}^{a-1} p(r+2, a\tau + j) \log p(r+2, a\tau + j). \end{aligned}$$

Wegen

$$\sum_{j=0}^{a-1} p(r+2, a\tau + j) = p(r+1, \tau)$$

ergibt sich

$$\text{(IV)}\qquad H_r(r+1) = \sum_{[r+1,\tau]\in Q_{r+1}} p(r+1,\tau)\log p(r+1,\tau) - \sum_{[r+1,\tau]\in Q_{r+1}} \sum_{j=0}^{a-1} p(r+2, a\tau+j)\log p(r+2, a\tau+j).$$

Setzt man nun in (II) die Darstellungen (III) und (IV) ein, erhält man, daß (I) auch für $r+1$ gilt.

Folgerungen.

1. Die Entropie eines Ranges Z_ϱ mit $0 \leqq \varrho < R-1$ hängt von der Wahrscheinlichkeitsverteilung p auf E und von der Struktur des Graphen, der einem gegebenen Fragebogen zugrunde liegt, ab.

2. Die Entropien $H(R-1)$, $H(R)$ haben die Darstellung

$$H(R) = H(R-1) = \sum_{[\varrho,\sigma]\in E} -p(\varrho,\sigma)\log p(\varrho,\sigma),$$

d. h., sie sind von der Struktur des betreffenden Graphen unabhängig.

3. Ist ein quasihomogener Fragebogen gegeben, so lassen sich alle Betrachtungen des vorliegenden Abschnitts 3.2 entsprechend übertragen. Man hat dazu nur die Definition von $H_{\varrho,\sigma}(\varrho)$, nämlich

$$H_{\varrho,\sigma}(\varrho) =_{\mathrm{Df}} \sum_{i=0}^{a-1} - p_{\varrho,\sigma}(\varrho+1, a\sigma+i)\log p_{\varrho\nu,\sigma}(\varrho+1, a\sigma+i),$$

an einer Stelle wie folgt abzuändern

$$H_{\varrho,\sigma}(\varrho) =_{\mathrm{Df}} \sum_{i=0}^{\beta-1} - p_{\varrho,\sigma}(\varrho+1, a\sigma+i)\log p_{\varrho,\sigma}(\varrho+1, a\sigma+i),$$

wobei β die Anzahl der möglichen Antworten auf die Frage $[\varrho,\sigma]$, also $\beta \leqq a$, ist.

3.3. Abschwächung eines Fragebogens

Die Abschwächung eines Fragebogens ist nach Definition die Differenz zwischen der mittleren Weglänge und der Entropie.

Zu dem Begriff der bedingten Entropie eines Ranges Z_ϱ in Abhängigkeit vom Rang $Z_{\varrho-1}$ fügen wir den Begriff der partiellen mittleren Weglänge eines Ranges Z_ϱ hinzu:

$$L_\varrho = \sum_{[\varrho,\sigma]\in Q_\varrho} p(\varrho,\sigma).$$

Es existiert dann eine gewisse Analogie zwischen L_ϱ und $H_{\varrho-1}(\varrho)$ einerseits und zwischen

$$L = 1 + \sum_{\varrho=1}^{R-1} L_\varrho \quad \text{und} \quad H = H(0) + \sum_{\varrho=1}^{R-1} H_{\varrho-1}(\varrho)$$

andererseits.

Wir stellen als erstes fest, daß für die bedingte Entropie der Antwort auf eine Frage $[\varrho, \sigma]$ des Ranges Z_ϱ stets

$$H_{\varrho,\sigma}(\varrho) \leqq \log a = 1$$

bzw.

$$H_{\varrho,\sigma}(\varrho) \leqq \log(\beta + 1)$$

gilt, falls die Frage $[\varrho, \sigma]$ genau a Antworten bzw. genau $(\beta + 1)$ Antworten mit $\beta + 1 \leqq a$ hat, wobei der Logarithmus zur Basis a gewählt ist. (Dies folgt bekanntlich aus der JENSENschen Ungleichung für konvexe Funktionen.)

Aus der JENSENschen Ungleichung folgt ferner, daß in den obengenannten Ungleichungen das Gleichheitszeichen genau dann gilt, wenn eine Gleichverteilung vorliegt, d. h., wenn

$$p_{\varrho,\sigma}(\varrho + 1, a\sigma + i) = \frac{1}{a}$$

bzw.

$$p_{\varrho,\sigma}(\varrho + 1, a\sigma + i) = \frac{1}{\beta + 1}$$

für alle $i = 0, 1, \ldots, a - 1$ bzw. $i = 0, 1, \ldots, \beta$ ist.

Die angegebenen Bedingungen sind nach Definition der bedingten Wahrscheinlichkeiten offenbar gleichwertig damit, daß

$$p(\varrho + 1, a\sigma + i) = a^{-1} p(\varrho, \sigma)$$

bzw.

$$p(\varrho + 1, a\sigma + i) = (\beta + 1)^{-1} p(\varrho, \sigma)$$

für alle $i = 0, 1, \ldots, a - 1$ bzw. $i = 0, 1, \ldots, \beta$ gilt.

Nun ist aber stets

$$p(0, 0) = 1,$$

also haben wir Rekursionsgleichungen zur Bestimmung von $p(\varrho, \sigma)$ vorliegen.

Folglich ist die Bedingung

$$H_{\varrho,\sigma}(\varrho) = 1 \quad \text{für alle Fragen } [\varrho, \sigma] \in Q$$

gleichwertig damit, daß

$$p(\varrho, \sigma) = a^{-\varrho} \quad \text{für alle Knoten } [\varrho, \sigma] \in Z$$

gilt. Ferner erhalten wir, falls eine der beiden gleichwertigen Bedingungen erfüllt ist, daß alle Ereignisse $[\varrho, \sigma]$ die Wahrscheinlichkeit

$$p(\varrho, \sigma) = a^{-\varrho}$$

haben.

Ist $x_n = [R - 1, \sigma]$ die einzige Frage, die genau $\beta + 1$ Antworten hat, so gilt für alle $[R, \tau]$, die Antworten von $[R - 1, \sigma]$ sind (offenbar sind dies sämtlich Ereignisse),

$$p(R, \tau) = \frac{a^{-R+1}}{\beta + 1}.$$

Wir bilden nun $L - H$. Nach Definition von L und H sowie L_ϱ und $H_{\varrho-1}(\varrho)$ gilt

$$\begin{aligned} L - H &= 1 - H(0) + \sum_{\varrho=1}^{R-1} (L_\varrho - H_{\varrho-1}(\varrho)) \\ &= 1 - H(0) + \sum_{\varrho=1}^{R-1} \sum_{[\varrho,\sigma] \in Q_\varrho} p(\varrho, \sigma)\,(1 - H_{\varrho,\sigma}(\varrho)). \end{aligned}$$

Da im quasihomogenen Fall stets

$$1 \geqq H(0)$$

und

$$1 \geqq H_{\varrho,\sigma}(\varrho)$$

gilt, ist die Differenz $L - H$ offenbar genau dann gleich Null, d. h. $L = H$, falls in allen der oben angegebenen Ungleichungen das Gleichheitszeichen gilt. Somit haben wir das folgende Theorem bewiesen:

Theorem. *Für homogene Büschelfragebogen gilt* $H = L$ *genau dann, wenn für alle Knotenpunkte* $z = [\varrho, \sigma] \in Z$ *gilt:*

$$p(\varrho, \sigma) = a^{-\varrho}.\text{[1]}$$

[1] Zusätzlich gilt: Wenn keine Abschwächung vorliegt ($H = L$), so gibt es auch kein Rauschen ($L = L_{opt}$), d. h., der vorliegende Fragebogen ist optimal; denn es gilt $H \leqq L_{opt} \leqq L$ (s. oben). – Anm. d. Red.

Die Addition der $p(\varrho, \sigma)$ über ein und denselben Rang Z_ϱ und dann über die Gesamtheit der Fragen bei der Berechnung von L und die Addition der $H_{\varrho,\sigma}(\varrho)$ über ein und denselben Rang Z_ϱ und dann über die Gesamtheit der Fragen, ausgenommen die Quelle, sowie von H (0) bei der Berechnung von H erlauben es, die Quelle der Abschwächung zu lokalisieren.

Die Abschwächung resultiert aus jeder Frage, für die

$$H_{\varrho,\sigma}(\varrho) < 1$$

gilt, das heißt aus jeder Frage, deren a Ausgänge nicht die gleiche Wahrscheinlichkeit aufweisen. Das kann insbesondere bei der Frage x_n der Fall sein.

Wir definieren:

Der Beitrag einer Frage zur Abschwächung eines Fragebogens ist die Differenz zwischen der „örtlichen mittleren Weglänge" $p(\varrho, \sigma)$ und dem Produkt $p(\varrho, \sigma)\, H_{\varrho,\sigma}(\varrho)$. Das Produkt ist der Beitrag der bedingten Entropie einer Frage $[\varrho, \sigma]$ in der Summe, die die bedingte Entropie des Ranges Z_ϱ in Abhängigkeit vom Rang $Z_{\varrho-1}$ ausdrückt, das heißt in $H_{\varrho-1}(\varrho)$.

In der Tat ist diese Differenz, die wir wie folgt abkürzen:

$$B_{\varrho,\sigma} =_{\mathrm{Df}} p(\varrho, \sigma)\, [1 - H_{\varrho,\sigma}(\varrho)],$$

genau dann gleich Null, wenn die a Nachfolger der Frage $[\varrho, \sigma]$ dieselbe Wahrscheinlichkeit haben. $B_{\varrho,\sigma}$ geht unmittelbar in die Abschwächung des Fragebogens ein:

$$L - H = \sum_{[\varrho,\sigma]\in Q} p(\varrho, \sigma) \left[1 + \sum_{i=0}^{a-1} p_{\varrho,\sigma}(\varrho + 1, a\sigma + i) \log p_{\varrho,\sigma}(\varrho + 1, a\sigma + i)\right]$$

oder, indem man $B =_{\mathrm{Df}} L - H$ setzt:

$$B = \sum_{[\varrho,\sigma]\in Q} B_{\varrho,\sigma}.$$

Der Beitrag $B_{\varrho,\sigma} = p(\varrho, \sigma)\, [1 - H_{\varrho,\sigma}(\varrho)]$, *der für jede Frage definiert ist, soll die Abschwächung der Information durch die Frage* $[\varrho, \sigma]$ *genannt werden.*

Im einzelnen ist

$$B_{x_0} = 1 - H(0) = 1 + \sum_{i=0}^{a-1} p(1, i) \log p(1, i).$$

Theorem. *Die Abschwächung eines Fragebogens ist gleich der Summe der Abschwächungen aller Fragen.*

3.4. Abschwächung eines optimalen Fragebogens

3.4.1. Beispiele für Fragebogen ohne Abschwächung

Wenn $N = a^k$ und $p(y_j) = \frac{1}{N}$ für alle j gilt, dann sind die optimalen Fragebogen Büschel mit dem Zentrum x_0 und mit N Senken der Länge k. Die Wahrscheinlichkeit der Knotenpunkte der Länge k ist a^{-k}, und die Wahrscheinlichkeit der Knotenpunkte der Länge ϱ ist $a^{-\varrho}$.

Daraus folgt: $L = H = k$.

Wenn $N = a^k + \alpha(a-1)$ und wenn $N - a\alpha$ Ereignisse mit der Wahrscheinlichkeit a^{-k} und $a\alpha$ Ereignisse mit der Wahrscheinlichkeit a^{-k-1} vorhanden sind, dann gilt für jedes Büschel vom Typ A_0 mit $N - a\alpha$ Ereignissen der Länge k und $a\alpha$ Ereignissen der Länge $k+1$

$$L = H - k + \frac{a\alpha}{a^{k+1}}.$$

Es sei ein dichotomer Fragebogen gegeben, dessen Ereignisse die folgenden Wahrscheinlichkeiten haben:

$$\frac{1}{2}, \frac{1}{4}, \frac{1}{8}, \ldots, 2^{-N+2}, 2^{-N+1} \quad \text{und} \quad 2^{-N+1}.$$

Der Fragebogen sei vom Typ A_R, und jedem Ereignis y_ϱ der Länge ϱ ($\varrho = 1, 2, \ldots, N-1$) sei die Wahrscheinlichkeit $2^{-\varrho}$ zugeordnet. Damit ist die mittlere Weglänge gleich dem Wert der Entropie und

$$L = \sum_{x \in Q} p(x) = 1 + \frac{1}{2} + \frac{1}{4} + \cdots + 2^{-(N-2)}.$$

Unmittelbar ist klar, daß alle Fragebogen ohne Abschwächung optimal sind. Die Umkehrung dieser Aussage gilt natürlich nicht, wie im folgenden Abschnitt durch Beispiele belegt wird.

3.4.2. Optimale Fragebogen mit Abschwächung

Wir haben gesehen, daß die Abschwächung eines Fragebogens gleich der Summe der lokalen Abschwächungen ist, die durch die einzelnen Fragen hervorgerufen werden. Diese treten dann auf, wenn die a Ausgänge einer Frage nicht gleichwahrscheinlich sind.

Die Abschwächung kann besonders signifikant für homogene Büschel (ohne Rauschen) vom Typ A_0 berechnet werden, wenn alle Ereignisse gleichwahrscheinlich sind.

Quasihomogene Büschel mit Gleichverteilung auf E:

a) Wenn $N = a^k$, so hat der Fragebogen weder Rauschen noch Abschwächung.

b) Es sei

$$N = a^k + \alpha (a - 1) \quad \text{mit} \quad 0 \leqq \alpha < a^k.$$

Setzen wir

$$N = t a^{k+1} \quad \text{mit} \quad \frac{1}{a} < t < 1,$$

dann ist

$$\alpha = \frac{a t - 1}{a - 1} a^k.$$

Als Entropie ergibt sich

$$H = k + 1 + \log_a t.$$

Die mittlere Weglänge ist

$$L = k + \frac{a \alpha}{N} = k + \frac{a^{k+1}}{N} \frac{a t - 1}{a - 1}$$

und nach Einsetzen von N

$$L = k + \frac{a t - 1}{(a - 1) t}.$$

Es folgt für die Abschwächung

$$B = \frac{a t - 1}{(a - 1) t} - 1 - \log_a t,$$

$$B = \log_a \frac{1}{t} - \frac{1 - t}{(a - 1) t}.$$

Die Abschwächung wird für $t = \frac{1}{a}$ und für $t = 1$ zu Null. Sie hängt einzig von t und nicht von k ab, das heißt allein vom Verhältnis von N in bezug auf die beiden aufeinanderfolgenden Potenzen von a.

Der Wert der maximalen Abschwächung ergibt sich durch Differentiation: Es ist

$$\frac{dB}{dt} = \frac{1}{(a - 1) t^2} - \frac{1}{t \ln a}.$$

$\frac{dB}{dt}$ verschwindet für

$$t = \frac{\ln a}{a-1}.$$

B nimmt dann folgenden Wert an:

$$B_{max} = \frac{1}{a-1} - \frac{1}{\ln a} - \log_a\left(\frac{\ln a}{a-1}\right).$$

Die maximalen Werte[1] von B und die zugehörigen Werte von t sind für mehrere Werte a in der folgenden Tabelle angegeben. Die Abbildung 3.4 gehört zu $a = 2$ und stellt $B(t)$ dar.

a	t	B_{max}
2	0,693	0,086
3	0,549	0,135
4	0,462	0,169
5	0,402	0,194
6	0,358	0,215
7	0,324	0,231
8	0,297	0,246
9	0,274	0,258
10	0,256	0,269
11	0,240	0,278
12	0,226	0,287
13	0,214	0,295
14	0,203	0,302
15	0,193	0,309
16	0,185	0,315
17	0,177	0,321
18	0,170	0,326
19	0,164	0,331
20	0,158	0,335
50	0,080	0,411
100	0,047	0,459

[1] Der Wert von B_{max} für $a = 2$ ist erstmalig in dem Artikel von Burge, W. H.: Sorting, trees, and measures of order. Information and Control **1** (1958), 181–197 angegeben worden.

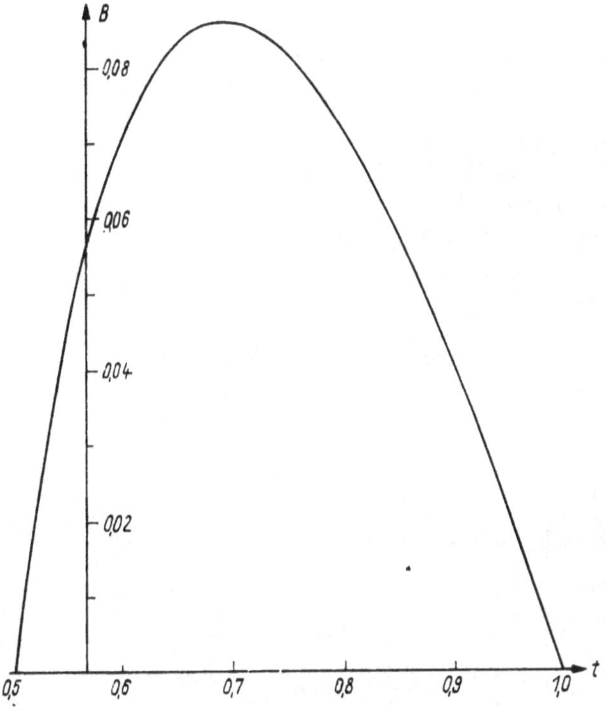

Abb. 3.4. Abschwächung eines dichotomen Fragebogens in Abhängigkeit von t mit $\mathrm{N} = t\,2^{k+1}$

Der Mittelwert $\bar{\mathrm{B}}$ der Abschwächung ist

$$\bar{\mathrm{B}} = \frac{\int\limits_{\frac{1}{a}}^{1} \mathrm{B}\,dt}{\int\limits_{\frac{1}{a}}^{1} dt}.$$

Das heißt, es ist

$$\bar{\mathrm{B}} = \frac{1}{\ln a} - \frac{a \ln a}{(a-1)^2}.$$

Für $a = 2$ und $a = 3$ findet man $\bar{\mathrm{B}} = 0{,}0564$ bzw. $\bar{\mathrm{B}} = 0{,}086$.

c) Es sei

$$\mathrm{N} = a^k + \alpha(a-1) + \beta \quad \text{mit} \quad 1 \leqq \beta < a - 1.$$

Wir setzen

$$N = a^k + \alpha'(a-1) = t\,a^{k+1}$$

mit

$$\alpha' =_{Df} \alpha + \frac{\beta}{a-1},$$

wobei α und β ganzzahlig sind.

Wenn für die mittlere Weglänge

$$L_1 = k + \frac{a\alpha'}{N}$$

gelten würde, könnte man die zugehörige Abschwächung nach b) berechnen. Nun ist aber

$$L_2 = k + \frac{a\alpha + \beta + 1}{N}.$$

Zur Berechnung der Abschwächung setzen wir

$$B = L_1 - H + L_2 - L_1$$

und zerlegen B in zwei Bestandteile B_1 und B_2 wie folgt:

$$B_1 =_{Df} L_1 - H = L_1 - \log_a N$$
$$= \log_a \frac{1}{t} - \frac{1-t}{(a-1)t}, \quad \text{siehe b)},$$

dabei ist L_1 stetig, wenn α' im Intervall $\left(\frac{1}{a-1}a^k\right)$ stetig variiert;

$$B_2 =_{Df} L_2 - L_1$$
$$= \frac{a\alpha + \beta + 1}{N} - \frac{a\left(\alpha + \frac{\beta}{a-1}\right)}{N} = \frac{1}{N}\left(1 - \frac{\beta}{a-1}\right).$$

B_2 nimmt seinen Maximalwert für $\beta = 1$ an. Daher ist

$$B_2 \leqq \frac{a-2}{(a-1)N}.$$

Wenn β von 1 bis $a - 1$ wächst, strebt B_2 gegen Null.

Die mittlere Weglänge eines Büschels mit N *gleichwahrscheinlichen Ereignissen* ergibt sich schließlich als Funktion von N durch Superposition von drei Bestandteilen. Diese sind:

– Die Entropie H des Fragebogens.

– Die Abschwächung B_1 in Abhängigkeit von $t =_{Df} \frac{N}{a^{k+1}}$.

– Die Abschwächung B_2, abhängig von β. Das ist der Divisionsrest von $N - a^k$ durch $a - 1$.

H ist eine logarithmische Funktion $H = \log_a N$ mit $N = t\,a^{k+1}$.

B_1 ist eine für ganzzahlige Werte von α definierte Funktion, die man auf alle Werte von t im Intervall $\left(\frac{1}{a}, 1\right)$ ausdehnen kann:

$$B_1 = \log_a \frac{1}{t} - \frac{1-t}{(a-1)\,t}.$$

B_2 ist eine für ganzzahlige Werte von β definierte Funktion, die man auf alle Werte des Intervalls $(1, a - 1)$ ausdehnen kann:

$$B_2 = \frac{1}{N}\left(1 - \frac{\beta}{a-1}\right).$$

Im einzelnen gilt

$$\begin{aligned} L &= H, && \text{wenn } \alpha = \beta = 0, \\ L &= H + B_1, && \text{wenn } \alpha > 0,\ \beta = 0, \\ L &= H + B_1 + B_2, && \text{wenn } \beta > 0. \end{aligned}$$

B_1 ist von N und der höchsten Potenz von a unterhalb N unabhängig. B_1 kann durch eine Kurve, die nur im Intervall $\frac{1}{a} \leqq t < 1$ definiert ist, dargestellt werden. Diese hat einen Verlauf wie die Kurve in der Abbildung 3.4.

Im Gegensatz dazu ist B_2 zu N umgekehrt proportional. B_2 nimmt ab für gegebenes α, wenn β von 1 bis $a - 1$ wächst.

Den Wert $k + 1$, welchen die Entropie erst bei möglichen a^{k+1} Ereignissen erreicht, nimmt L schon an, sobald

$$\alpha = a^k - 1 \quad \text{und} \quad 1 \leqq \beta < a - 1$$

gilt. Man hat dann

$$L = (k + 1 + \log_a t) + B_1 + B_2$$

mit

$$B_1 = \log_a \frac{1}{t} - \frac{1-t}{(a-1)\,t}, \quad t = 1 - \frac{a-1-\beta}{a^{k+1}}$$

und

$$B_2 = \frac{1}{N}\left(1 - \frac{\beta}{a-1}\right) = \frac{a-1-\beta}{(a-1)\,a^{k+1}\,t} = \frac{1-t}{(a-1)\,t},$$

das heißt,

$$B_1 + B_2 = \log_a \frac{1}{t}.$$

Die Vergrößerung von L in Abhängigkeit von N vollzieht sich auf Grund der Überlagerung von H durch zwei Arten von Kurven in „girlandenartigen" Schritten, bezogen auf a^k bzw. a, wie in Abbildung 3.5 angedeutet ist.

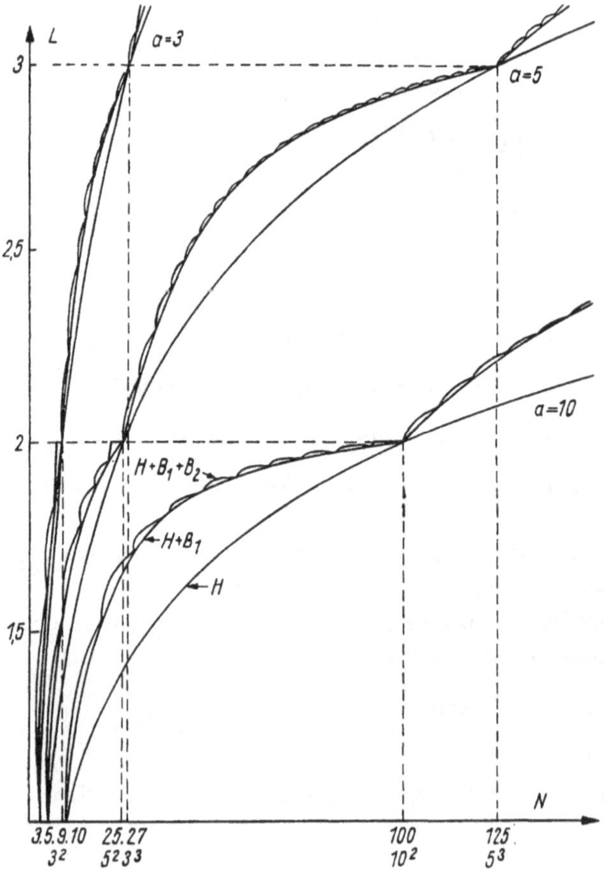

Abb. 3.5. Aufteilung der mittleren Weglänge in Entropie und Abschwächung für einen homogenen Fragebogen, $H = \log_a N$, $N = a^k + \alpha(a-1) + \beta = t\,a^{k+1}$, B_1 Abschwächung in Abhängigkeit von t, B_2 Abschwächung in Abhängigkeit von β mit $0 < \beta < a - 1$

Anwendung. *Rationale Approximation der logarithmischen Funktion.* Die Berechnung von $H = \log_a x$ kann ohne Verwendung von Logarithmen angenähert mit Hilfe des Ausdrucks

$$H + B_1 = k + \frac{a\alpha'}{x}$$

durchgeführt werden. Dieser Ausdruck ist für

$$0 \leqq \alpha =_{Df} \frac{x - a^k}{a - 1} \leqq a^k \quad \text{und für} \quad a^k \leqq x \leqq a^{k+1}$$

mit ganzzahligem k definiert.

$H + B_1$ läßt sich bei gegebenem k in Abhängigkeit von x durch einen Hyperbelbogen darstellen. Die Differenz B_1 zur Logarithmusfunktion ist immer nichtnegativ und kleiner als B_{max}. Bei dieser Näherung der logarithmischen Funktion arbeitet man mit einem Fehler, für den eine obere Schranke bekannt ist. Weiterhin erlaubt der Verlauf der Kurve $B = B_1(t)$, die im Intervall $\frac{1}{a} \leqq t \leqq 1$ definiert ist, den Fehler für alle x zu präzisieren. Er ist aus einer Kurve wie in Abbildung 3.4 zu entnehmen.

Für die praktische Anwendung des Verfahrens gilt – wie Abbildung 3.5 zeigt –, daß nur der Fall $a = 2$ auf einen unwesentlichen Fehler führt.

3.5. Verfahren zur Aufstellung eines Fragebogens

3.5.1. Maximierung der bedingten Entropie und der Algorithmus von Huffman

Wir haben im Paragraphen 1.5.1 dargelegt, daß die Konstruktionsvorschriften von Shannon-Fano für Codierungen eine Einteilung unter Herstellung von Klassen gleicher Wahrscheinlichkeit fordern. Dabei sollten die Quellen der Unterbüschel gleichen Ranges immer gleiche Wahrscheinlichkeiten erhalten. Wir haben zeigen können, daß diese oft fruchtbare Methode nicht immer optimale Fragebogen liefert, nämlich genau dann, wenn R 1 bzw. R 2 nach Anwendung von R 3 eine Reduktion der mittleren Weglänge bewirkt. Ein Beispiel zeigte die Abbildung 1.3. Wir haben weiterhin gezeigt, daß der Algorithmus von Huffman eine Konstruktionsvorschrift für optimale Fragebogen ist. Eine Deutung dieser zwei Verfahrensweisen kann mit Hilfe der Informationstheorie gegeben werden:

Die direkten Nachfolger einer Frage der Länge ϱ dergestalt einzuteilen, daß ihre Wahrscheinlichkeiten möglichst gleich sind, läuft auf die Maximierung der bedingten Entropie hinaus:

$$H_{\varrho,\sigma}(\varrho) = -\sum_{i=0}^{a-1} p_{\varrho,\sigma}(\varrho+1, a\sigma+i)\log_a p_{\varrho,\sigma}(\varrho+1, a\sigma+i).$$

Dieses Verfahren geht davon aus, „Fragen von oben nach unten zu stellen", d. h., man wendet in jedem Rang und für jeden Unterfragebogen das Prinzip der Maximierung der bedingten Entropie $H_{\varrho,\sigma}(\varrho)$ an und beginnt beim Zentrum x_0.

Nun zeigt aber der Algorithmus von HUFFMAN, der von „unten" nach „oben", d. h. von den Ereignissen zum Zentrum, fortschreitet, daß das obige Verfahren nicht immer ein optimales Büschel liefert.

Im Gegenteil, nachdem man den Algorithmus von HUFFMAN angewendet hat, besteht die Möglichkeit, die Wahrscheinlichkeit der Fragen durch Permutation von Unterbüscheln zu verändern, ohne die mittlere Weglänge zu vergrößern. Dazu müssen die Regeln R 1 und R 2 immer berücksichtigt werden. Auf diese Weise kann man den Unterschied der Wahrscheinlichkeiten von Fragen gleichen Ranges verringern. Indem man weiterhin von „unten" nach „oben" fortschreitet, kann man einen Fragebogen finden, der die gleiche mittlere Weglänge wie ausgangs hat und der $H_{\varrho,\sigma}(\varrho)$ maximiert. Aber das hängt von der gegebenen Wahrscheinlichkeitsverteilung auf E ab.

So können wir einen Fragebogen geringster Abschwächung – ohne Rauschen – im allgemeinen nicht durch Maximierung der bedingten Entropie erhalten. Im besonderen befriedigt die Quelle eines optimalen Fragebogens nicht notwendigerweise die Bedingung

$$H_0(1) \text{ ist maximal.}$$

Dabei ist das Maximum über die Menge der möglichen Wahrscheinlichkeitsverteilungen der Fragen der Länge 1 zu nehmen. Durch maximale Verringerung der Abschwächung von der ersten Frage an bekommt man also nicht immer einen optimalen Fragebogen.

Die Büschel I und II des Paragraphen 1.5.1 veranschaulichen unsere Schlußfolgerung. $H_{1,0}(1)$ nimmt die Werte

$$1 \text{ und } -0{,}44 \log 0{,}44 - 0{,}56 \log 0{,}56 = 0{,}990$$

an. L hat die zugehörigen Werte 2,38 und 2,29.

3.5.2. Ein spezielles Verfahren zur Konstruktion optimaler dichotomer Fragebogen mit Gleichverteilung auf E

In Paragraph 2.2 haben wir gezeigt, daß derartige Fragebogen genau dann optimal sind, wenn für jede Frage $x = [\varrho, \sigma]$ die Ungleichungen (I) erfüllt sind. Wenn wir für jede Frage x die ihr nachfolgenden Ereignisse so in Klassen einteilen, daß die in x beginnenden und in Ereignissen endenden Wege diesen Bedingungen genügen, können wir von „oben" nach „unten" ein optimales Büschel konstruieren. Beispiele der letzten Kapitel zeigen, daß dieses Verfahren brauchbar ist.

Es sei $N = 2^k + \alpha$ die Anzahl der Ereignisse, die einer Frage x folgen. Die Menge der Ereignisse soll in zwei Klassen mit N_1 bzw. $N - N_1$ Elementen zerlegt werden, so daß

$$\left.\begin{array}{l} 2^{k-1} \leqq N_1 \leqq 2^{k-1} + \alpha, \quad \text{wenn} \quad 0 \leqq \alpha \leqq 2^{k-1}, \\ \text{oder} \\ \alpha \leqq N_1 \leqq 2^k, \quad \text{wenn} \quad 2^{k-1} \leqq \alpha \leqq 2^k. \end{array}\right\} . \tag{A}$$

Die Anzahl der zulässigen Paare $(N_1, N - N_1)$ beträgt auf Grund der Möglichkeiten für N_1

$$\alpha + 1, \quad \text{wenn} \quad 0 \leqq \alpha \leqq 2^{k-1},$$

oder

$$2^k - \alpha + 1, \quad \text{wenn} \quad 2^{k-1} \leqq \alpha \leqq 2^k.$$

Nun kann man einen aus einem Paar $(N_1, N - N_1)$ entstandenen Fragebogen durch Permutation der in $\Gamma_0 x$ und in $\Gamma_1 x$ entspringenden Unterbüschel in ein aus dem Paar $(N - N_1, N_1)$ hervorgegangenen überführen. $(N_1, N - N_1)$ und $(N - N_1, N_1)$ können also als „gleich" betrachtet werden. Deshalb ist die Anzahl der Paare $(N_1, N - N_1)$ mit $N_1 \leqq N - N_1$

$$\begin{array}{llll} \frac{\alpha}{2} + 1, & \text{wenn} \quad 0 \leqq \alpha \leqq 2^{k-1} & \text{und } \alpha \text{ gerade;} \\ \frac{\alpha + 1}{2}, & \text{"} \qquad \text{"} & \text{" } \alpha \text{ ungerade;} \\ \frac{2^k - \alpha}{2} + 1, & \text{wenn} \quad 2^{k-1} \leqq \alpha \leqq 2^k & \text{und } \alpha \text{ gerade;} \\ \frac{2^k - \alpha + 1}{2}, & \text{"} \qquad \text{"} & \text{" } \alpha \text{ ungerade.} \end{array}$$

Für $N = 2^k - 1$, 2^k oder $2^k + 1$ gibt es nur ein Paar (N_1, N_0). Infolgedessen sind in den genannten drei Sonderfällen die Wahrscheinlichkeiten der beiden direkten Nachfolger der Quelle x des betrachteten Büschels in ihrem Verhältnis eindeutig bestimmt. Wenn N von den Potenzen von 2 verschieden ist, kann das Verhältnis der Wahrscheinlichkeiten innerhalb eines Intervalls variieren, dessen Grenzen von α und k abhängen. Wenn N das arithmetische Mittel von zwei aufeinanderfolgenden Potenzen von 2 ist, d. h. $\alpha = 2^{k-1}$, ist dieses Intervall am größten.

Wenn man diese Zerlegung für alle Fragen des Büschels durchführt, erhält man einen optimalen Fragebogen. Im allgemeinen kann man für die Wahrscheinlichkeiten der direkten Nachfolger einer Frage verschiedene Werte wählen. Aber die Wahlmöglichkeiten verringern sich in dem Maße, wie die Längen der Fragen zunehmen. Wenn eine Frage erreicht ist, wobei von einem ihrer direkten Nachfolger $2^{\varkappa+1}$, $2^{\varkappa}$ oder $2^{\varkappa-1}$ Wege ausgehen, sind ihre und die Wahrscheinlichkeiten ihrer Nachfolger eindeutig bestimmt. Es gibt also keine Auswahlmöglichkeit mehr.

Den Werten $N = 2^k - 1$, 2^k oder $2^k + 1$ entspricht eine minimale Abschwächung, wie der Abbildung 3.4 zu entnehmen ist. Für Werte, die nahe bei $N = 2^k + 2^{k-1} = \frac{3}{4} 2^{k+1}$ liegen – bei denen man zwischen $2^{k-2} + 1$ verschiedenen Paaren entscheiden kann –, liegt die Abschwächung im Gegensatz zu vorher nahe ihrem Maximalwert $B_{max} = 0{,}086$.

Es stellt sich auf diese Weise eine Proportionalität zwischen dem Wert der Abschwächung und den Möglichkeiten der Auswahl her.

Im Prinzip gilt folgendes: Wenn man von „oben" nach „unten" bei der Konstruktion eines Fragebogens fortschreitet und die den Fragen aufzuerlegenden Bedingungen festlegt, dann ist es vorteilhaft, den Abstand von N_1 und $N - N_1$ so klein wie möglich zu wählen, um in den folgenden Rängen besser auswählen zu können.[1]

Indessen muß das Ungleichungskriterium (A) immer berücksichtigt werden, wenn man eine Vergrößerung von L, die bei der Maximierung der bedingten Entropie entstehen kann, vermeiden will.

[1] Wählt man nicht nach diesem Prinzip, ist es möglich, daß man zwar für die Ecken mit kleinerer Länge „einfache" Fragen formulieren kann, jedoch nicht mehr für die Ecken größerer Länge. Bei Anwendung des HUFFMANschen Algorithmus ist dagegen für fast jede Ecke die Anzahl der Nachfolger eindeutig bestimmt. Deshalb ist es schwieriger, „einfache" Testfragen zu finden. – Anm. d. Red.

Die folgende Tabelle ergibt die zulässigen Aufspaltungen in Paare und ihre Anzahl für $16 \leqq N \leqq 32$ an.

N	(N_1, N_0)		Anzahl der Paare	N	(N_1, N_0)	
16	8,8		1	32	16,16	
17	8,9		1	31	15,16	
18	8,10	9,9	2	30	14,16	15,15
19	8,11	9,10	2	29	13,16	14,15
20	8,12	10,10	3	28	12,16	14,14
21	8,13	10,11	3	27	11,16	13,14
22	8,14	11,11	4	26	10,16	13,13
23	8,15	11,12	4	25	9,16	12,13
24	8,16	12,12	5			

3.5.3. Fluß in Fragebogen

Es kann beim Studium von Fragebogen bequem sein, mit Werten größer als 1 zu arbeiten. Für diesen Zweck genügt es, die Wahrscheinlichkeiten der Knotenpunkte z durch die Werte

$$\omega(z) = p(z)\,C$$

zu ersetzen, wobei C gleich dem reziproken Wert der kleinsten Wahrscheinlichkeit der gegebenen Verteilung gesetzt werden kann. Wenn man jedem Bogen, der in z eintritt, $\omega(z)$ zuordnet, dann sind die $\omega(z)$ Werte für den Fluß im Sinne von BERGE [2]. Sie können rational oder irrational sein. Der Fluß aus der Quelle ist dann offensichtlich C, und die mittlere Weglänge wird

$$L = \frac{1}{C} \sum_{x \in Q} \omega(x).$$

Im Falle eines Fragebogens mit Gleichverteilung auf der Senkenmenge wird man vorteilhaft $C = N$ setzen. $\omega(x)$ stellt dann die Anzahl der Wege dar, die von x ausgehen und in E eintreten.

VIERTES KAPITEL

Das Produkt von Fragebogen

Es kann in einem Auswahlproblem vorkommen, daß N Ereignisse voneinander teilweise unabhängig sind. Wir nehmen an, daß $N_1 N_2 = N$ ist und daß die Ereignisse in N_1 Mengen mit je N_2 Elementen eingeteilt sind. Es ist stets wichtig zu wissen, wenn eine derartige Zerlegung herstellbar ist.

Wir definieren zunächst eine neue Operation.

4.1. Das Produkt von Büscheln und Büschelfragebogen

Es seien A_1 und A_2 Büschel mit den Quellen x_0 bzw. ξ_0 mit jeweils N_1 bzw. N_2 Ereignissen.

Man versteht unter dem Produkt eines Büschels A_1 *mit einem Büschel* A_2 *den Fragebogen* $A_{1\times 2}$, *der sich aus* A_1 *ergibt, indem jede Senke* y *von* A_1 *durch den Fragebogen* A_2 *als Unterbüschel ersetzt wird.*

Es seien x_i, y_j die Fragen bzw. die Ereignisse von A_1. Es seien weiter ξ_k und η_l die Fragen bzw. die Ereignisse von A_2.

Die Knotenpunkte von $A_{1\times 2}$ werden in folgender Weise bezeichnet:

x_0 Quelle von $A_{1\times 2}$, ursprünglich Quelle von A_1,
x_i Frage von $A_{1\times 2}$, ursprünglich Frage von A_1,
y_j Frage von $A_{1\times 2}$, ursprünglich Ereignis y_j von A_1 und Zentrum ξ_0 von A_2,
ξ_{kj} Frage von $A_{1\times 2}$, ursprünglich Frage ξ_k von A_2, die zum Unterbüschel mit der Quelle y_j gehört,
η_{lj} Ereignis von $A_{1\times 2}$, ursprünglich Ereignis η_l von A_2, das zum Unterbüschel mit der Quelle y_j gehört.

Wir bezeichnen die Wahrscheinlichkeiten der Knotenpunkte von A_1 bzw. A_2 mit $p_1(x_i)$, $p_1(y_i)$, bzw. mit $p_2(\xi_k)$ und $p_2(\eta_l)$ und mit $p(x)$ bzw. $p(y)$ die Wahrscheinlichkeiten der Knotenpunkte von $A_{1\times 2}$.

Die Wahrscheinlichkeiten der Knotenpunkte $z \in Z$ von $A_{1\times 2}$ sind gleich denen der Knotenpunkte von A_1, falls $z \in Z_1$, d. h., es gilt

$$p(x_i) = p_1(x_i) \quad \text{und} \quad p(y_j) = p_1(y_j)$$

mit

$$\sum_{j=1}^{N_1} p_1(y_j) = 1.$$

Es gilt nun $p(\xi_{0j}) = p_1(y_j)$ und infolgedessen

$$p(\xi_{kj}) = p_2(\xi_k)\, p(\xi_{0j});$$

denn durch

$$p(\xi_{kj}) = p_2(\xi_k)\, p_1(y_j) \quad \text{und} \quad p(\eta_{lj}) = p_2(\eta_l)\, p_1(y_j)$$

wird gesichert, daß für die Menge von $N_1 N_2$ Ereignissen Gewißheit, d. h

$$\sum_{l,j} p(\eta_{lj}) = \sum_j p_1(y_j) \Big[\sum_l p_2(\eta_l)\Big] = 1,$$

gilt.

Wir schreiben für den Produktfragebogen

$$A_{1\times 2} = A_1 \times A_2.$$

Er hat $N_1 N_2$ Ereignisse, die (bei entsprechender Zuordnung) dieselben Wahrscheinlichkeiten haben wie die Ereignisse des Büschels

$$A_{2\times 1} = A_2 \times A_1.$$

Aber das Produkt ist nicht kommutativ. Sind nämlich die Büschel A_1 und A_2 voneinander verschieden, so sind die Fragen von $A_{1\times 2}$ und $A_{2\times 1}$ voneinander verschieden. Deshalb sind $A_{1\times 2}$ und $A_{2\times 1}$ nur h-äquivalent. Indessen sind die Längen der Ereignisse von $A_{1\times 2}$ und $A_{2\times 1}$ dieselben:

$$l(\eta_{lj}) = l_1(y_j) + l_2(\eta_l),$$
$$l(y_{jl}) = l_2(\eta_l) + l_1(y_l).$$

Daraus folgt die Gleichheit der Produkte

$$p(\eta_{lj})\, l(\eta_{lj}) = p(y_{jl})\, l(y_{jl}).$$

Das neutrale Element des Produkts der Fragebogen ist der Fragebogen, der aus einem isolierten Knotenpunkt, aus einem Ereignis, mit der Wahrscheinlichkeit $p(x_0) = 1$ besteht.

4.2. Die mittlere Weglänge des Produkts zweier homogener Büschel

Wenn die Büschel A_1 und A_2 die gleiche Basis haben, ergibt sich durch Addition folgende

Produkteigenschaft. *Die mittleren Weglängen der homogenen Fragebogen* $A_{1\times 2}$ *und* $A_{2\times 1}$ *mit gleicher Basis sind gleich groß.*

$$L = \sum_{l,j} p(\eta_{lj})\, l(\eta_{lj}) = \sum_{l,j} p(y_{jl})\, l(y_{jl}).$$

Dieser Wert ist gleich der Summe der mittleren Weglängen der Faktorbüschel A_1 *und* A_2:

$$L_{1\times 2} = L_1 + L_2.$$

Die mittlere Weglänge ist also von der Reihenfolge der Produktbildung unabhängig.

Beweis. Es ist

$$L_{1\times 2} = \sum_{x\in Q} p(x),$$

wobei $Q =_{Df} \{x_0, x_1, \ldots, x_n\}$ die Menge der Fragen von $A_{1\times 2}$ ist.

Nun setzt sich aber die Menge Q aus folgenden Teilmengen zusammen:
Q_1 ist die Menge der Fragen in $A_{1\times 2}$ und A_1,
$Q_{2,j}$ ist die Menge der Fragen im Unterbüschel $A_{2,j}$ mit der Quelle y_j.

Die Menge der Knotenpunkte von A_1 ist $Q_1 \cup E_1$, die von A_2 ist $Q_2 \cup E_2$.

Wir zerlegen nunmehr $L_{1\times 2}$:

$$L_{1\times 2} = \sum_{x\in Q_1} p(x) + \sum_{\xi_{kj}\in Q\setminus Q_1} p(\xi_{kj}),$$

$$L_{1\times 2} = \sum_{x_i\in Q_1} p_1(x_i) + \sum_{y_j\in E_1} p_1(y_j) \sum_{\xi_k\in Q_{2,j}} p_2(\xi_k).$$

Es ist aber

$$\sum_{y_j\in E_1}\left[p_1(y_j) \sum_{\xi_k\in Q_{2,j}} p_2(\xi_k)\right] = \sum_{y_j\in E_1}\left[\sum_{\xi_k\in Q_{2,j}} p_2(\xi_k)\right] p_1(y_j)$$
$$= \left[\sum_{\xi_k\in Q_2} p_2(\xi_k)\right] \sum_{y_j\in E_1} p_1(y_j).$$

Das führt unmittelbar auf

$$L_{1\times 2} = L_1 + L_2.$$

4.3. Die Entropie des Produkts zweier homogener Büschel

Es ist bekannt, daß die Entropie von Fragebogen mit Gleichverteilung auf der Menge der Ereignisse allein von der Basis und der Anzahl der Ereignisse abhängig ist:

$$H = \log_a N.$$

Aus

$$\log_a N_1 N_2 = \log_a N_1 + \log_a N_2$$

erhält man im Sonderfall der Gleichverteilung

$$H_{1\times 2} = H_1 + H_2.$$

Allgemeiner ist

$$H_{1\times 2} = -\sum_{j,l} p_1(y_j)\, p_2(\eta_l) \log p_1(y_j)\, p_2(\eta_l)$$

$$H_{1\times 2} = -\sum p_1(y_j) \sum p_2(\eta_l) \left(\log p_1(y_j) + \log p_2(\eta_l)\right)$$

$$H_{1\times 2} = -\sum_j p_1(y_j) \log p_1(y_j) \sum p_2(\eta_l) - \sum_l p_2(\eta_l) \log p_2(\eta_l) \sum_j p_1(y_j),$$

und da

$$\sum_l p_2(\eta_l) = \sum_j p_1(y_j) = 1$$

gilt, folgt

$$H_{1\times 2} = H_1 + H_2,$$

d. h., die Fragebogen, als Nachrichtenquellen betrachtet, sind unabhängig.

4.4. Die Abschwächung des Produkts zweier quasihomogener Büschel

Wir bezeichneten als Abschwächung B die Differenz zwischen der mittleren Weglänge und der Entropie H:

$$B =_{Df} L - H.$$

Aus 4.2 und 4.3 folgt

$$B_{1\times 2} = (L_1 - H_1) + (L_2 - H_2) = B_1 + B_2.$$

Theorem. *Die Abschwächung eines Produktfragebogens ist gleich der Summe der Abschwächungen der beiden Faktorfragebogen. Wenn die Faktor-*

fragebogen weder Rauschen noch Abschwächung haben, so gilt dasselbe für den Produktfragebogen.[1]

Wenn A_1, A_2 und $A_{1\times2}$ optimale Fragebogen sind, dann gilt, daß die Abschwächung $B_{1\times2}$ von $A_{1\times2}$ minimal ist. Im Sonderfall gilt:

$$\text{Wenn } B_1 + B_2 = 0, \text{ so } B_{1\times2} = B_{2\times1} = 0.\text{[2]}$$

Wir bezeichnen mit $A_{12}, B_{12}, L_{12}, H_{12}$ einen zu $A_{1\times2}$ *h*-äquivalenten optimalen Fragebogen mit $N_1 N_2$ Ereignissen, seine Abschwächung, seine mittlere Weglänge und seine Entropie. A_{12} muß nicht unbedingt ein Produktfragebogen sein. Dann gilt

$$H_{12} = H_{1\times2},$$

$$L_{12} \leqq L_1 + L_2 \quad \text{mit } L_1 \text{ und } L_2 \text{ minimal}$$

und infolgedessen

$$B_{12} \leqq B_{1\times2}.$$

Es gilt somit:

Jeder Produktfragebogen zweier optimaler Fragebogen mit N_1 *und* N_2 *Ereignissen verursacht eine Abschwächung, die mindestens gleich der Abschwächung eines h-äquivalenten optimalen Fragebogens mit* $N_1 N_2$ *Ereignissen ist.*

Sonderfall. *Fragebogen mit Gleichverteilung.*

Es seien zwei optimale Fragebogen gegeben:

A_1 mit

$$N_1 = t_1 a^{k_1+1} \text{ Ereignissen, wobei } \frac{1}{a} \leqq t_1 < 1,$$

und

A_2 mit

$$N_2 = t_2 a^{k_2+1} \text{ Ereignissen, wobei } \frac{1}{a} \leqq t_2 < 1.$$

Das Produkt

$A_{1\times2}$ hat dann

$$N_1 N_2 = t_1 t_2 a^{k_1+k_2+2} \text{ Ereignisse, wobei } \frac{1}{a^2} \leqq t_1 t_2 < 1.$$

[1] Die Umkehrung gilt ebenfalls. Jedoch lassen sich die Fragebogen ohne Abschwächung meistens nicht als echtes Produkt darstellen (vgl. S. 122). – Anm. d. Red.

[2] Da alle Größen nichtnegativ sind, gilt auch die Umkehrung. – Anm. d. Red.

Wenn die Längen der Ereignisse von $\mathbf{A}_{1\times 2}$ die Werte $k_1 + k_2, k_1 + k_2 + 1$ und $k_1 + k_2 + 2$ haben, dann ist die mittlere Weglänge von $\mathbf{A}_{1\times 2}$ nicht minimal. (Vgl. die notwendige und hinreichende Bedingung in Paragraph 2.2.)

Fallunterscheidung.

a) Es sei

$$t_1 t_2 = \frac{1}{a^2}$$

und folglich

$$N_1 = a^{k_1}, \quad N_2 = a^{k_2}, \quad N_1 N_2 = a^{k_1 + k_2}.$$

In diesem Fall haben alle Ereignisse in den Fragebogen $\mathbf{A}_1$, $\mathbf{A}_2$ und $\mathbf{A}_{1\times 2}$ jeweils dieselbe Länge, nämlich k_1, k_2 bzw. $k_1 + k_2$. Alle drei Fragebogen sind daher optimal. Die Abschwächung und damit das Rauschen des Fragebogens $\mathbf{A}_{1\times 2}$ ist Null, und infolgedessen gilt

$$L_{12} = L_{1\times 2} = H_1 + H_2$$

in Übereinstimmung mit dem vorhergehenden Satz.

Eigenschaft. *Wenn die Anzahl der Ereignisse eines homogenen Fragebogens gleich der k-ten Potenz seiner Basis ist, dann besteht die Möglichkeit, diesen Fragebogen als Produkt zweier Fragebogen mit a^{k_1} und a^{k_2} Ereignissen, wobei $k_1 + k_2 = k$ ist, anzusehen. Die Zerlegung dieses Fragebogens in zwei Fragebogen „geringerer Ordnung“ verursacht – ebenso wie die Produktbildung – keine Abschwächung.*

Beispiel.

$$a = 3, \quad N_1 N_2 = 243$$

führt auf zwei trichotome Fragebogen vom Maximalrang 2 bzw. 3:

$$N_1 = 3^2 \quad \text{und} \quad N_2 = 3^3$$

mit den Wahrscheinlichkeiten

$$p_1(y_j) = \frac{1}{3^2} \quad \text{und} \quad p_2(\eta_l) = \frac{1}{3^3}$$

sowie

$$p(\eta_{lj}) = \frac{1}{3^2} : \frac{1}{3^3} = \frac{1}{243}.$$

b) Es sei

$$t_1 = \frac{1}{a}, \quad t_2 > \frac{1}{a}$$

und daher

$$N_1 = a^{k_1}, \quad N_2 = a^{k_2+1}, \quad N_1 N_2 = a^{k_1+k_2+1}.$$

Wenn $N_2 = a^{k_2} + \alpha_2(a-1)$ mit $0 < \alpha_2 < a^{k_2}$, dann ist

$$N_1 N_2 = a^{k_1+k_2} + \alpha_2 a^{k_1}(a-1) \quad \text{mit} \quad 0 < \alpha_2 a^{k_1} < a^{k_1+k_2}.$$

Die zugehörigen mittleren Weglängen sind auf Grund der Formeln (2.1), (2.2) und (2.3)

$$L_1 = k_1,$$

$$L_2 = k_2 + a \frac{\alpha_2}{N_2},$$

$$L_{1\times 2} = k_1 + \left(k_2 + a \frac{\alpha_2}{N_2}\right)$$

und

$$L_{12} = (k_1 + k_2) + a \frac{\alpha_2 a^{k_1}}{N_1 N_2}.$$

Also gilt

$$L_{1\times 2} = L_{12} \quad \text{und} \quad B_{1\times 2} = B_{12}.$$

Wenn aber $N_2 = a^{k_2} + \alpha_2(a-1) + \beta_2$ mit $\beta_2 > 0$, so schreiben wir

$$\begin{aligned} N_1 N_2 &= a^{k_1+k_2} + \alpha_2 a^{k_1}(a-1) + \beta_2 a^{k_1} \\ &= a^{k_1+k_2} + (\alpha_2 a^{k_1} + \gamma)(a-1) + \delta \end{aligned}$$

mit

$$0 < \alpha_2 a^{k_1} < a^{k_1+k_2}, \quad a^{k_1} \leqq \beta_2 a^{k_1} < (a-1)\, a^{k_1},$$
$$\beta_2 a^{k_1} = \gamma(a-1) + \delta, \quad \gamma + 1 < a^{k_1} \quad \text{und} \quad 0 < \delta < a - 1.$$

Jeder optimale Fragebogen mit $N_1 N_2$ Ereignissen hat in diesem Fall die mittlere Weglänge

$$L_{12} = (k_1 + k_2) + \frac{a(\alpha_2 a^{k_1} + \gamma) + \delta + 1}{a^{k_1} N_2}$$

(vgl. Paragraph 3.4.2), während die Fragebogen, die als Bestandteile des Produkts auftreten, folgende mittlere Weglängen haben:

$$L_1 = k_1 \quad \text{und} \quad L_2 = k_2 + \frac{a\alpha_2 + \beta_2 + 1}{N_2}.$$

Für den Produktfragebogen gilt dann

$$L_{1\times 2} = k_1 + k_2 + \frac{a\,\alpha_2 + \beta_2}{N_2} + \frac{1}{N_2}$$

und

$$L_{1\times 2} = L_{12} + \frac{a^{k_1} - (\gamma + 1)}{a^{k_1}\, N_2}, \quad \text{das heißt} \quad B_{1\times 2} > B_{12}.$$

c) Es sei

$$t_1 > \frac{1}{a} \quad \text{und} \quad t_2 > \frac{1}{a} \quad \text{sowie} \quad \beta_1 = \beta_2 = 0.$$

Nunmehr schreiben wir

$$N_1\, N_2 = t_1\, t_2\, a^{k_1 + k_2 + 2}$$

und unterscheiden folgende Fälle:

(I) $\frac{1}{a^2} < t_1\, t_2 \leqq \frac{1}{a}.$

Um der Bedingung auf S. 75 gerecht zu werden, formen wir obige Gleichung etwas um

$$N_1\, N_2 = (a\, t_1\, t_2)\, a^{k_1 + k_2 + 1}.$$

Dann folgt nach Paragraph 3.4.2

$$L_{12} = (k_1 + k_2) + \frac{a^2\, t_1\, t_2 - 1}{(a - 1)\, a\, t_1\, t_2},$$

während für $L_{1\times 2}$ gilt:

$$L_{1\times 2} = k_1 + \frac{a\, t_1 - 1}{(a - 1)\, t_1} + k_2 + \frac{a\, t_2 - 1}{(a - 1)\, t_2}.$$

Daraus folgt

$$L_{1\times 2} = k_1 + k_2 + \frac{(a\, t_1 - 1)\, a\, t_2 + (a\, t_2 - 1)\, a\, t_1}{(a - 1)\, a\, t_1\, t_2}$$

und

$$L_{1\times 2} = k_1 + k_2 + \frac{a^2\, t_1\, t_2 - 1}{(a - 1)\, a\, t_1\, t_2} + \frac{a^2\, t_1\, t_2 + 1 - a\,(t_1 + t_2)}{(a - 1)\, a\, t_1\, t_2},$$

so daß schließlich

$$L_{1\times 2} = L_{12} + \frac{(a\, t_1 - 1)\,(a\, t_2 - 1)}{(a - 1)\, a\, t_1\, t_2}.$$

(II) $\frac{1}{a} < t_1\, t_2 < 1.$

Nach Paragraph 3.4.2 folgt dann

$$L_{12} = k_1 + k_2 + 1 + \frac{a\,t_1\,t_2 - 1}{(a-1)\,t_1\,t_2}.$$

Andererseits gilt

$$L_{1\times 2} = k_1 + k_2 + \frac{(a\,t_1 - 1)\,t_2 + (a\,t_2 - 1)\,t_1}{(a-1)\,t_1\,t_2},$$

$$L_{1\times 2} = k_1 + k_2 + \frac{(a\,t_1\,t_2 - t_1\,t_2) + (a\,t_1\,t_2 - 1) + (t_1\,t_2 + 1 - t_1 - t_2)}{(a-1)\,t_1\,t_2}.$$

$$L_{1\times 2} = L_{12} + \frac{(1-t_1)\,(1-t_2)}{(a-1)\,t_1\,t_2}$$

sowie

$$B_{1\times 2} > B_{12}.$$

d) Wenn β_1 von Null verschieden ist, dann existiert in $A_{1\times 2}$ eine Frage x_n, die weniger als a Ausgänge hat und nicht die maximale Länge R besitzt. Gewisse Unterbüschel haben als Zentrum einen der Nachfolger von x_n. $A_{1\times 2}$ ist in diesem Fall kein optimaler Fragebogen, wie aus Paragraph 1.2.1 hervorgeht.

Wenn β_2 von Null verschieden ist, so berücksichtigen wir, daß die mittlere Weglänge $L_{1\times 2}$ gleich $L_{2\times 1}$ ist. $A_{2\times 1}$ ist dann aus demselben Grunde wie vorher kein optimaler Fragebogen. Daraus folgt

$$L_{12} < L_{1\times 2}, \text{ wenn } \beta_1 \text{ oder } \beta_2 \text{ von Null verschieden ist.}$$

Es ergibt sich folgende Übersicht unter Zugrundelegung von

$$N_1 = t_1\,a^{k_1+1} = a^{k_1} + \alpha_1\,(a-1) + \beta_1,$$
$$N_2 = t_2\,a^{k_2+1} = a^{k_2} + \alpha_2\,(a-1) + \beta_2.$$

Fallunterscheidung:

Wenn $\beta_1 = \beta_2 = \alpha_1\,\alpha_2 = 0$, so $L_{1\times 2} = L_{12}$;

wenn $\left.\begin{array}{l}\alpha_1 = \beta_1 = 0\\ \text{und } \beta_2\,a^{k_1} > 0\end{array}\right\}$, so $L_{1\times 2} = L_{12} + \dfrac{N_1 - (\gamma + 1)}{N_1\,N_2}$;

wenn $\left.\begin{array}{l}\beta_1 = \beta_2 = 0\\ \text{und } \alpha_1\,\alpha_2 \neq 0\end{array}\right\}$, so $L_{1\times 2} = \begin{cases} L_{12} + \dfrac{(a\,t_1 - 1)\,(a\,t_2 - 1)}{(a-1)\,a\,t_1\,t_2}, & \text{wenn } t_1\,t_2 \leq \dfrac{1}{a} \\ L_{12} + \dfrac{(1-t_1)\,(1-t_2)}{(a-1)\,t_1\,t_2}, & \text{wenn } t_1\,t_2 > \dfrac{1}{a}; \end{cases}$

wenn $\beta_1 \neq 0$ oder $\beta_2 \neq 0$, so gilt: $L_{1\times 2} > L_{12}$.

Die Abbildung 4.1 stellt die Änderung des Rauschens $F =_{Df} L_{1\times2} - L_{12} = B_{1\times2} - B_{12}$ als Funktion von t_1 für verschiedene Werte des Parameters t_2 dar, und zwar unter der Voraussetzung, daß $a = 2$ und infolgedessen

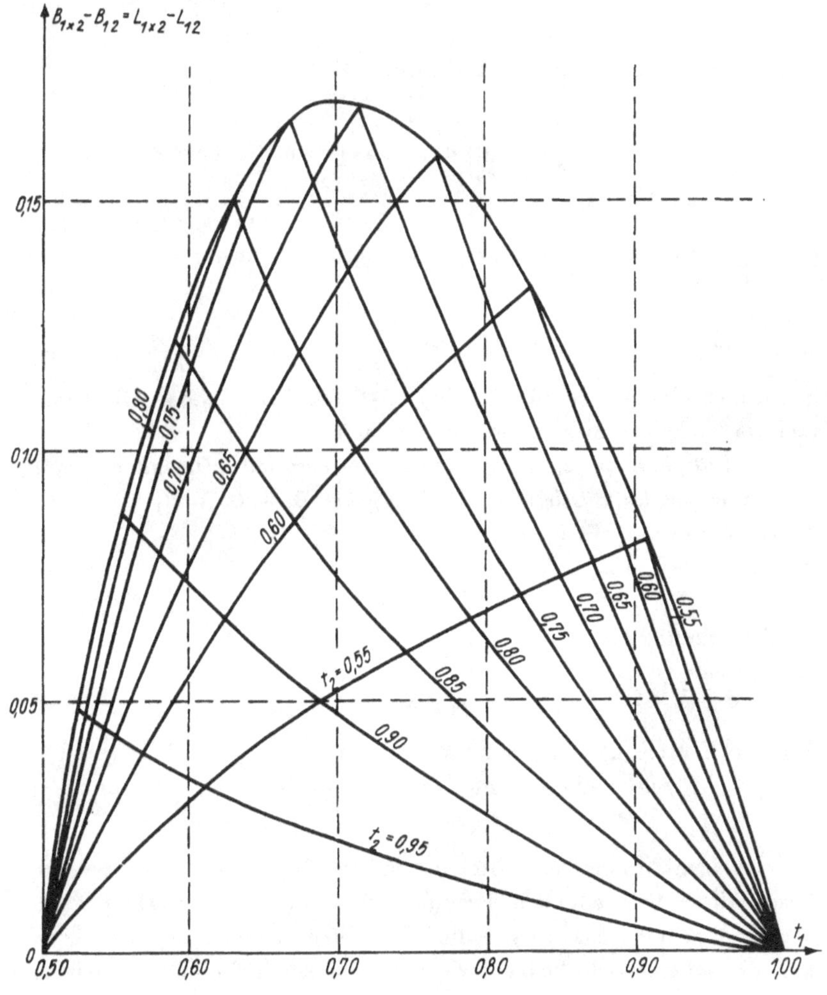

Abb. 4.1. Rauschen des Produktes zweier dichotomer Fragebogen

$\beta_1 = \beta_2 = 0$ ist. Zu den Kurven in der Abbildung ist die Enveloppe gezeichnet. Sie gehört zu $F = F'$ im Falle $t_1 t_2 = \frac{1}{a}$ (s. Übersicht), das heißt zu

$$(L_{1\times 2} - L_{12})_{max} = \frac{(1 - t_1)(a t_1 - 1)}{(a - 1) t_1}.$$

4.5. Produkte mehrerer Faktoren

Wir betrachten ein Produkt aus drei homogenen Büscheln:

$$(A_1 \times A_2) \times A_3.$$

Die zugehörige mittlere Weglänge ist dieselbe wie für das Produkt $A_1 \times (A_2 \times A_3)$, nämlich

$$L_{1\times 2} + L_3 = L_1 + L_2 + L_3.$$

Darüber hinaus sind für $A_1 \times (A_2 \times A_3)$ und $(A_1 \times A_2) \times A_3$ die Fragen und die Ereignisse diegleichen. Daraus folgt:

Die Multiplikation von Fragebogen ist eine assoziative Operation, und die Abschwächung des Büschels $A_{(1\times 2)\times 3}$ *ist gleich* $B_1 + B_2 + B_3$.

Wir führen deshalb

$$A_{1\times 2\times 3} = A_{(1\times 2)\times 3}$$

als Bezeichnung ein.

4.6. Einteilung der Elementarereignisse in „wesentliche" und „unwesentliche"

Zuerst zeigen wir in diesem Abschnitt, daß wir die Vielfalt der zu stellenden Fragen durch Darstellung als Produkt einschränken können. Dann werden wir die Anzahl der Ereignisse reduzieren, indem wir die „unwesentlichen", d. h. die mit einer sehr kleinen Wahrscheinlichkeit auftretenden Ereignisse vernachlässigen.

Es lassen sich nach Formel (P 3)

$$|Q_1| + |Q_2| = \frac{N_1 + N_2 - 2}{a - 1}$$

Fragen formulieren.[1] Andererseits umfaßt jeder Fragebogen mit $N_1 N_2$ Ereignissen

$$|Q_{1\times 2}| = \frac{N_1 N_2 - 1}{a - 1}$$

innere Knoten.

Neben dieser Darstellung, durch die es gelingt, die Anzahl der zu stellenden verschiedenen Fragen zu reduzieren, kann man versuchen, die Ereignisse nach ihren Wahrscheinlichkeiten einzuteilen.

Es sei ein homogener Fragebogen **F** mit der Basis a aufzustellen, der $N = N_1 + N_2$ Ereignisse $y_j (j = 1, 2, \ldots, N_1, N_1 + 1, \ldots, N_1 + N_2)$ hat. Diese seien nach abnehmenden Wahrscheinlichkeiten geordnet, so daß gilt mit

$$\varepsilon < p(y_{N_1})$$

$$\varepsilon =_{Df} \sum_{j=N_1+1}^{N_1+N_2} p(y_j).$$

Dadurch sind die Ereignisse in zwei Klassen C_1 und C_2 eingeteilt, und zwar in der Weise, daß die Wahrscheinlichkeit der Menge der Ereignisse der ersten Klasse $1 - \varepsilon$ beträgt, also bei sehr kleinem ε fast 1 ist.

Wir bilden zur Lösung der gestellten Aufgabe einen Fragebogen **F′** mit $N_1 + 1$ Ereignissen, und zwar unter Verwendung der N_1 Ereignisse aus C_1 und einem zusätzlichen Ereignis y' mit $p(y') = \varepsilon$. Die mittlere Weglänge von **F′** sei als minimal vorausgesetzt und gleich L′. Der Knotenpunkt y' sei in **F′** aus E'_R. Ein optimaler Fragebogen **F″** mit N_2 Ereignissen, deren Wahrscheinlichkeiten $\frac{p(y_j)}{\varepsilon} (j = N_1 + 1, N_1 + 2, \ldots, N_1 + N_2)$ sind, habe die mittlere Weglänge L″, die wiederum als minimal vorausgesetzt sei.

Der Fragebogen **F** kann aufgestellt werden, indem der Knotenpunkt y' in **F′** durch den Fragebogen **F″** ersetzt wird. Dabei sollen die Wahrscheinlichkeiten der N_2 Ereignisse von **F″** in ihrer tatsächlichen Wahrscheinlichkeit übernommen werden, so daß

$$p(y_j) = \frac{p(y_j)}{\varepsilon} p(y') \quad \text{mit} \quad p(y') = \varepsilon$$

ist. **F** hat dann eine mittlere Weglänge $L = L' + \varepsilon L''$, die minimal ist.

[1] Vom Standpunkt der interpretierten Fragebogen lassen sich höchstens so viele verschiedene Fragen formulieren. – Anm. d. Red.

Wenn $\varepsilon L'' \ll L'$, dann kann man **F** durch **F'** ersetzen. Es ist dann $1 - \varepsilon$ die Wahrscheinlichkeit, eines der ursprünglichen Ereignisse zu realisieren.

Es seien H_1 und εH_2 die Summen

$$H_1 = - \sum_{j=1}^{N_1} p(y_j) \log_a p(y_j)$$

und

$$\varepsilon H_2 = - \sum_{j=N_1+1}^{N_1+N_2} p(y_j) \log_a p(y_j).$$

Dann ist die Entropie von **F**

$$H = H_1 + \varepsilon H_2$$

und die Entropie von **F''**

$$H'' = H_2 + \log_a \varepsilon.$$

Andererseits ergibt sich für die Entropie von **F'**

$$H' = H_1 - \varepsilon \log_a \varepsilon$$

Also ist

$$H = H' + \varepsilon H''.$$

Wenn $\varepsilon H''$ im Vergleich zu H' klein ist, ist es sinnvoll, den Fragebogen **F** durch den Fragebogen **F'** zu ersetzen.

Schreibt man

$$L = (1 - \varepsilon) L' + \varepsilon (L' + L''),$$

so erkennt man, daß der Fragebogen **F'** zwar **F** mit sehr großer Wahrscheinlichkeit $1 - \varepsilon$ darstellt, daß es aber notwendig ist, sich einer zusätzlichen Frage mit einer Wahrscheinlichkeit ε zu bedienen oder Hilfsfragen zu stellen.

Es ist offensichtlich, daß sich diese Verfahrensweise als um so vorteilhafter erweist, je größer N_2 und je kleiner ε ist. Ferner ist klar, daß diese Methode mehrfach angewendet werden kann.

Man kann dieses Ergebnis mit dem Theorem von CHINTSCHIN über Markoffsche Ketten vergleichen, deren Folgen in zwei Klassen eingeteilt werden können [4].[1]

[1] Gemeint ist hier der Satz von McMILLAN für stationäre ergodische Quellen, siehe CHINTSCHIN [4]. – Anm. d. Red.

4.7. Das partielle Produkt

In einer Untersuchung [51] sahen wir uns veranlaßt, eine Operation einzuführen, die das Produkt von Fragebogen verallgemeinert. Einen neuen Fragebogen A_3 erhält man, indem man einen Fragebogen A_2 nur in einen Teil der Ereignisse von A_1 einsetzt. Die mittlere Weglänge von A_3 beträgt

$$L_3 = L_1 + (1 - p_\eta)\, L_2 .$$

Dabei ist p_η die Summe der Wahrscheinlichkeiten der Knotenpunkte, die sowohl Ereignisse in A_1 als auch in A_3 sind. Das in 4.1 definierte Produkt erhält man genau dann, wenn $p_\eta = 0$. Wenn man $\varepsilon =_{\mathrm{Df}} 1 - p_\eta$ setzt, erkennt man, daß diese Operation genau die im vorhergehenden Abschnitt studierte Zerlegung beschreibt, bei der ein einziger Fragebogen A_2 auftritt.

Zusammenhänge mit der Theorie der *rekursiven Funktionen* [51] und der Verwendung von *Flußdiagrammen* [86] werden in späteren Arbeiten dargelegt.

FÜNFTES KAPITEL

Heterogene Fragebogen

5.1. Definition

Wird die Homogenität (vgl. Voraussetzung 1 auf S. 21) nicht mehr gefordert, so sind offenbar Fragebogen zugelassen, bei denen die Anzahl $a(x)$ der Ausgänge einer Frage von der Frage x selbst abhängt. Derartige Fragebogen heißen *heterogene* Fragebogen.[1]

Ein heterogener Fragebogen wird zum Beispiel durch die Menge der Fragen einschließlich ihrer Verbindungen dargestellt, die bei einer statistischen Erhebung oder Zählung gestellt werden. Diese Fragen haben nicht alle die gleiche Basis, so daß manche Ausgänge einer Frage auf mehrere Fragen mit unterschiedlichen Basen führen können.

Die Definition der *mittleren Weglänge* L eines heterogenen Fragebogens ist dieselbe wie für einen homogenen Fragebogen (vgl. S. 22 und S. 187). Heterogene Fragebogen heißen genau dann *optimal*, wenn L minimal ist. Bei der Suche nach optimalen Fragebogen beschränken wir uns wieder o. B. d. A. auf *Büschel*, d. h., die Fragebogen genügen folgender Bedingung: *Zu jedem von x_0 verschiedenen Knoten $z \in Z$ gibt es genau einen Weg, der x_0 mit z verbindet.*

Wegen der Veränderlichkeit der Basen müssen wir für heterogene Büschelfragebogen eine schärfere Äquivalenzdefinition [51], [52], [56], [58] benutzen, die implizit aus dem (verallgemeinerten) HUFFMANschen Algorithmus folgt.

Definition. Heterogene Büschelfragebogen **F** und **F'** heißen genau dann *s-äquivalent*, wenn neben der eineindeutigen Abbildung χ von E auf E' (vgl. S. 24) noch eine eineindeutige Abbildung ω von Q auf Q' existiert, so daß für

$$a(x) = a'(\omega(x))$$

alle Knoten $x \in Q$ gilt.

[1] Eine allgemeine Definition steht im Anhang. – Anm. d. Red.

Bei der Konstruktion von heterogenen Fragebogen muß vorher festgelegt sein, wie viele Fragen von welcher Basis zugelassen sind (vgl. S. 107).[1]

5.2. Eigenschaften

Die Eigenschaften von heterogenen Fragebogen $\mathbf{F} = [Z, \Gamma]$ mit $Z =_{Df} Q \cup E$ sind eine Verallgemeinerung der Eigenschaften der homogenen Fragebogen.

Eigenschaft P 1. *Jede Frage z mit der Basis a (z) teilt die Ereignisse, die zum Unterbüschel mit der Quelle z gehören in genau a (z) Klassen.*

Eigenschaft P 2. *Die Anzahl der Bogen von* **F** *ist*

$$\sum_{a=2}^{N} a\, q_a,$$

wobei q_a *die Anzahl der Fragen der Basis a ist.*

Eigenschaft P 3. *Die Anzahl der Bogen innerhalb von* Q *ist* $\sum_{a=2}^{N} q_a - 1$. *Der vordere Halbgrad der Quelle* x_0 *ist Null. Die Anzahl der Bogen, die in* E *einmünden, ist* N. *Daraus folgt*

$$N = \sum_{a=2}^{N} (a-1)\, q_a + 1.^{2}$$

Wenn $|Q| = q_a$, geht die Formel in die für homogene Fragebogen über.

Eigenschaften P 5 *und* P 6. *Die mittlere Weglänge* läßt sich als Funktion der Wahrscheinlichkeiten der Ereignisse folgendermaßen ausdrücken:

$$L = \sum_{y \in E} p(y)\, l(y)$$

und als Funktion der Wahrscheinlichkeiten der Fragen

$$L = \sum_{x \in Q} p(x),$$

dabei ist die *Wahrscheinlichkeit einer Frage x*

$$p(x) =_{Df} \sum_{y \in \hat{\Gamma} x \cap E} p(y).$$

[1] Diese Feststellung und die Untersuchungen von Dubail [30] nehmen wir im Anhang zum Anlaß für die Definition einer speziellen Klasse von Fragebogen. — Anm. d. Red.

[2] Diese Formulierung wurde von uns eingefügt und ist Dubail [30] entnommen. — Anm. d. Red.

Eigenschaft P 7. *Bezeichnung der Knotenpunkte der heterogenen Fragebogen.*

Die Bezeichnung der Knotenpunkte ist nicht so einleuchtend wie im Falle der homogenen Fragebogen, weil jeder Knotenpunkt durch die Menge seiner Vorgänger charakterisiert werden muß.

Im Fall der homogenen Fragebogen war die Bezeichnung durch zwei Größen ausreichend; denn für gegebenes $\varrho > 0$ konnte höchstens ein Knotenpunkt einen Wert σ annehmen. Dabei wurde σ durch ein Codewort aus ϱ Ziffern im System mit der Basis a ausgedrückt.

Da die Basisfunktion a jetzt nicht mehr konstant ist, wird es nur möglich sein, die Knotenpunkte von **F** ohne Mehrdeutigkeit zu bezeichnen, wenn man geeignete Vorsichtsmaßnahmen trifft.

Wir werden in jedem Rang Z_ϱ die größte Basis durch a_ϱ kennzeichnen. Weiterhin werden wir die Knotenpunkte mit Hilfe von zwei Größen durch $[\varrho, \bar{\sigma}]$ bezeichnen. Dabei ist $\bar{\sigma}$ ein Codewort aus ϱ Ziffern $\bar{s}_{\varrho'}$ mit $1 \leqq \varrho' \leqq \varrho$. $\bar{s}_{\varrho'}$ wird in der Basis $a_{\varrho'}$ geschrieben, und zwar für zunehmendes ϱ' in der Anordnung von links nach rechts. Durch dieses Verfahren wird der Höchstwert $a_\varrho - 1$ jeder Ziffer von $\bar{\sigma}$ am besten dem lokalen Wert der Maximalbasis angepaßt. Es bringt aber den Nachteil mit sich, daß $\bar{\sigma}$ als Codewort von ϱ Ziffern geschrieben werden muß, ohne daß die Möglichkeit besteht, $\bar{\sigma}$ als eine Zahl zu betrachten, die unter Verwendung einer beliebigen Basis ausdrückbar ist. Das im folgenden vorgeschlagene Bezeichnungsverfahren scheint zum Ausgleich dieses Nachteils am besten geeignet zu sein.

Wir bestimmen die größte Basis der Fragen des betrachteten Fragebogens. Sie sei a_M. Wir drücken nunmehr die Knotenpunkte mit Hilfe von $[\varrho, \sigma]$ aus. Dabei soll σ ein Codewort aus ϱ Ziffern im System mit der Basis a_M sein. Es werden nur wenige der so möglichen Codewörter σ gebraucht, wenn wenige Fragen mit der Basis a_M vorhanden sind; denn dann werden wenige Knotenpunkte eine Ziffer mit dem Wert $a_M - 1$ erhalten. Aber es entsteht keine Mehrdeutigkeit. Die Ziffernfolge für σ wird auf diese Weise dieselbe wie für $\bar{\sigma}$. Aber die Auffassung von σ als einer Zahl im System mit der Basis a_M ermöglicht die Umformung in andere Zahlensysteme. Bei der Abbildung 5.1 sind die Werte σ im Dreiersystem angegeben.

Hat der Knotenpunkt $z = [\varrho, \sigma]$ $a(z)$ Ausgänge, so werden seine direkten Nachfolger folgende Bezeichnungen erhalten:

$[\varrho + 1, a_M \sigma], [\varrho + 1, a_M \sigma + 1], \ldots, [\varrho + 1, a_M \sigma + i], \ldots,$
$[\varrho + 1, a_M \sigma + a(z) - 1]$.

Diese sind offensichtlich verschieden von den Bezeichnungen der direkten Nachfolger von $[\varrho, \sigma - 1]$ und $[\varrho, \sigma + 1]$, falls diese überhaupt vorkommen; denn es gilt:

$$a_M(\sigma - 1) + a_M - 1 < a_M \sigma \quad \text{und} \quad a_M(\sigma + 1) > a_M \sigma + a(z) - 1.$$

Verbindungsmatrizen. Jeder heterogene Fragebogen **F** kann durch seine Verbindungsmatrix $\mathfrak{A}$ dargestellt werden. Darin kommen die Wahrscheinlichkeiten der Knoten vor:

$$\mathfrak{A} = [a_{ij}] \quad \text{mit} \quad a_{ij} =_{\mathrm{Df}} p(z_j),$$

wenn der Knotenpunkt z_j den Knotenpunkt z_i zum direkten Vorgänger hat, und andernfalls $a_{ij} =_{\mathrm{Df}} 0$.

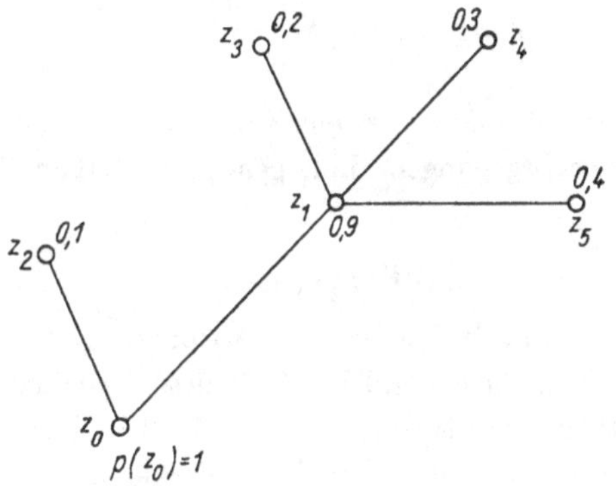

Abb. 5.1. Heterogener Fragebogen mit $a_M = 3$ als Basis für σ

Für die in Abbildung 5.1 dargestellten Verhältnisse ergibt sich: $a_M = 3$ als Basis für σ und

$$z_0 = [0, 0], z_1 = [1, 0], z_2 = [1, 1], z_3 = [2, 10], z_4 = [2, 11],$$
$$z_5 = [2, 12] = [2, 1 \cdot 3^1 + 2 \cdot 3^0].$$

Die Verbindungsmatrix ist

$\mathfrak{A}$	0	1	2	3	4	5
0	0	0,9	0,1	0	0	0
1	0	0	0	0,2	0,3	0,4
2	0	0	0	0	0	0
3	0	0	0	0	0	0
4	0	0	0	0	0	0
5	0	0	0	0	0	0

Zu jeder Zeile und jeder Spalte der Matrix gehört ein bestimmter Knotenpunkt des Fragebogens.

Die Anzahl der von Null verschiedenen Elemente einer Zeile ist gleich der Basis des betreffenden Knotenpunktes. Wir bezeichnen sie mit $a(\varrho, \sigma)$. Alle Ereignissen entsprechenden Zeilen enthalten nur Nullen. Jede Spalte, ausgenommen die der Quelle x_0 zugeordneten, enthält genau ein von Null verschiedenes Element.

Die Permutation von disjunkten Unterbüscheln ist für beliebige, also auch für heterogene Fragebogen vorher definiert worden.

5.3. Die mittlere Weglänge heterogener Büschel und ihre Verkleinerung

Die Differenz der mittleren Weglängen zweier Fragebogen, die durch Permutation auseinander hervorgegangen sind, genügt derselben Gleichung wie im homogenen Fall:

$$L^{z,z'} - L = [p(z) - p(z')]\,[l(z') - l(z)]. \tag{1.2}$$

Die beiden Regeln R 1 und R 2 über die Verringerung der Größe L bleiben für heterogene Fragebogen gültig. Auf diese beziehen sich die Eigenschaften P 9 und P 10. Um die Gültigkeit von P 10 zu demonstrieren, genügt es, den Beweis für den homogenen Fall mit kleinen Änderungen zu wiederholen.

Die Umgruppierung der Knotenpunkte eines Büschels innerhalb ein und desselben Ranges muß anders als im homogenen Fall ausgeführt werden.

Es seien z und z' Fragen der Länge $\varrho - 1$ mit der kleinsten Basis $a(z)$ bzw. der größten Basis $a(z') = a_{\varrho-1}$.

Die Knotenpunkte der Länge ϱ mit geringster Wahrscheinlichkeit werden derart umgruppiert, daß im neuen Fragebogen diese Knotenpunkte die $a(z)$ direkten Nachfolger von z bilden. Ebenso werden die $a(z')$ direkten Nachfolger von z' die Knotenpunkte der Länge ϱ mit größter Wahrscheinlichkeit bilden.

Wenn nach dieser Änderung die Wahrscheinlichkeiten von z und z' so beschaffen sind, daß

$$p(\Gamma_{a(z')-1}\, z') > p(z) \quad \text{mit} \quad l(\Gamma_{a(z')-1}\, z') = l(z) + 1$$

gilt, dann kann dieses Büschel noch im Hinblick auf eine neue Reduktion der mittleren Weglänge durch R 1 und R 2 umgeformt werden.

Die neue Regel R′ 3 lautet demnach:

Nach Reduktion durch Permutationen vom Typ R 1 *oder* R 2 *ordne man die Knotenpunkte eines Büschels in jedem Rang* Z_ϱ *in der Weise um, daß die Knotenpunkte in der Reihenfolge wachsender Wahrscheinlichkeiten geordnet sind. Die Knotenpunkte mit geringster Wahrscheinlichkeit sollen dann die Ausgänge einer Frage der Länge* $\varrho - 1$ *mit kleinster Basis und die Knotenpunkte mit größter Wahrscheinlichkeit die Ausgänge einer Frage der Länge* $\varrho - 1$ *mit größter Basis bilden.*

Die homogenen Fragebogen mit $\beta > 0$ sind ein Spezialfall der heterogenen Fragebogen. Bei ihrem Studium haben wir gesehen, daß die Frage mit der Basis $\beta + 1$ eine Länge hat, die mindestens gleich derjenigen jeder anderen Frage ist. Diese Eigenschaft gilt allgemein.

Wenn $a(z') > a(z)$ und $l(z') > l(z)$ ist, können die Permutationen von Unterbüscheln, deren Zentren Nachfolger von z und z' sind, die geringste Anzahl der Nachfolger von z', die $a(z')$ ist, nicht ändern. Die Permutation der Unterfragebogen mit den Quellen z und z' – mit nachfolgender Permutation von Unterbüscheln, deren Quellen Nachfolger von z und z' sind – erlaubt dagegen, die Anzahl der Knotenpunkte zu verringern, deren Länge mindestens $l(z') + 1$ ist. Dadurch wird auch L verkleinert.

$a(z') > a(z)$ und $l(z') > l(z)$ sowie $|\Gamma z'| > |\Gamma z|$ erlauben eine Permutation der Unterbüschel mit den Quellen z und z', die die Anzahl der Ereignisse großer Länge reduziert. Danach kann durch Anwendung der Regeln R 1, R 2 und R′ 3 die Länge L von neuem reduziert werden. Nun gilt aber: Wenn die Länge aller Wege, die von z und z' ausgehen und in E enden, den Wert l hat, ist die Maximalanzahl der Ereignisse, die z' nachfolgen,

$$(a(z'))^l > (a(z))^l.$$

Infolgedessen muß in optimalen Fragebogen die Frage z' mit der Basis $a(z')$ eine geringere Länge haben als die Frage z mit der Basis $a(z)$. Da die Längen der Wege, die von z und z' nach der Permutation ausgehen, sodann durch Permutationen verändert werden können, die nur die Nachfolger von z und z' betreffen, können wir feststellen[1]:

[1] Eine genauere Darstellung dieses Verfahrens findet man bei PETOLLA [50]. – Anm. d. Red.

Regel R 4. *Die mittlere Weglänge eines heterogenen Fragebogens kann folgendermaßen reduziert werden: Man ordne den Knotenpunkten geringerer Länge die größeren Basen zu.*

Wenn $a(z') > a(z)$ und $l(z') > l(z)$ ist, besteht immer Veranlassung, die Unterbüschel mit den Quellen z und z' zu permutieren. Daraus folgt:

Eigenschaft P 15. *Für alle optimalen heterogenen Fragebogen gibt es eine mit den Basen und Längen verträgliche lineare Quasihalbordnung der Knoten, d. h., die wie folgt definierte binäre Relation*

$$z \leqq z' =_{\mathrm{Df}} a(z) \geqq a(z') \text{ und } l(z) \leqq l(z'),$$

ist eine lineare Quasihalbordnung.

Bei der Untersuchung der optimalen homogenen Fragebogen war es möglich, nach Anwendung der Regel R 3 eine Reduktion wieder mit R 1 und R 2 zu versuchen. Ein Optimum war erreicht, wenn keine der drei Regeln zur Reduktion von L beitragen konnte. Im Falle der heterogenen Fragebogen muß man zuerst R 4 anwenden, dann R 1 und R 2 und schließlich R′ 3. Im Verlaufe der Anwendung von R 2 darf man – nach Regel R 4 – keine Permutation ausführen, die der Eigenschaft P 15 widerspricht. Aus diesem Grunde kommt es darauf an, mit Unterbüscheln bzw. Ereignissen einer möglichst großen Länge zu beginnen.

Falls die Anwendung der Regeln R 1, R 2, R′ 3 und R 4 es nicht mehr erlaubt, die mittlere Weglänge L zu reduzieren, ist der Fragebogen optimal. Dieser erfüllt die gleichen Bedingungen wie die homogenen Fragebogen.

Theorem. *Jeder heterogene Fragebogen mit minimaler mittlerer Weglänge für die Trennung von N Ereignissen durch* $\sum_{a=2}^{N} q_a$ *Fragen ist ein Büschel mit der Quelle* x_0*, wobei gilt*

$$\mathrm{N} - 1 = \sum_{a=2}^{\mathrm{N}} (a-1)\, q_a .$$

Der Unterschied der Längen der Knotenpunkte gleicher Wahrscheinlichkeit ist niemals größer als 1.

Es gibt eine mit den Basen, den Wahrscheinlichkeiten und den Längen verträgliche lineare Quasiordnung aller Knotenpunkte $z \in Z$*, d. h. die wie folgt definierte binäre Relation*

$$z \leqq z' =_{\mathrm{Df}} a(z) \geqq a(z'), l(z) \leqq l(z') \text{ und } p(z) \geqq p(z')$$

ist eine lineare Quasihalbordnung (R 1, R 2, R′ 3). *Die Wahrscheinlichkeit eines beliebigen Knotenpunktes der Länge* ϱ *mit einer Basis kleiner oder gleich* a_ϱ

ist – nach R′ 3 *– nicht größer als die Summe der Wahrscheinlichkeiten von a_ϱ Knotenpunkten desselben Ranges. Die mittlere Weglänge ist gleich der Summe der Wahrscheinlichkeiten von allen Fragen.*

Algorithmus. Mit Hilfe des Algorithmus von HUFFMAN können wir ohne Schwierigkeiten optimale heterogene Fragebogen konstruieren. Man beginnt mit der kleinsten Basis a. Dann durchläuft man den HUFFMANschen Algorithmus q_a mal. Danach verfährt man in gleicher Weise mit der nächsten Basis usw. bis zur größten [50].

5.4. Entropie und Acquisition

Im Falle der homogenen Fragebogen hatten wir als *Einheit der Entropie* die Unbestimmtheit eines Versuchs mit a gleichwahrscheinlichen Ausgängen gewählt. Das wird dadurch ausgedrückt, daß man in der entsprechenden Entropieformel den Logarithmus zur Basis a verwendet. Ein homogener Fragebogen, der aus einer einzigen Frage mit nicht gleichwahrscheinlichen Antworten besteht, hat eine Entropie, die kleiner als 1 ist. Die mittlere Weglänge – das Maß der mittleren Anzahl der Fragen – ist dagegen 1. Hier gibt es bei heterogenen Fragebogen keine Schwierigkeiten. Aber was soll man als Maßeinheit der Entropie in diesem Fall verwenden?

Wir nehmen an, daß – in Analogie zur Bezeichnung der Knotenpunkte – die Maximalbasis a_M als Basis des Logarithmus benutzt wird. Dann ist bei gleichem N die Anzahl der Fragen eines heterogenen Fragebogens **F** im allgemeinen größer als die eines homogenen Büschels **A** mit der Bais a_M. Daraus folgt, daß die mittlere Weglänge von **F** sicher größer als die mittlere Weglänge von **A** und erst recht größer als die Entropie von **A** ist. Es ist daher notwendig, einen neuen Begriff einzuführen, der es erlaubt, den Wert der Entropie eines heterogenen Fragebogens zu bestimmen, und der eine Abschätzung der minimalen mittleren Weglänge nach unten ermöglicht. Diesen Begriff werden wir *Acquisition* nennen. Er ist mit der Existenz eines s-äquivalenten Fragebogens verknüpft. Das ist in der Tat unerläßlich, denn die mittlere Weglänge (und damit die Acquisition) eines heterogenen Fragebogens kann fast immer verkleinert werden, indem man eine Menge von q_a Fragen mit der Basis a durch eine Menge von $q_{a'}$ Fragen mit der Basis a' ersetzt, wobei $q_a > q_{a'}$ sowie $a < a'$ ist.

Definitionen für optimale heterogene Fragebogen[1]:

Man nennt *bedingte Entropie der Antwort auf die Frage* $[\varrho, \sigma]$ mit der Basis $a(\varrho, \sigma)$ die Größe

$$\mathrm{H}_{\varrho,\sigma}(\varrho) =_{\mathrm{Df}} \sum_{i=0}^{a(\varrho,\sigma)-1} - p_{\varrho,\sigma}(\varrho + 1, a_{\mathrm{M}}\sigma + i) \log_{a(\varrho,\sigma)} p_{\varrho,\sigma}(\varrho + 1, a_{\mathrm{M}}\sigma + i).$$

Die bedingte Entropie eines Ereignisses $[\varrho, \sigma]$ ist Null; denn es ist $|\Gamma[\varrho, \sigma]| = 0$.

Man nennt *bedingte Acquisition eines Ranges* Z_ϱ abhängig vom Rang $\mathrm{Z}_{\varrho-1}$, die Summe

$$\mathrm{A}_{\varrho-1}(\varrho) =_{\mathrm{Df}} \sum_{[\varrho,\sigma]\in \mathrm{Q}_\varrho} p(\varrho, \sigma)\, \mathrm{H}_{\varrho,\sigma}(\varrho).$$

Wenn alle Knotenpunkte der Länge ϱ dieselbe Basis a haben, kann die bedingte Acquisition des Ranges Z_ϱ als die bedingte Entropie des Ranges Z_ϱ aufgefaßt werden.

Die bedingte Acquisition eines Ranges Z_ϱ kann auch folgendermaßen ausgedrückt werden:

$$\mathrm{A}_{\varrho-1}(\varrho) = \sum_{[\varrho,\sigma]\in \mathrm{Q}_\varrho} \sum_{i=0}^{a(\varrho,\sigma)-1} -p(\varrho+1, a_{\mathrm{M}}\sigma+i) \log_{a(\varrho,\sigma)} \frac{p(\varrho + 1, a_{\mathrm{M}}\sigma + i)}{p(\varrho, \sigma)}.$$

Dabei ist a_{M} die größte Basis der Fragen des betreffenden Fragebogens und

$$p(\varrho + 1, a_{\mathrm{M}}\sigma + i) =_{\mathrm{Df}} 0, \quad \text{wenn} \quad a(\varrho, \sigma) - 1 < i.$$

Man bezeichnet als *Acquisition des nullten Ranges* die Summe

$$\mathrm{A}(0) =_{\mathrm{Df}} \sum_{i=0}^{a(0,0)-1} - p(1, i) \log_{a(0,0)} p(1, i)$$

und als *Acquisition des* $(\varrho + 1)$*-ten Ranges*

$$\mathrm{A}(\varrho + 1) =_{\mathrm{Df}} \mathrm{A}(\varrho) + \mathrm{A}_\varrho(\varrho + 1).$$

Es gilt:

$$\mathrm{A}(\mathrm{R}) = \mathrm{A}(\mathrm{R} - 1); \quad \text{denn es ist} \quad |\Gamma[\mathrm{R}, \sigma]| = 0.$$

Die *Acquisition eines beliebigen heterogenen Fragebogens* $\mathbf{F}$ wird durch die Acquisition eines s-äquivalenten optimalen heterogenen Fragebogens $\mathbf{F}_0$

[1] Die folgenden Definitionen sind auch für nicht optimale heterogene Fragebogen sinnvoll. Dubail [30] führt für diesen Fall die Bezeichnung „verallgemeinerte Entropie“ ein und optimiert unter anderem bezüglich dieser Größe (vgl. S. 213). – Anm. d. Red.

definiert, der z. B. aus **F** nach dem Theorem des Paragraphen 5.3 gewonnen wird.

Die Differenz zwischen der mittleren Weglänge eines Fragebogens **F** und der mittleren Weglänge eines s-äquivalenten optimalen Fragebogens $\mathbf{F}_0$ heißt *Rauschen*, während die Differenz zwischen der mittleren Weglänge des Fragebogens **F** und der Acquisition *Abschwächung* heißt.

Die Berechnung der Abschwächung eines optimalen heterogenen Fragebogens erfolgt in analoger Weise zu der eines homogenen Fragebogens, die in Paragraph 3.3 beschrieben wurde. Man erhält das Ergebnis:

Theorem. *Ein heterogener Fragebogen überträgt die Acquisition ohne Abschwächung, d. h., es gilt* $A = L$ *genau dann, wenn die Wahrscheinlichkeit für jeden Knotenpunkt der Länge* ϱ, *der durch*

$$[\varrho, \sigma] = [\varrho, s_0 s_1 s_2 \cdots s_{\varrho-1}]$$

gekennzeichnet ist, den Wert

$$p(\varrho, \sigma) = \prod_{j=0}^{\varrho-1} \frac{1}{a(j, s_j)}$$

hat.

In der Tat gilt $H_{\varrho,\sigma}(\varrho) = 1$ genau dann, wenn

$$p_{\varrho,\sigma}(\varrho + 1, a_M \sigma + i) = \frac{1}{a(\sigma, \varrho)} \quad \text{für} \quad i = 0, 1, \ldots, a(\varrho, \sigma) - 1$$

ist. Und die Abschwächung einer Frage $[\varrho, \sigma]$

$$B_{\varrho,\sigma} = p(\varrho, \sigma)\, [1 - H_{\varrho,\sigma}(\varrho)]$$

ist genau dann gleich Null, wenn alle Ausgänge dieser Frage dieselbe Wahrscheinlichkeit haben.

Der Fall der optimalen quasihomogenen Fragebogen:

a) $\quad N = a^k + \alpha(a - 1).$

Die Acquisition ist dann gleich der Entropie.

b) $\quad N = a^k + \alpha(a - 1) + \beta.$

Da dann $\frac{a^k + \alpha(a-1) - 1}{a - 1}$ Fragen mit der Basis a und eine Frage x_n mit der Basis $\beta + 1$ existieren, nimmt die Acquisition einen von der Entropie verschiedenen Wert an:

$$A = H - \sum_{i=0}^{\beta} p(\Gamma_i x_n) \log_a \frac{p(x_n)}{p(\Gamma_i x_n)} + \sum_{i=0}^{\beta} p(\Gamma_i x_n) \log_{\beta+1} \frac{p(x_n)}{p(\Gamma_i x_n)}.$$

Daraus folgt wegen

$$\log_{\beta+1} q = \log_a q \log_{\beta+1} a$$

$$A = H + (\log_{\beta+1} a - 1) \sum_{i=0}^{\beta} p(\Gamma_i x_n) \log_a \frac{p(x_n)}{p(\Gamma_i x_n)} > H.$$

Die Acquisition kann im besonderen den Wert der mittleren Weglänge annehmen, da für $\beta > 0$ die Entropie immer kleiner als L ist.

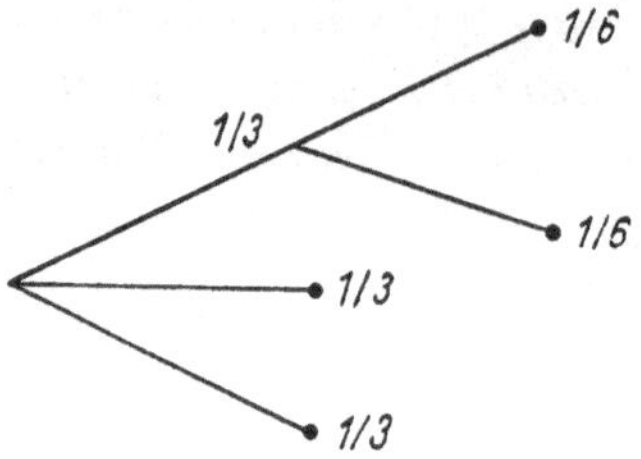

Abb. 5.2. Heterogener Fragebogen

Zum Beispiel ergibt sich für den Büschelfragebogen der Abbildung 5.2 für $a = 3$

$$H = 1 + \frac{1}{3} \log_3 2 = 1{,}211,$$

während

$$A = L = \frac{4}{3}$$

ist.

Theorem. *Die Abschwächung jedes optimalen heterogenen Fragebogens ist gleich der Summe der Abschwächungen aller Fragen.*

Dieses Theorem läßt sich unmittelbar aus dem Theorem am Schluß von Paragraph 3.3 über beliebige homogene Fragebogen folgern. Es gilt aber nicht für nicht optimale heterogene Fragebogen.

Wenn das Problem auftritt, unterschiedliche Fragen zu beantworten, dann liefert die Theorie der heterogenen Fragebogen optimale Büschel. Wenn die Lösung des Problems es zuläßt, daß Fragen mit mehr oder weniger großen Basen beliebig gestellt werden, dann zeigt die Theorie, daß es von Interesse ist, eine möglichst große Anzahl von Fragen mit großer Basis zu benutzen. Auf diese Weise wird die Acquisition vermindert.

5.5. Das Produkt von heterogenen Fragebogen

Das Produkt zweier Fragebogen ist oben definiert worden, und zwar ohne Beschränkung auf den homogenen Fall. Gewisse Ergebnisse lassen sich unmittelbar auf den heterogenen Fall übertragen, wie zum Beispiel die Kommutativität und Assoziativität bezüglich der mittleren Weglänge. Das gelingt jedoch bei der Acquisition nicht. Denn die Acquisition hat im allgemeinen andere Eigenschaften als die Entropie, z. B. hängt die Acquisition nicht nur von den Wahrscheinlichkeiten der Senken ab.

Der Fall des Produkts zweier homogener Fragebogen verschiedener Basis mit $\beta = 0$ liefert folgendes Ergebnis:

Es sei $\mathbf{A}_1$ ein Fragebogen mit der Basis a_1 und N_1 Ereignissen und $\mathbf{A}_2$ ein Fragebogen mit der Basis a_2 und N_2 Ereignissen, so daß $a_1 > a_2$.

Die Anzahl $|Q_1|$ bzw. $|Q_2|$ der Fragen steht mit N_1 bzw. N_2 in der Beziehung

$$N_1 = (a_1 - 1)\,|Q_1| + 1$$

bzw.

$$N_2 = (a_2 - 1)\,|Q_2| + 1,$$

und die Anzahl der Ereignisse des Produkts ist

$$N_1\,N_2 = (a_1 - 1)\,|Q_1| + N_1\,(a_2 - 1)\,|Q_2| + 1$$

bzw.

$$N_2\,N_1 = N_2\,(a_1 - 1)\,|Q_1| + (a_2 - 1)\,|Q_2| + 1.$$

Es folgt, daß der Produktfragebogen $\mathbf{A}_{1\times 2}$ $|Q_1|$ Fragen mit der Basis a_1 und $N_1\,|Q_2|$ Fragen mit der Basis a_2 hat, während der Produktfragebogen $\mathbf{A}_{2\times 1}$ $N_2\,|Q_1|$ Fragen mit der Basis a_1 und $|Q_2|$ Fragen mit der Basis a_2 hat.[1]

Zum *Beispiel* sei für $\mathbf{A}_1$

$$a_1 = 4, \quad |Q_1| = 3, \quad N_1 = 10$$

und für $\mathbf{A}_2$

$$a_2 = 2, \quad |Q_2| = 2, \quad N_2 = 3.$$

Man erhält daraus $N_1\,N_2 = 30$. $\mathbf{A}_{1\times 2}$ hat 3 Fragen mit der Basis 4 und 20 Fragen mit der Basis 2, während in $\mathbf{A}_{2\times 1}$ 9 Fragen mit der Basis 4 und 2 Fragen mit der Basis 2 vorkommen.

[1] $\mathbf{A}_{1\times 2}$ und $\mathbf{A}_{2\times 1}$ sind also nicht *s*-äquivalent. – Anm. d. Red.

Außerdem haben in $A_{2\times 1}$ die Fragen mit der kleineren Basis a_2 im allgemeinen eine geringere Länge – zumindest einmal – als die Fragen mit der Basis a_1. $A_{2\times 1}$ kann deshalb nicht optimal sein.[1] Im Gegensatz dazu haben in $A_{1\times 2}$ die Fragen mit der größeren Basis a_1 im allgemeinen eine geringere Länge als die Fragen mit der Basis a_2. $A_{1\times 2}$ kann deshalb optimal sein.

Wenn A_1 und A_2 optimale Fragebogen mit Gleichverteilung sind und $N_1 = a_1^{k_1}$ ist, dann hat $A_{1\times 2}$ eine minimale mittlere Weglänge $L_{1\times 2}$ in der s-Äquivalenzklasse. Dagegen kann die mittlere Weglänge $L_{2\times 1} = L_{1\times 2}$ für den Fragebogen $A_{2\times 1}$ durch Anwendung der Regel R 4 reduziert werden.

Auf diese Weise können gewisse Permutationen von Unterbüscheln in den Produkten $A_{1\times 2}$ und $A_{2\times 1}$ von zwei homogenen Fragebogen A_1 und A_2 mit unterschiedlicher Basis auf eine Differenz der mittleren Weglängen der durch diese Permutationen entstandenen Fragebogen $A^*_{1\times 2}$ und $A^*_{2\times 1}$ führen.

Die kleinste mittlere Weglänge eines Fragebogens mit $N_1 N_2$ *Ereignissen ist die mittlere Weglänge desjenigen Fragebogens, der die größte Anzahl von Knotenpunkten mit der Basis* a_1 *hat. Es ist für* $a_1 > a_2$ *der Fragebogen* $A^*_{2\times 1}$.

5.6. Semihomogene Fragebogen

Definition. Ein Büschelfragebogen heißt genau dann *semihomogen*, wenn die Fragen in jedem Rang dieselbe Basis haben.

Solche Fragebogen können eingeführt werden, wenn die Anzahl der Ereignisse die Form

$$N = \prod_{i=0}^{k} a_i$$

hat und die Anzahl der Fragen mit gegebener Basis nicht vorgeschrieben ist – oder wenn vorausgesetzt ist, daß nur Fragen gleicher Basis in derselben Untersuchungsphase gestellt werden.

[1] Diese Überlegungen sind nur in einer umfassenderen Äquivalenzklasse sinnvoll, z. B. in der Vereinigung der durch $A_{1\times 2}$ und $A_{2\times 1}$ definierten s-Äquivalenzklassen. – Anm. d. Red.

Eigenschaft. *Das Produkt von s semihomogenen Fragebogen* $A_1, A_2, \ldots, A_s$ *mit* $N_j = \prod_{i=0}^{k_j} a_i$ *Ereignissen ist ein semihomogener Fragebogen* $A_{1\times 2\times\cdots\times s}$ *mit* $N = \prod_{j=1}^{s} N_j$ *Ereignissen.*

Die mittlere Weglänge von $A_{1\times 2\times\cdots\times s}$ *ist unabhängig von der Reihenfolge, in der die Basen den Rängen zugeordnet sind, wenn in allen Büschelfragebogen* A_j *die Ereignisse aus dem Maximalrang sind.*

In der Tat haben dann die Ereignisse die Länge $R = \sum_{j=1}^{s} k_j$, und die mittlere Weglänge ist – unabhängig von der Reihenfolge der Basen – $L = R$.

SECHSTES KAPITEL

Anwendungen der Theorie der Fragebogen

Einige Anwendungen auf bekannte und auch auf neue Probleme erlauben, die Bedeutung der Theorie der Fragebogen herauszuarbeiten. Eine offensichtliche Schwierigkeit bei der Lösung von Unterhaltungsaufgaben aus der Logik beruht oft darauf, daß man die untere Grenze der mittleren Weglänge nicht kennt. Die Kenntnis dieser Grenze ist für die Entscheidung bezüglich Optimalität nützlich. Man kann sie berechnen, indem man Informationstheorie und Logik verbindet.

Vereinbarungen über die Darstellung. Die Knoten der Büschel, die wir im weiteren untersuchen, werden im allgemeinen mit den Testfragen *belegt*, die an der betreffenden Stelle gestellt werden sollen.[1]

Um die Lektüre zu erleichtern, werden die Knotenpunkte der Fragebogen meist in folgender Form dargestellt:[2]

Fragen durch einen Kreis, der die zu stellende Frage ohne Fragezeichen enthält, und *Ereignisse* durch einen Punkt, neben dem das identifizierte Ereignis angedeutet wird.

Die *Bogen*, die ohne Pfeil dargestellt werden, haben ihren Anfangspunkt links und ihren Endpunkt rechts. Bei $a = 2$ bedeuten steigende Bogen die Antwort ja oder 1. Die abwärts führenden Bogen bedeuten die Antwort nein oder 0. Weiterhin können die *Wahrscheinlichkeiten* der Knotenpunkte – unter Verwendung eines naheliegenden Faktors – durch einen Zahlenwert angegeben werden, der links neben dem Knotenpunkt über den einlaufenden Bogen geschrieben wird. Ebenso ist es möglich, Bewertungen anzubringen.

[1] Wie wir schon früher bemerkten, werden hier implizit „*interpretierte*“ Fragebogen eingeführt. Zum besseren Verständnis vergleiche man Paragraph 8.3. – Anm. d. Red.

[2] Im Anhang dagegen weicht die Darstellung der Fragebogen etwas davon ab. – Anm. d. Red.

6.1. Das Problem der „Städte der Lügner und der ehrlichen Leute"

Wir untersuchen das Problem Nr. 18 von A. M. JAGLOM und I. M. JAGLOM [9]: *Ein Beobachter* X *besucht eine von den drei Städten* A, B, C. *Jeder Einwohner von* A *sagt immer die Wahrheit. Jeder Einwohner von* B *sagt immer die Unwahrheit. Jeder Einwohner von* C *sagt abwechselnd die Wahrheit und die Unwahrheit. Ein Beobachter* X *will feststellen, in welcher Stadt er sich befindet und in welcher Stadt sein Gesprächspartner wohnt. Wie groß ist die Mindestanzahl der Fragen, die er stellen muß, wenn angenommen wird, daß sein Partner nur mit ja oder nein antwortet?*

Wir verändern die Aufgabenstellung von JAGLOM-JAGLOM in folgender Weise: *Welches ist im Mittel die geringste Anzahl von Fragen, die er stellen muß ...?* Abschließend werden wir dasselbe Problem behandeln, indem wir voraussetzen, daß die Einwohner der drei Städte immer die Wahrheit sagen.

JAGLOM-JAGLOM berücksichtigen, daß jedes Büschel, das der Beobachter aufstellen muß, um erfahren zu können, wo er sich befindet, drei Ausgänge A, B, C besitzt und daß jedes Büschel, um erfahren zu können, mit wem er spricht, ebenfalls drei Ausgänge hat, – α für einen Einwohner von A, β für einen Einwohner von B, γ_0 für einen Einwohner von C. Für alle möglichen Kombinationen von Städten und Einwohnern ergibt sich ein Fragebogen mit 9 Ereignissen. Die genannten Autoren teilen jedoch eine Lösung mit, die 12 Ereignisse aufweist. In der Tat kann der Einwohner von C wahre und falsche Antworten in einer Reihenfolge geben, daß wahre Antworten eine ungerade Nummer und falsche Antworten eine gerade Nummer erhalten – oder umgekehrt.

Wir bezeichnen folgendermaßen:

γ ist ein Einwohner von C, der mit einer richtigen Antwort beginnt. Es gilt die Reihenfolge WFWF ...

$\bar{\gamma}$ ist ein Einwohner von C, der mit einer falschen Antwort beginnt. Es gilt die Reihenfolge FWFW ...

Man erkennt, daß sich drei Fälle unterscheiden lassen:

Wenn der Gesprächspartner Einwohner von C ist, kann er erstens vom Typ γ oder vom Typ $\bar{\gamma}$ sein, zweitens kann er nur vom Typ γ sein, drittens nur vom Typ $\bar{\gamma}$. Man kann die beiden letzten Fälle dadurch ausdrücken, daß man sagt: Der Einwohner von C gibt einem Fremden, der das Datum kennt, an ungeraden Tagen des Monats zuerst eine wahre Anwort und an geraden Tagen des Monats zuerst eine unwahre Antwort.

Wir werden die Fragebogen nach folgender Fallunterscheidung studieren:

I. *Dichotome Fragebogen mit Gleichverteilung*

1. 12 Ereignisse (A, B, C) ($\alpha, \beta, \gamma, \bar{\gamma}$).
   Das ist die Lösung von JAGLOM-JAGLOM.
2. 9 Ereignisse (A, B, C) (α, β, γ).
3. 9 Ereignisse (A, B, C) ($\alpha, \beta, \bar{\gamma}$).
   2. und 3. lassen sich aus 1. herleiten, indem man überflüssig gewordene Fragen streicht.
4. Ein zu 2. äquivalentes optimales Büschel.
5. Ein zu 3. äquivalentes optimales Büschel.

II. *Dichotome Fragebogen mit nicht gleichwahrscheinlichen Ereignissen*

6. Ein Fall 1 entsprechendes Büschel unter Berücksichtigung verschiedener Wahrscheinlichkeiten.
7. Ein Fall 4 entsprechendes optimales Büschel unter Berücksichtigung verschiedener Wahrscheinlichkeiten.
8. Ein Fall 5 entsprechender optimaler Fragebogen unter Berücksichtigung verschiedener Wahrscheinlichkeiten.

III. Behandlung des Problems unter der *Voraussetzung*, daß die *Einwohner von* A, B, C *immer die Wahrheit sagen*

Das gibt Anlaß zu den Fällen:

9. Darstellung als Produkt von Fragebogen mit Gleichverteilung.
10. Ein zu 9. äquivalenter optimaler Fragebogen mit Gleichverteilung.

1. Die von JAGLOM-JAGLOM vorgeschlagene Lösung wird durch die beigefügte Tabelle beschrieben. Die Spalten des Schemas betreffen die Fragen. Die Werte 0 und 1 in der Tabelle bedeuten die Antworten auf die Fragen in Abhängigkeit von dem betreffenden Ereignis, das am Anfang der Zeile genannt ist. In der Spalte 4 sind $2^4 - 12 = 4$ Ereignisse durch Klammern gekennzeichnet, für deren Identifizierung nur drei Fragen notwendig sind.

Die Abbildung 6.1 zeigt den zugehörigen Fragebogen. Er hat den Typ A_0 und befriedigt die Forderungen des von JAGLOM-JAGLOM gestellten Problems.

Mit diesem Fragebogen braucht ein Beobachter nie mehr als 4 Fragen zu stellen. Die mittlere Anzahl der Fragen des Beobachters beträgt

$$L_1 = 3 + 2 \cdot \frac{4}{12} = 3{,}66.$$

Ereignisse	Fragen 1 Stadt A oder B?	2 Stadt C?	3 Einwohner γ_0?	4 Stadt A?	$[\varrho, \sigma]$
α A	1	0	0	1	4,9
α B	1	0	0	0	4,8
α C	0	1	0	(0)	3,2
β A	0	1	1	0	4,6
β B	0	1	1	1	4,7
β C	1	0	1	(1)	3,5
γ A	1	1	1	0	4,14
γ B	1	1	1	1	4,15
γ C	0	0	1	(1)	3,1
$\bar{\gamma}$ A	0	0	0	1	4,1
$\bar{\gamma}$ B	0	0	0	0	4,0
$\bar{\gamma}$ C	1	1	0	(0)	3,6

Falls der Beobachter für einen Aufenthalt in jeder Stadt die Chance 1 : 3 hat und – unabhängig davon – die Möglichkeit, mit einem Einwohner α, β, γ oder $\bar{\gamma}$ zu sprechen, 1 : 4 beträgt, haben alle Kombinationen von Städten

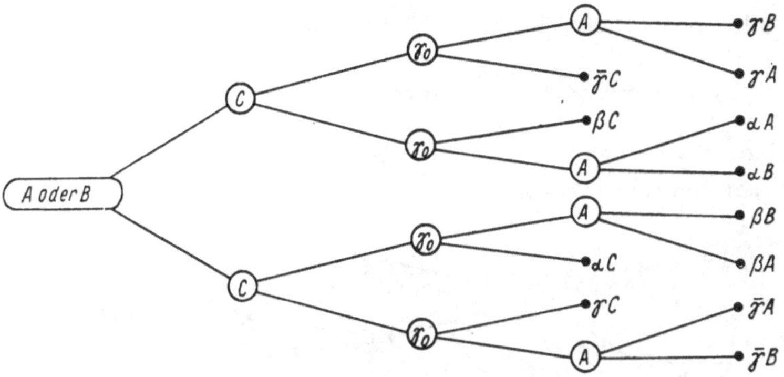

Abb. 6.1. Fragebogen vom Typ A_0 mit 12 gleichwahrscheinlichen Ereignissen

und Einwohnern (Ereignisse) die Wahrscheinlichkeit $\frac{1}{3} \cdot \frac{1}{4} = \frac{1}{12}$. Durch diesen dichotomen Fragebogen vom Typ A_0 mit 12 gleichwahrscheinlichen Ereignissen ist unsere Frage nach einer minimalen mittleren Anzahl der Fragen beantwortet.

2. Wenn die Einwohner von C zuerst die Wahrheit sagen – zum Beispiel an ungeraden Tagen des Monats – und wenn der Beobachter weiß, daß die Antworten des Einwohners von C in der Reihenfolge WFWF ... erfolgen, dann können drei Ereignisse aus der Tabelle nicht eintreten, und

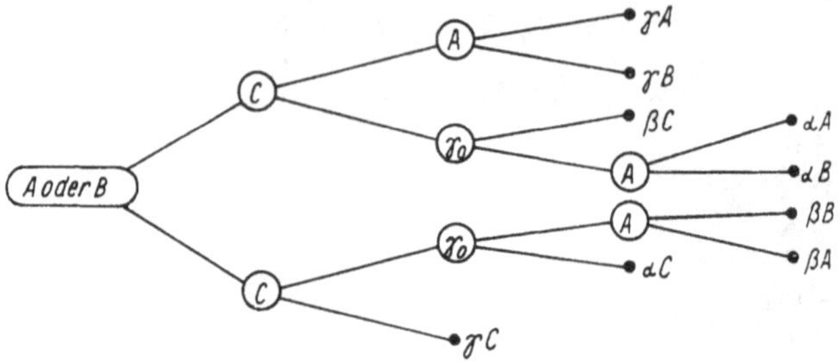

Abb. 6.2. Fragebogen mit 9 gleichwahrscheinlichen Ereignissen und Einwohnern vom Typ γ

zwar diejenigen, die $\bar{\gamma}$ enthalten. Der Fragebogen 1 reduziert sich in diesem Fall auf 9 gleichwahrscheinliche Ereignisse. Es werden dabei Fragen gestrichen oder früher gestellt, und die Länge einiger Ereignisse verringert sich.

Die mittlere Weglänge beträgt

$$L_2 = \frac{1 \cdot 2 + 4 \cdot 3 + 4 \cdot 4}{9} = 3{,}33.$$

3. Man erhält einen analogen Fragebogen, wenn nur der Typ $\bar{\gamma}$ als Einwohner von C zugelassen wird.

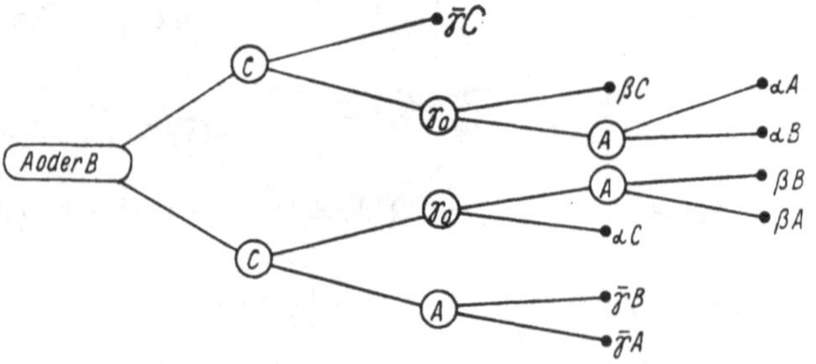

Abb. 6.3. Fragebogen mit 9 gleichwahrscheinlichen Ereignissen und Einwohnern vom Typ $\bar{\gamma}$

4. und 5. Da die Büschel 2 und 3 Ereignisse enthalten, deren Längendifferenz 2 ist, können sie minimisiert werden. Die Formulierung der Fragen ist dann nicht mehr allein vom Rang, sondern vom vorher durchlaufenen Weg abhängig.

Die optimalen Fragebogen 4 und 5 haben die mittlere Weglänge

$$L_4 = 3 + \frac{2 \cdot 1}{9} = 3{,}22.$$

Die Büschel 4 und 5 sind in den Abbildungen 6.4 und 6.5 dargestellt.

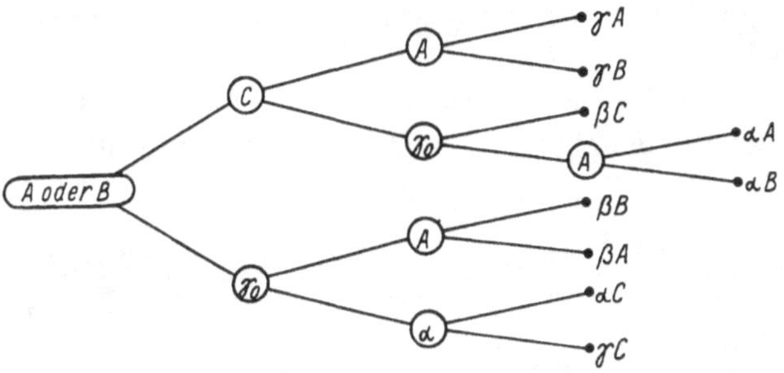

Abb. 6.4. Fragebogen vom Typ A_0 mit 9 gleichwahrscheinlichen Ereignissen und Einwohnern vom Typ γ

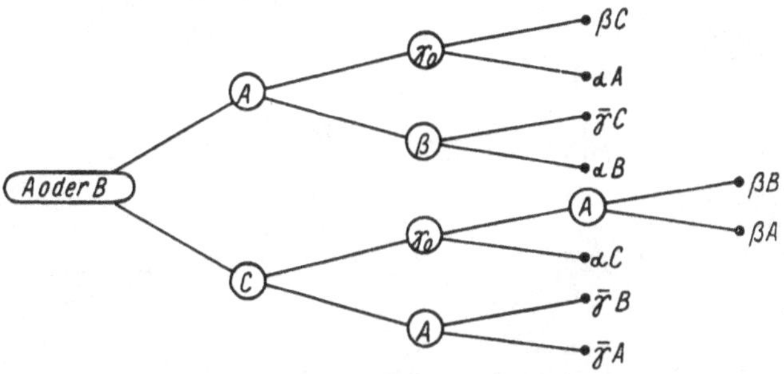

Abb. 6.5. Fragebogen vom Typ A_0 mit 9 gleichwahrscheinlichen Ereignissen und Einwohnern vom Typ $\bar{\gamma}$

6. Wir betrachten noch einmal den Fragebogen 1. Wir ordnen den Einwohnern von C vom Typ WFWF ... und denen vom Typ FWFW ... die gleiche Wahrscheinlichkeit zu. Wenn wir weiter voraussetzen, daß die Chancen, daß sich der Beobachter in A, B oder in C befindet und mit

α, β oder γ bzw. $\bar{\gamma}$ zusammentrifft, gleich sind, dann ergeben sich als Wahrscheinlichkeiten für die 12 Ereignisse

$$\left.\begin{aligned} p\{\alpha\,M\} &= p\{\beta\,M\} = \frac{1}{9} \\ p\{\gamma\,M\} &= p\{\bar{\gamma}\,M\} = \frac{1}{18} \end{aligned}\right\}, \quad \text{wobei} \quad M = A,\ B \text{ oder } C \text{ ist.}$$

Die Optimierung des Fragebogens 1 erfordert eine Veränderung der gestellten Fragen derart, daß die Länge der 6 Ereignisse mit kleinster Wahrscheinlichkeit mindestens gleich der der 6 anderen Ereignisse ist. Außerdem darf die Anwendung der Regeln R 2 und R 3 keine Reduktion der mittleren Weglänge ergeben.

Ein optimales Büschel für Fall 6 ist in der Abbildung 6.6 dargestellt. Es hat die mittlere Weglänge L = 3,55. Sie ist kleiner als im Fall 1.

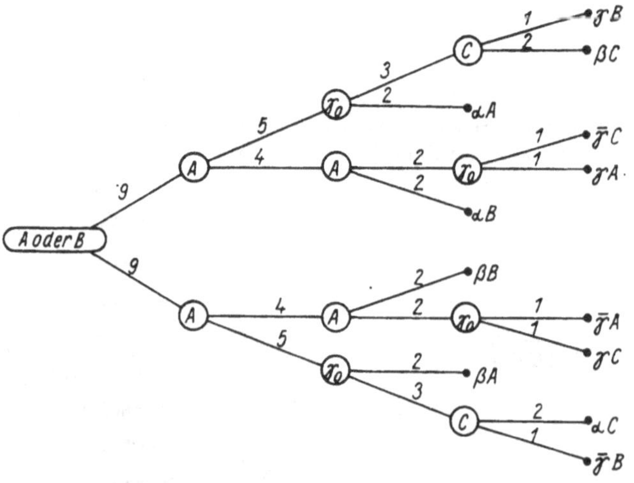

Abb. 6.6. Fragebogen mit 12 Ereignissen unterschiedlicher Wahrscheinlichkeit. Die Bogen $[z, z']$ tragen einen zu $p(z)$ proportionalen Fluß

7. und 8. Wenn man voraussetzt, daß die eine Hälfte der Bevölkerung von C vom Typ γ und die andere Hälfte vom Typ $\bar{\gamma}$ ist und der Beobachter sich nur an Einwohner vom Typ γ wendet und die Einwohner vom Typ $\bar{\gamma}$ unbeachtet läßt, dann kann man folgende Wahrscheinlichkeiten

annehmen:

$$p(\gamma\,\mathrm{M}) = \frac{1}{2}\,p(\alpha\,\mathrm{M}) = \frac{1}{2}\,p(\beta\,\mathrm{M}) \quad \text{sowie} \quad p(\bar{\gamma}\,\mathrm{M}) = 0 \text{ für } \mathrm{M} = \mathrm{A, B, C}.$$

Dann ist

$$p(\alpha\,\mathrm{M}) = p(\beta\,\mathrm{M}) = \frac{2}{15}$$

und

$$p(\gamma\,\mathrm{M}) = \frac{1}{15}.$$

Diese Werte werden in der Abbildung 6.7 verwendet.

Die Fragebogen 4 und 5 sind bei diesen Wahrscheinlichkeiten nicht mehr optimal, denn die Knotenpunkte aus Rang Z_4 haben größere Wahrscheinlichkeiten als gewisse Knotenpunkte aus Rang Z_3.

Eine Optimierung nach den Regeln R 1, R 2, R 3 führt auf zwei neue äquivalente Fragebogen, in denen die vier Arten von Fragen nach JAGLOM-JAGLOM durch neue Fragen – in Abbildung 6.7 und 6.8 – ersetzt sind. Die mittlere Weglänge wird dadurch auf 3,133 reduziert.

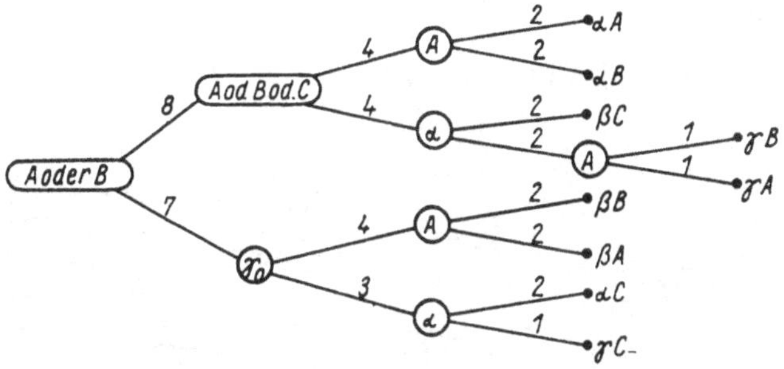

Abb. 6.7. Fragebogen vom Typ A_0 mit 9 Ereignissen und Einwohnern vom Typ γ

9. Abschließend wollen wir den Aufenthaltsort des Beobachters und die Heimatstadt des Gesprächspartners unter der Voraussetzung bestimmen, daß der Gesprächspartner als Einwohner von A, B oder C immer wahrheitsgemäß antwortet. Demzufolge können wir die Einwohner von C durch γ bezeichnen.

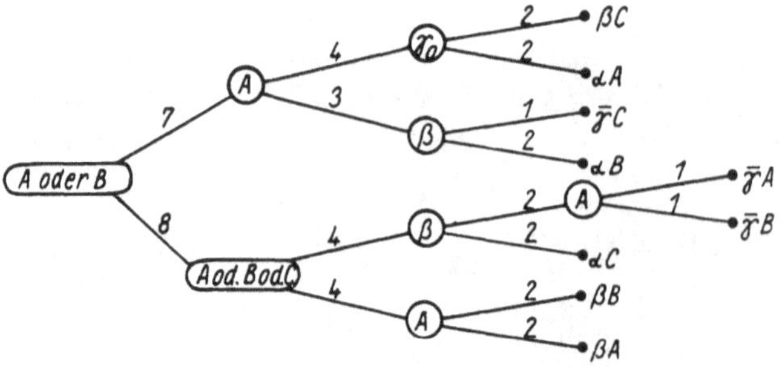

Abb. 6.8. Fragebogen vom Typ A_0 mit 9 Ereignissen und Einwohnern vom Typ $\bar{\gamma}$

Die Möglichkeiten des Aufenthaltsortes des Beobachters A, B oder C und die Möglichkeiten der Heimatstadt des Gesprächspartners α, β oder γ_0 sind voneinander unabhängig. Der Fragebogen kann daher als ein Produkt von zwei Büscheln zu je drei Ereignissen gedeutet werden. Die Fragen „Bin ich in der Stadt A oder B?“, dann eventuell „Bin ich in der Stadt A?“, anschließend „Sind Sie aus der Stadt C?“, dann eventuell „Sind Sie aus der Stadt A?“ lösen das Problem, daß nicht mehr als 4 Fragen gestellt werden dürfen.

Die mittlere Weglänge eines Produkts von Fragebogen wie in Abbildung 6.9 ergibt

$$L_9 = L_{1\times 2} = \left(1 + 2\cdot\frac{1}{3}\right) + \left(1 + 2\cdot\frac{1}{3}\right) = 3{,}33.$$

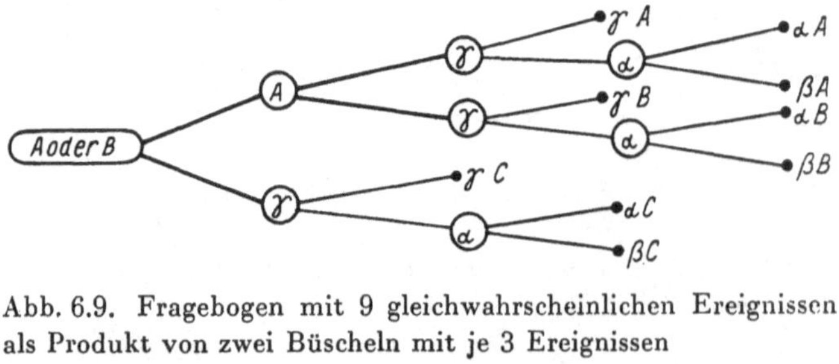

Abb. 6.9. Fragebogen mit 9 gleichwahrscheinlichen Ereignissen als Produkt von zwei Büscheln mit je 3 Ereignissen

Sie ist größer als diejenige eines Fragebogens mit Gleichverteilung vom Typ A_0 mit 9 Ereignissen:

$$L_4 = L_{1\,2} = 3 + 2\cdot\frac{1}{9} = 3{,}22.$$

10. Wir haben im Rahmen der Theorie erfahren, wie man 9 gleichwahrscheinliche Ereignisse am besten voneinander trennt. Man muß zu diesem Zweck bei der ersten Frage zwei Bogen benutzen, die auf 4 bzw. 5 Ereignisse führen. Andernfalls würde das Theorem über optimale Fragebogen (vgl. S. 56) dem konstruierten Fragebogen widersprechen.

Um eine nach dem zitierten Theorem notwendige Klasseneinteilung zu treffen,

α A β A	γ A
α B β B	γ B
α C β C	γ C

kann man zuerst die Frage stellen „Sind Sie aus der Stadt C?“ oder „Bin ich in der Stadt C?“.

Die Konstruktion eines Fragebogens für Fall 10 vom Typ A_0 ist dann unmittelbar – nach Abbildung 6.10 – einsichtig.

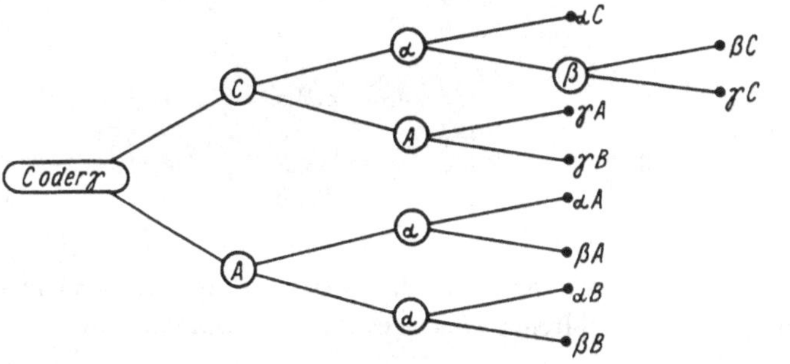

Abb. 6.10. Fragebogen vom Typ A_0 mit 9 gleichwahrscheinlichen Ereignissen - ohne Lügner

Informationstheoretische Deutung der Fragebogen des Städteproblems.

Der Fragebogen 1 hat 12 gleichwahrscheinliche Ereignisse und als zugehörige Entropie

$$H_1 = \log_2 12.$$

Die Fragebogen 2, 3, 4, 5, 9 und 10 haben gleichwahrscheinliche Ereignisse mit

$$H_2 = \log_2 9.$$

Der Fragebogen 6 hat die Entropie

$$H_6 = 6 \cdot \frac{1}{9} \log_2 9 + 6 \cdot \frac{1}{18} \log_2 18.$$

Die Fragebogen 7 und 8 haben die Entropie

$$H_7 = 6 \cdot \frac{2}{15} \log_2 \frac{15}{2} + 3 \cdot \frac{1}{15} \log_2 15.$$

Die Zusammenstellung der Ergebnisse führt zu folgener Tabelle:

Fragebogen Nummer	Ereignisse Anzahl N	Entropie H	mittlere Weglänge L	Rauschen $L - L_{opt}$	Abschwächung $L - H$
1	12	3,585	3,666	—	0,081
2	9	3,170	3,333	0,111	0,163
3	9	3,170	3,333	0,111	0,163
4	9	3,170	3,222	—	0,052
5	9	3,170	3,222	—	0,052
6	12	3,503	3,555	—	0,052
7	9	3,107	3,133	—	0,026
8	9	3,107	3,133	—	0,026
9	9	3,170	3,333	0,111	0,163
10	9	3,170	3,222	—	0,052

Die mittleren Weglängen und die Entropien für die Fragebogen 6 und 10 zeigen, daß ihre Differenz *eine zusätzliche Information* mißt.

$$L_6 - L_{10} = H_6 - H_{10} = 0{,}333.$$

Diese ist erforderlich, um zu erfahren, wann die Antworten der Einwohner von B und C falsch sind. Man kann sagen, daß die Lüge durch das Informationssupplement 0,333 bewertet wird.

Man kann weiterhin die Entropie und die mittlere Weglänge für die Fragebogen 1 und 6, 4 und 7 sowie 5 und 8 miteinander vergleichen.[1] Man kann sich auf diese Weise die Differenz vor Augen führen, und zwar für den Fall, daß die Wahrscheinlichkeiten der Ereignisse die oben an-

[1] Die miteinander verglichenen Fragebogen sind nicht äquivalent. – Anm. d. Red.

gegebenen Werte haben.

$$H_1 - H_6 = 0{,}082, \quad H_4 - H_7 = H_5 - H_8 = 0{,}063,$$

$$L_1 - L_6 = 0{,}111, \quad L_4 - L_7 = L_5 - L_8 = 0{,}089.$$

Wir stellen abschließend fest, daß die Differenz zwischen Abschwächung und Rauschen $L_{opt} - H$ stets kleiner als der Maximalwert $B_{max} = 0{,}086$ bleibt, der der Tabelle des Paragraphen 3.4.2 zu entnehmen ist; während das Rauschen größer als B_{max} ist.

6.2. Ein Schnittproblem

Dieses „amüsante und köstliche" Problem ist von C. Berge [19] gestellt worden. Ein rechtwinkliges Parallelepiped (Quader) mit den Kantenlängen p, q, r bestehe aus pqr kleinen Würfeln mit einer Kantenlänge von 1 cm.

Man zerschneidet den Quader an beliebiger Stelle „vertikal". Dann ordnet man die Stücke, wie man es wünscht – nebeneinander, übereinander – und führt wieder einen „vertikalen" Schnitt usw. Es soll die Anzahl C *der Schnitte, die notwendig sind, um die* pqr *Einheitswürfel voneinander zu trennen, minimiert werden.*

Es wird vorausgesetzt, daß man mit einem einzigen „vertikalen" Schnitt mehrere Stücke auf einmal zerteilen kann, wenn sie geeignet angeordnet sind.

Es sei $p = 2^{k_1} + \alpha_1$ die erste Dimension des Quaders. Die „vertikalen" Schnitte sollen dann senkrecht zur X-Richtung liegen.

Die geforderte Zerlegung in $2^{k_1} + \alpha_1$ Quader gleicher Dicke läuft darauf hinaus, ein optimales dichotomes Büschel mit Gleichverteilung zu realisieren. *Die Anzahl der Schnitte wird dann der Wert* R *eines optimalen Büschels vom Typ* A_0.

Daher ist

$$C_1 = k_1, \quad \text{wenn} \quad \alpha_1 = 0$$

oder

$$C_1 = k_1 + 1, \quad \text{wenn} \quad 0 < \alpha_1 \leqq 2^{k_1}.$$

Wir fassen das Ergebnis in der Formel

$$C_1 = k_1 + \operatorname{sign}(\alpha_1)$$

zusammen.

Man kann in gleicher Weise mit Y und Z operieren und erhält unter denselben Bedingungen

$$C_2 = k_2 + \operatorname{sign}(\alpha_2) \quad \text{und} \quad C_3 = k_3 + \operatorname{sign}(\alpha_3).$$

Das Schneiden senkrecht zur X-Richtung, dann senkrecht zur Y- und zur Z-Richtung läuft nun aber darauf hinaus, ein Produkt von drei Büscheln $\mathbf{A}_1$, $\mathbf{A}_2$, $\mathbf{A}_3$ aufzustellen.

Wenn die Schnitte im Zusammenhang bewerkstelligt werden können, das heißt, wenn nach $k_1' < k_1$ Schnitten senkrecht zur X-Richtung, $k_2' < k_2$ Schnitte senkrecht zur Y-Richtung geführt werden und ebenso zur Z-Richtung (usw.), dann verringert sich die endgültige Anzahl der Schnitte. Entsprechend verringert sich auch die mittlere Weglänge. Sie wird durch $L_{1,2,3}$ begrenzt, und es gilt

$$k_1 + k_2 + k_3 = L_{1,2,3} \leqq L_1 + L_2 + L_3.$$

Man sieht am eindimensionalen Fall, zum Beispiel für die X-Richtung, daß die Anzahl der Schnitte nicht der Minimalwert von L_1 ist, nämlich nicht

$$k_1 + 2 \cdot \frac{\alpha_1}{p}, \quad \text{sondern} \quad k_1 + 1, \quad \text{wenn} \quad \alpha_1 > 0$$

ist.

In einer gegebenen Arbeitsstufe kann man die Schnitte nur parallel zu einer Ebene legen. Andererseits war es im Falle 10 des vorhergehenden Problems möglich, einen Fragebogen mit der Weglänge L_{12} durch das beliebige Stellen von Fragen aus zwei Komplexen zu konstruieren. Das würde hier bedeuten, daß man zwischendurch Schnitte parallel zu einer anderen Ebene legen darf.

Die *Gesamtzahl der Schnitte* ist aber *gleich der größten Länge eines Produktbüschels* der drei optimalen Büschel, die zu p, q und r gehören.

Also ist die Minimalanzahl von Schnitten

$$C = k_1 + k_2 + k_3 + \operatorname{sign}(\alpha_1) + \operatorname{sign}(\alpha_2) + \operatorname{sign}(\alpha_3).$$

Als *Anwendungen* werden die Probleme 12 und 12a der zitierten Zeitschrift [19] herangezogen.

A. Bei Problem 12 wird vorausgesetzt, daß ein Schnitt nur ein Stück in genau zwei Teile zerlegen darf. Dann ist die Anzahl der Schnitte gleich der Anzahl der Fragen eines dichotomen Fragebogens. Es ergibt sich für $N = pqr$ Ereignisse $|Q| = pqr - 1$.

B. Problem 12a läßt zu, daß ein Schnitt mehrere verschiedene Stücke auf einmal zerteilt. Zum Beispiel

a) eine Tafel Schokolade

$$p = 2^2 + 1: \quad k_1 = 2, \quad \operatorname{sign}(\alpha_1) = 1;$$
$$q = 2^3: \quad k_2 = 3, \quad \operatorname{sign}(\alpha_2) = 0;$$
$$r = 2^0: \quad k_3 = 0, \quad \operatorname{sign}(\alpha_3) = 0;$$
$$C = k_1 + k_2 + \operatorname{sign}(\alpha_1) = 6;$$

b) verschiedene Würfel

$$p = q = r = 2: \qquad C = 3;$$
$$p = q = r = 3 = 2^1 + 1: \qquad C = 6;$$
$$p = 4 = 2^2: \qquad C = 6;$$
$$p = 5 = 2^2 + 1 \quad \text{und} \quad 5 < p \leqq 8: \quad C = 9;$$
$$9 \leqq p \leqq 16: \qquad C = 12;$$

c) ein Quader

$$p = 3, \quad q = 4, \quad r = 5: \qquad C = 7.$$

6.3. Ein Suchproblem

In einem räumlichen rechtwinkligen Koordinatensystem sei der Ort eines beweglichen Körpers durch seine Koordinaten X, Y, Z *gekennzeichnet. Die sechs Ebenen, die einen zentrisch zum Koordinatenursprung gelegenen Würfel 2-mal-2-mal-2 so abgrenzen, daß seine Kanten parallel zu den Achsen liegen, teilen den Raum in 27 Bereiche. Es soll der Bereich des Raumes ermittelt werden, in dem sich der bewegliche Körper befindet. Zu diesem Zweck soll im Mittel eine minimale Anzahl von Fragen gestellt werden, auf die jeweils genau zwei Antworten möglich sind.*

Die sechs Ebenen, die die Flächen des Würfels enthalten, geben die Möglichkeit, die 27 Bereiche nach folgendem Schema zu bezeichnen: Dabei werden für jede Koordinate drei Intervalle unterschieden, die durch die beiden Punkte -1 und $+1$ voneinander getrennt sind.

↑Y	$Z<-1$			$-1<Z<+1$			$Z>1$			
	6	7	8	15	16	17	24	25	26	
$+1$ →										
	3	4	5	12	13	14	21	22	23	
-1 →										
	0	1	2	9	10	11	18	19	20	
	↑	↑		↑	↑		↑	↑		
	-1	$+1$		-1	$+1$		-1	$+1$		X →

Wir nehmen an:

a) *Die Wahrscheinlichkeit dafür, daß der Körper sich in einem der 27 Bereiche befindet, sei gleichermaßen* $\frac{1}{27}$.

Im Falle der Trichotomie ist leicht einzusehen, daß drei voneinander unabhängige Fragen in bezug auf X, Y, Z es erlauben würden, das vorliegende Ereignis (den Aufenthaltsort des Objekts) auf alle Fälle festzustellen. Es handelt sich dabei um ein Produkt aus drei trichotomen Fragebogen mit jeweils einer Frage und Gleichverteilung auf den Ereignissen.

Unter der weitergehenden Forderung, daß die Fragen dichotom seien, werden wir für $N = 27 = 2^4 + 11$ eine mittlere minimale Anzahl von Vergleichen $L_0 = 4 + 2 \cdot \frac{11}{27}$ erhalten, wenn kein Ereignis eine Länge größer als 5 hat. Das Produkt $A_{1\times 2\times 3}$ aus drei Fragebogen mit $N_1 = N_2 = N_3 = 3$ Ereignissen ist damit im Gegensatz zum trichotomen Fall nicht optimal. Es würde sich eine mittlere Weglänge von $3\left(1 + \frac{2}{3}\right) = 5$ ergeben.

Um die notwendigen Fragen zu finden, kann man damit beginnen, einen Fragebogen mit 9 Ereignissen – für die Bereiche mit $Z < -1$ – zu optimieren. Dazu muß man die Ereignisse in zwei Klassen zu 4 bzw. 5 Elementen aufteilen. In Analogie zum Büschel 10 bei der Lösung des Städteproblems in Paragraph 6.1 wird man z. B. die Bereiche 1, 2, 3 und 6 in dieselbe Klasse einordnen. Die Bereiche genügen der Bedingung

$$(X + 1)(Y + 1) < 0,$$

wie aus ihren Plätzen im Gesamtschema ersichtlich ist.

6	·	·
3	·	·
·	1	2

Die Fragen aus Rang Z_1 und Z_2 und die Frage aus Rang Z_3 sind dann unmittelbar einsichtig.

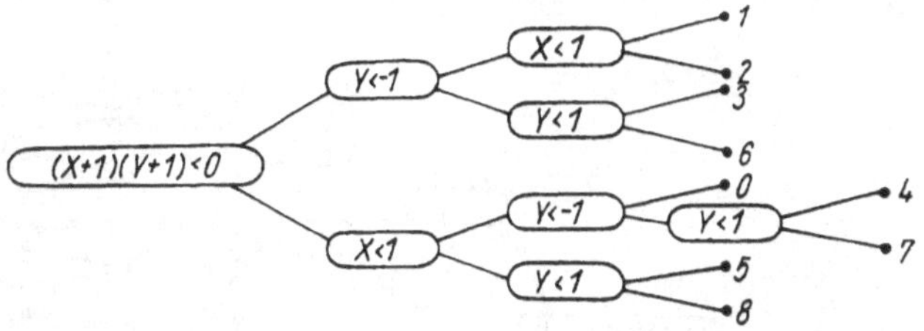

Abb. 6.11. Optimaler Fragebogen für das Suchproblem im Falle $Z < -1$

Man kann nun das dreidimensionale Problem untersuchen, indem man berücksichtigt, daß die erste Frage die Ereignisse in zwei Klassen zerlegen muß. Diese können enthalten

11 und 16 Elemente

oder

12 und 15 Elemente

oder

13 und 14 Elemente.

Andernfalls ist der Fragebogen nicht vom Typ A_0.

Die erste Frage analog der im zweidimensionalen Fall lautet:

$$(X+1)(Y+1)(Z+1) > 0?$$

Sie erlaubt, die Ereignisse in zwei Klassen zu zerlegen, die 13 bzw. 14 Elemente enthalten. Im nachstehenden Schema sind die entsprechenden Bereiche für den positiven Wert des Produkts angegeben.

$Z < -1$			$-1 < Z < 1$			$Z > 1$		
6				16	17		25	26
3				13	14		22	23
	1	2	9			18		

In der Klasse von 14 Elementen ist die Bedingung

$$(X+1)(Y+1)(X-1)>0$$

für die sieben Ereignisse 1, 3, 6, 14, 17, 23, 26 erfüllt, während die Bedingung $Z<-1$ für die fünf Ereignisse 0, 4, 5, 7, 8 in der Klasse der 13 Elemente erfüllt ist.

Auf diese Weise erhält man einen Fragebogen vom Typ A_0, der Lösung des Suchproblems ist. Er ist in Abbildung 6.12 dargestellt. Unter der

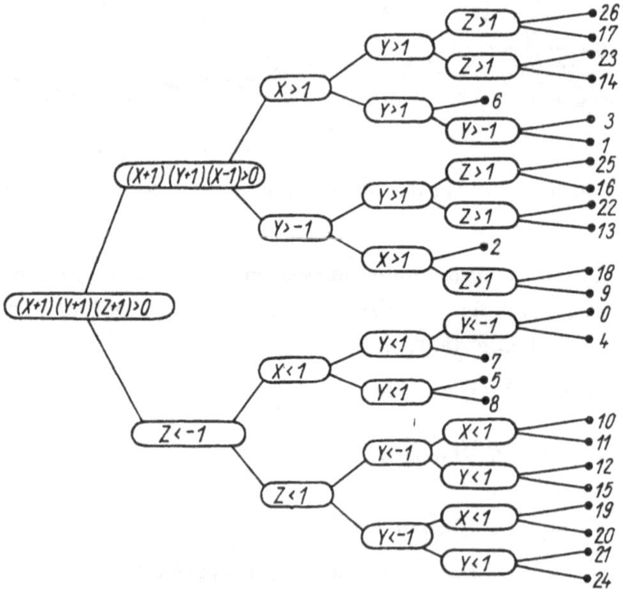

Abb. 6.12. Optimaler Fragebogen mit gleichwahrscheinlichen Ereignissen als Lösung des Suchproblems

Voraussetzung, daß die Bereiche, in denen der gekennzeichnete Körper sich aufhalten kann, gleichwahrscheinlich sind, ist er optimal, und es gilt

$$L_0 = 4 + \frac{22}{27} = 4{,}815.$$

b) Nunmehr wird vorausgesetzt, daß *für jede unabhängige Variable* X, Y, Z *die Wahrscheinlichkeiten derart definiert sind, daß für jede Achse die Wahrscheinlichkeit der beiden äußeren Bereiche je ein Viertel beträgt.*

Für X allein sind die Wahrscheinlichkeiten dann

$$p_x^0 =_{\mathrm{Df}} p\{X < -1\} = \frac{1}{4},$$

$$p_x^1 =_{\mathrm{Df}} p\{-1 < X < 1\} = \frac{1}{2},$$

$$p_x^2 =_{\mathrm{Df}} p\{X > +1\} = \frac{1}{4}.$$

Die Wahrscheinlichkeit dafür, daß der Körper sich in dem Bereich X_i, Y_j, Z_k mit $i, j, k = 0, 1, 2$ befindet, ist dann

$$p_{ijk} =_{\mathrm{Df}} p_x^i \, p_y^j \, p_z^k.$$

Wir stellen nunmehr die Tabelle der Wahrscheinlichkeiten in derselben Anordnung auf wie vorher die Tabelle der Bereiche:

6	7	8		15	16	17		24	25	26
3	4	5		12	13	14		21	22	23
0	1	2		9	10	11		18	19	20

$\frac{1}{64}$	$\frac{1}{32}$	$\frac{1}{64}$		$\frac{1}{32}$	$\frac{1}{16}$	$\frac{1}{32}$		$\frac{1}{64}$	$\frac{1}{32}$	$\frac{1}{64}$
$\frac{1}{32}$	$\frac{1}{16}$	$\frac{1}{32}$		$\frac{1}{16}$	$\frac{1}{8}$	$\frac{1}{16}$		$\frac{1}{32}$	$\frac{1}{16}$	$\frac{1}{32}$
$\frac{1}{64}$	$\frac{1}{32}$	$\frac{1}{64}$		$\frac{1}{32}$	$\frac{1}{16}$	$\frac{1}{32}$		$\frac{1}{64}$	$\frac{1}{32}$	$\frac{1}{64}$

Es ist folgender Zusammenhang zwischen der Anzahl der Ereignisse und den Wahrscheinlichkeiten festzustellen:

1 Ereignis mit der Wahrscheinlichkeit 2^{-3},
6 Ereignisse mit der Wahrscheinlichkeit 2^{-4},
12 Ereignisse mit der Wahrscheinlichkeit 2^{-5},
8 Ereignisse mit der Wahrscheinlichkeit 2^{-6}.

Ein optimaler Fragebogen soll in der Weise konstruiert werden, daß die Ereignisse mit der Wahrscheinlichkeit $2^{-\varrho}$ – wenn möglich – die Länge ϱ erhalten. Im besonderen soll der Bereich 13 im Innern des abgegrenzten Würfels die Länge 3 bekommen. Da das Innere des Würfels der einzige Bereich ist, der zugleich den Bedingungen $X^2 < 1$, $Y^2 < 1$, $Z^2 < 1$ genügt, kann die Frage aus Rang Z_0 zum Beispiel $X^2 > 1$?

lauten. Eine Frage aus Rang Z_1 wird sein $Y^2 > 1$?. Man stellt dann fest, daß die drei Ereignisse 4, 13 und 22 die einzigen sind, die zu einem Unterbüschel gehören können, das durch $X^2 < 1$ und $Y^2 < 1$ bestimmt ist. 4 und 22 werden von 13 durch die Frage $Z^2 > 1$? getrennt. Die Frage $Z > 0$? sichert den Ereignissen 4 und 22 mit der Wahrscheinlichkeit 2^{-4} die Länge 4.

Wie die Abbildung 6.13 zeigt, läßt sich ein Büschel leicht konstruieren, wenn man von diesen ersten Elementen ausgeht.

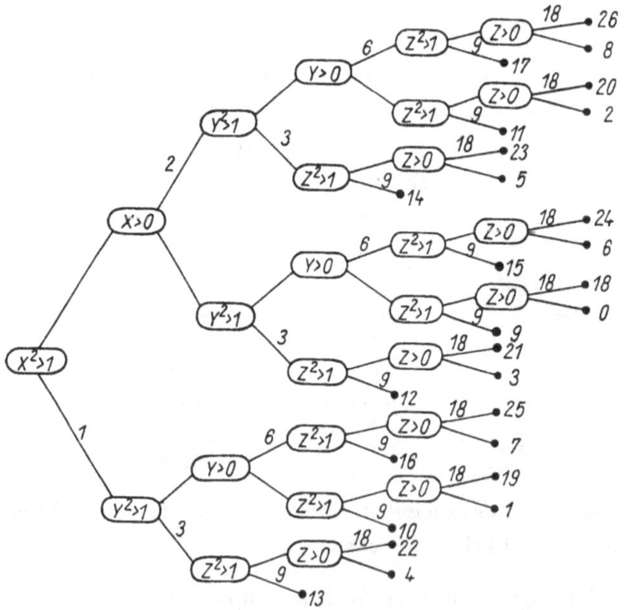

Abb. 6.13. Optimaler Fragebogen mit nicht gleichwahrscheinlichen Ereignissen zur Lösung des Suchproblems, wobei $p(\varrho, \sigma) = 2^{-\varrho}$, ohne Abschwächung

Dieser Fragebogen hat folgende Eigenschaft:

Sämtliche Knotenpunkte aus Rang Z_ϱ haben die Wahrscheinlichkeit $2^{-\varrho}$. Es handelt sich daher um einen optimalen Fragebogen ohne Abschwächung. Die mittlere Weglänge beträgt

$$1 \cdot 3 \cdot 2^{-3} + 6 \cdot 4 \cdot 2^{-4} + 12 \cdot 5 \cdot 2^{-5} + 8 \cdot 6 \cdot 2^{-6}.$$

Das ergibt

$$L_{opt} = 4{,}5.$$

Der Fragebogen 6.13 ist das Produkt von drei optimalen Fragebogen ohne Abschwächung A_X, A_Y, A_Z. Dabei hat jedes der drei Büschel drei Ereignisse mit den Wahrscheinlichkeiten $\frac{1}{2}, \frac{1}{4}, \frac{1}{4}$ und den zugehörigen Längen 1, 2, 2, wie der Graph in Abbildung 6.14 zeigt.

Bewertung. Man kann die Ausgänge jeder Frage bewerten. Wir beginnen mit dem elementaren Fragebogen A_X. In diesem gehören die Ereignisse

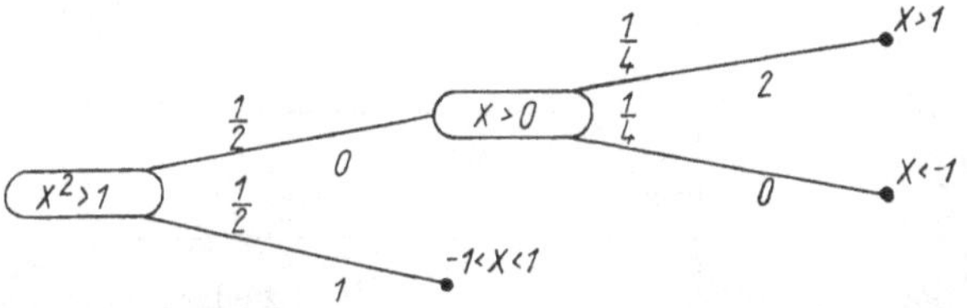

Abb. 6.14. Unterbüschel mit Wahrscheinlichkeiten und Bewertungen

zu Bereichen, deren Nummern sich um 1 unterscheiden. Den Ausgängen der ersten Frage kann man den Wert 0 zuordnen, wenn $X^2 > 1$ ist, und den Wert 1, wenn $X^2 < 1$ ist; den Ausgängen der zweiten Frage den Wert 0, wenn $X < 0$ ist, und den Wert 2, wenn $X > 0$ ist. Auf diese Weise ergeben sich die Nummern der Bereiche durch Addition der Bewertungen der Antworten auf die Fragen aus Rang Z_0 und Z_1. In Abbildung 6.14 stehen unter den Bogen die zugehörigen Bewertungen. Ebenso kann man für die Fragebogen A_Y und A_Z verfahren, und zwar jeweils unter Verwendung einer arithmetischen Zahlenfolge, die mit 3 fortschreitet, wenn X und Z konstant sind, oder mit 9, wenn X und Y konstant sind, wie aus der entsprechenden Tabelle ablesbar ist. Die Bezeichnungen der Ausgänge der Fragen sind dann eindeutig von deren Inhalt abhängig und nicht von dem zugehörigen Rang im Fragebogen.

Neben den Wahrscheinlichkeiten, die zu jedem Knotenpunkt des Fragebogens gehören, kann man auf diese Weise jedem Bogen des Fragebogens einen Koeffizienten zuordnen. Zwei Bogen, die derselben Antwort – ja oder nein – entsprechen und von einer Frage gleichen Inhalts ausgehen, erhalten, wie in Abbildung 6.13 zu sehen ist, denselben Koeffizienten.

Die N Wege, die von der Quelle ausgehen, werden durch eine Endzahl charakterisiert, die gleich der Summe der Zahlen an den durchlaufenen Bogen ist.

Wir können feststellen, daß die Zahlenangaben in der nachfolgenden Tabelle erlauben, die 27 Bereiche des Raumes in gleicher Weise wie im anfangs vorgeschriebenen Schema zu numerieren.

Frage	Ausgang	Bewertung	Länge
$X^2 > 1$	ja nein	0 1	0
$X > 0$	ja nein	2 0	1
$Y^2 > 1$	ja nein	0 3	1 oder 2
$Y > 0$	ja nein	6 0	2 oder 3
$Z^2 > 1$	ja nein	0 9	2, 3 oder 4
$Z > 0$	ja nein	18 0	3, 4 oder 5

Im besonderen kann diese Bewertung systematisch nach Maßgabe der Versuchsphase angewendet werden. Die Summe der Zahlen längs eines Weges liefert dann automatisch die Zahl des in Frage kommenden Ereignisses (Senke). Man kann dann wie JAGLOM-JAGLOM sagen, daß die Fragen „unmittelbar gerichtet" sind [9, S. 79] – oder daß die durch die fortlaufende Bezeichnung der Ausgänge erhaltene Information im Hinblick auf ihren späteren Gebrauch unmittelbar gespeichert worden ist [13].

Diese Bewertungsmethode ist nicht mit den Besonderheiten des behandelten Beispiels verknüpft. Sie kann jedoch nicht immer systematisch angewendet werden.

6.4. Verschiedene Probleme

Die Theorie der Fragebogen kann in verschiedenen Gebieten, die kurz genannt werden sollen, angewendet werden.

Die Bedeutung von Fragebogen im Hinblick auf *statistische Auswertung.* Die Arbeit bei der Aufstellung einer Statistik könnte für die befragten und fragenden Personen vereinfacht werden, wenn Permutationen von Unterbüscheln wie im Paragraphen 1.2.3 bei der Aufstellung der Fragebogen benutzt würden.

Im Paragraphen 3.5.3 ist angedeutet worden, daß die Wahrscheinlichkeiten der Knotenpunkte durch *Flüsse* ersetzt werden können. Diese Flüsse sind den Bogen, die in die zugehörigen Knotenpunkte einlaufen, zuzuordnen. Es läßt sich dann ein Graph bilden, der einen einzigen Eingang und einen einzigen Ausgang hat. Man fügt zu diesem Zweck an den Fragebogen zu den vorhandenen Knotenpunkten noch einen Knotenpunkt z_e mit dem vorderen Halbgrad N an. Jeder der dadurch geschaffenen N neuen Bogen soll als Anfangspunkt ein Ereignis y haben und als Fluß den in y eintretenden Fluß. Man gewinnt auf diese Weise ein *Transportnetz,* in welchem die Bogen gesättigt sind [2]. Die Theorie der Fragebogen kann zur Lösung solcher *Transportprobleme* beitragen, für die der Fahrplan, das heißt die Anordnung der Empfänger, beliebig ist.

SIEBENTES KAPITEL

Probleme der Informationsverarbeitung

7.1. Allgemeine Bemerkungen

Bekanntlich ist die *automatische Informationsverarbeitung* eine Disziplin, deren praktische Seite sich viel schneller als ihr theoretischer Aspekt entwickelt hat, insbesondere auf Grund ihrer sehr zahlreichen Anwendungen in Forschung und Produktion, wobei seit einigen Jahren immer mehr *nichtnumerische* Probleme behandelt werden.

Die Informationstheorie zeigte im Rahmen der Diskussion der Theorie der homogenen und heterogenen Fragebogen, wie das Problem der Auswahl eines Ereignisses – ein Problem der Informationsverarbeitung – es ermöglicht, Kriterien für die Minimierung der Anzahl der Operationen, die wir bisher Fragen nannten, zu formulieren.

Um die Informationsverarbeitung tiefer zu durchdringen, ist es erforderlich, die Grundelemente zu berücksichtigen, die dem Programmierer bei der Programmierung eines Problems zur Verfügung stehen. In der Tat ist die Minimierung der Anzahl dichotomer Fragen nur nützlich, wenn diese mit einem wirklichen Gewinn in bezug auf die Zeit für Speicherung und Bereitstellung oder die übliche Rechenzeit verbunden ist. Die Sicherheit der möglichen Beobachtung aller Ereignisse soll dabei als absolut gegeben vorausgesetzt werden.

Nun ist aber im Kapitel III gezeigt worden, daß jedes Auswahlproblem der Informationsverarbeitung einem Informationsübertragungsproblem entspricht; denn der Empfänger erhält selbst eine Information, die ihm ohne Verarbeitung nicht zugänglich ist. Die Arbeitsweise eines Automaten besteht also gleichzeitig in Informationsverarbeitung und -übertragung. Dabei vermehrt die erste tatsächlich die Informationen des Empfängers.

Ein Schlüsselproblem der Informationsverarbeitung ist die Herstellung von Algorithmen, die möglichst wenig Operationen und Tests aufweisen, also die Optimierung von Algorithmen. Es ist zweckmäßig, die zugehörigen Flußbilder unter Verwendung einer möglichst großen Anzahl von Kreisen aufzustellen. Man wird also in jedem Rang die größtmögliche

Anzahl von Fragen gleicher Formulierung verwenden.[1] Nun haben aber die Beispiele zum Problem der „Städte der Lügner und der ehrlichen Leute" gezeigt, daß die optimalen Fragebogen einen Unterschied in der Formulierung der Fragen erfordern können, und zwar im Zusammenhang mit dem Weg, der von der Quelle eines Büschels aus, das heißt hier vom Start des Programms an, verfolgt wird. Die Beschränkungen durch die Praxis widersprechen der Verwirklichung eines Programms, das als optimaler Fragebogen aufgestellt wurde, indem man nur solche Operationen, die auf eine Auswahl oder auf einen bedingten Sprung führen, zählt. Trotz dieser Beschränkungen kann die Theorie der Fragebogen häufig in Theorie und Praxis angewendet werden (vgl. Kapitel IX).

7.2. Suchoperationen in Tabellen

Nach einer klassischen Methode kann man am Ende einer ersten Stufe ein Codewort mit einem der Werte 0, 1, ..., N — 1 bekommen und zu Beginn einer dritten Stufe dieses nacheinander mit 0, ..., N — 1, den Indizes der Ereignisse, vergleichen, um auf das zu durchlaufende Unterprogramm überzugehen, sobald die Nummer des Ereignisses mit dem Codewort übereinstimmt. Die Theorie der Fragebogen zeigt, daß dieses Vorgehen nicht wie oben mit Null beginnen, sondern von der Mitte aus seinen Anfang nehmen sollte, um dann auf dem Wege der dichotomen Aufteilung (unter Benutzung der Relation „$\leq$") fortzuschreiten (binäres Suchen). Unter der Mitte ist eine Zahl zu verstehen, die zwischen den minimalen und den maximalen Werten N_1 und $N - N_1$ liegt, – wie es in der Formel (A), Paragraph 3.5.2, S. 83, angegeben ist. Auf diese Weise wird im Falle gleichwahrscheinlicher Ereignisse die Anzahl der Tests gleich L_0 sein, während die klassische Methode (sequentielles Suchen), die mit Null beginnt, L_{max} liefert. Dieser Wert kann aber wesentlich größer als L_0 sein, wie in P* 8, Paragraph 2.3.1, S. 57, ausgeführt wurde (vgl. Paragraph 9.4).

Beim *Durchmustern von Tabellen* zur Ermittlung von Funktionswerten $y(x)$ können wir diese Methoden anwenden. Ein entsprechender Fragebogen, der imstande ist, das Problem in minimaler Zeit zu lösen, wird

[1] Man wird dabei Wertzuweisungsoperatoren benutzen. – Anm. d. Red.

dichotom sein – unabhängig davon, ob er gleichwahrscheinliche Ereignisse hat oder nicht, weil die Fragen Vergleiche mit genau zwei Ausgängen, nämlich gleich oder ungleich bzw. größer-gleich oder kleiner, sind.

Dabei tritt auch folgendes klassisches Problem der Informationsverarbeitung auf: *Minimierung des Rechenaufwandes.* Es sollen also „redundante" Programme vermieden werden. Die Behandlung des Suchproblems für Bereiche mit unterschiedlichen Wahrscheinlichkeiten am Schluß von Paragraph 6.3 ist ein Beispiel dafür. Dort wurden die Ereignisse und die Antworten so codiert, daß man durch Addition der Codes der Antworten den Code des identifizierten Ereignisses erhält.

Unabhängig von der Theorie der Fragebogen wurden bereits an anderer Stelle [13] ähnliche Bemerkungen zu dem genannten Problem gemacht. Sie führten dazu, zwei fundamentale Prinzipien der Informationsverarbeitung auszusprechen:

Das Prinzip der logischen Steuerung der Informationsverarbeitung.

Das Prinzip der Informationsspeicherung.

Ein Zwischenresultat soll mit um so höherer Wahrscheinlichkeit abgespeichert werden, je

a) häufiger es benötigt wird,

b) höher der Rechenaufwand zu seiner Gewinnung ist.

7.3. Die beiden größten Zahlen

Wir werden zunächst das Problem der Ermittlung eines Maximums behandeln und dabei zeigen, in welcher Beziehung die dabei verwendeten Prinzipien zur Theorie der Fragebogen stehen.

Die Ermittlung des Maximums von N *Zahlen* entspricht dem Verfahren, einen Fragebogen für N Ereignisse aufzustellen. Die genannte Aufgabe führt a priori dazu, $N - 1$ dichotome Fragen zu stellen. Wenn diese Fragen beliebig gestellt werden dürfen, kann man eine Folge von Fragen bilden, die sich gegenseitig ausschließen. Zum Beispiel Fragen von der Art: „Gehört das Maximum zu den ersten N_1 Zahlen?", wobei N_1 einen in Formel (A), Paragraph 3.5.2 definierten Wert annimmt. Wie auch der Ausgang der Frage beschaffen ist – ob die Antwort ja oder nein lautet –, immer wird es möglich sein, einen Fragebogen von k oder $k + 1$ Fragen aufzustellen, um das Maximum unter $N = 2^k + \alpha$ Zahlen zu bestimmen.

Eine Frage der obigen Art entspricht aber keiner elementaren Operation eines Automaten. Deshalb müssen wir die Menge der Testattribute *auf einen einzigen Vergleich beschränken*[1]: *„Ist* A *größer als* B?" Dieser ermöglicht zwei Ausgänge. Unter diesen Bedingungen hat J. VILLE [21] gezeigt, daß es in jedem Fall notwendig ist, N — 1 Fragen zu stellen, weil man das Maximum noch nicht kennt, wenn man die in Frage kommende Zahl nur mit N — 2 anderen Zahlen verglichen hat.

Ein Fragebogen zur Ermittlung des Maximums von 5 Zahlen ist in der Abbildung 7.1 als Graph dargestellt worden, in dem die Fragen zwei direkte Vorgänger haben können.

Die Auswertung dieses Graphen erlaubt die unmittelbare Festlegung eines Programms zur Ermittlung des Maximums von N Zahlen. Aber

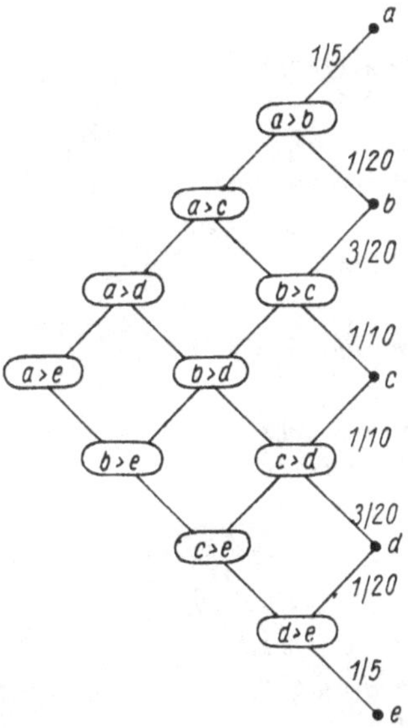

Abb. 7.1. Fragebogen zur Ermittlung des Maximums von 5 Zahlen

dieser Graph liefert nicht die Möglichkeit, jede Information unmittelbar zu verwerten, die durch die N — 1 Fragen längs eines Weges erhalten wurde.

Im Falle von 5 Zahlen erlauben die beiden inneren Wege, die abwechselnd einen Bogen ja und einen Bogen nein aufweisen, die 5 Zahlen zu ordnen.

[1] Es dürfen also nur „einfache" Tests verwendet werden (vgl. S. 181 und S. 227 f.). Anm. d. Red.

Dagegen ermöglichen die beiden äußeren Wege, die 4 Ausgänge ja und 4 Ausgänge nein annehmen, keine Auskunft über die Reihenfolge der verbleibenden 4 Zahlen.

Das Prinzip der logischen Steuerung der Informationsverarbeitung ebenso wie die Theorie der Fragebogen führen dazu, den Graph als ein Büschel darzustellen. Da 5 Zahlen gegeben sind, erhält man $5! = 120$ Permutationen der 5 Zahlen, die den 120 Ereignissen beim Sortieren der Zahlen entsprechen. Jeder innere Weg, der dazu führt, die Zahlen in 4 Vergleichen zu ordnen, hat für unsere Ziele eine Wahrscheinlichkeit von $\frac{1}{120}$, während jeder äußere Weg eine Wahrscheinlichkeit von $\frac{1}{5}$ hat.

Der Fragebogen in der Abbildung 7.2 läßt die 16 Wege von der Quelle zu einem Ereignis erkennen, die im Graphen durchlaufen werden, und zeigt

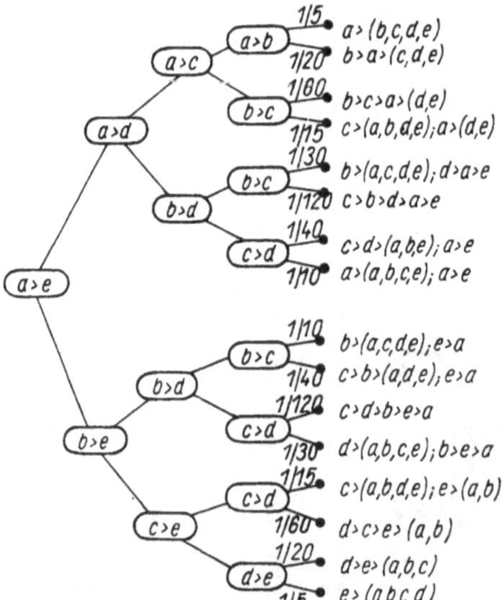

Abb. 7.2. Büschelfragebogen zur Ermittlung des Maximums von 5 Zahlen

die erhaltenen Ordnungsbeziehungen am Ende der 4 Vergleiche an, zusätzlich die Wahrscheinlichkeiten der 16 Ereignisse.

Mit diesem Büschelfragebogen kann man das Maximum von 5 Zahlen durch 4 Fragen erhalten. Um die größte der verbleibenden 4 Zahlen zu ermitteln, benötigt man im Fragebogen 7.1 drei Vergleiche. Wir wollen feststellen, welche Anzahl von Vergleichen für die Ermittlung der zweitgrößten Zahl notwendig ist, wenn die mit Hilfe des Büschelfragebogens 7.2 erhaltene Ordnung berücksichtigt wird.

Wir bezeichnen zu diesem Zweck die Wege, die die Quelle mit den Ereignissen verbinden, durch ein Codewort aus 4 binären Ziffern. Gemäß den Antworten ja oder nein verwenden wir für die Ränge in der Reihenfolge 0 bis 3 die zugehörigen Ziffern 1 bzw. 0. Man kann sich auf diese Weise eine Übersicht über die 120 verschiedenen Möglichkeiten verschaffen:

In 48 Fällen bei Benutzung eines der Wege 0000 und 1111 sind 3 zusätzliche Vergleiche notwendig.

In 24 Fällen bei Benutzung eines der Wege 0001, 0010, 0101, 0110 und 1110, 1101, 1010, 1001 sind keine zusätzlichen Vergleiche notwendig..

In 24 Fällen bei Benutzung eines der Wege 0011, 0100 und 1100, 1011 ist ein zusätzlicher Vergleich notwendig.

In 24 Fällen bei Benutzung eines der Wege 0111 und 1000 sind zwei zusätzliche Vergleiche notwendig.

In der Tat wird in den beiden ersten Gruppen die maximale Anzahl von Vergleichen bzw. kein Vergleich benötigt, während in der dritten Gruppe ein Vergleich, zum Beispiel $d > e$ für 0011 und $b > c$ für 0100, durchgeführt werden muß. Die auf dem Wege 0111 erhaltene Ordnung ist in der Abbildung 7.2 durch $b > (a, c, d, e)$ und $e > a$ angegeben. Die zugehörigen Ungleichungen lauten $b > a$, $b > c$, $b > d$, $b > e$ und $e > a$. Sie erfordert die Vergleiche $c > d$ und entweder $c > e$ oder $d > e$.

Es sind also im Mittel

$$\frac{24 \cdot 1 + 24 \cdot 2 + 48 \cdot 3}{120} = 1{,}8$$

zusätzliche Vergleiche notwendig.

Mit dem in Abbildung 7.2 dargestellten Büschelfragebogen kann man also von 5 Zahlen die beiden größten bei einer mittleren Weglänge von 5,8 bestimmen – im Gegensatz zu 7 (Vergleichen) in zwei Graphen. Aber der angegebene Fragebogen ist noch nicht optimal.

Wendet man den Algorithmus von Huffman auf Ereignisse an, welche die gleichen Wahrscheinlichkeiten wie die in der Abbildung 7.2 haben, so zeigt sich in der Tat, daß die mittlere Weglänge noch reduziert werden kann. Für die Ermittlung des Maximums von 5 Zahlen ergibt sich anstelle von 4 der Wert 3,508. Weil aber die Realisierung jedes Fragebogens hier erfordert, nur von „einfachen“[1] Vergleichsoperationen auszugehen, wie sie ein Rechner bewältigen kann, können wir 3,508 nicht erreichen.

Das Verfahren zur Ermittlung der zweitgrößten von N Zahlen mit Hilfe der bisher beim Feststellen des Maximums gewonnenen Ergebnisse selbst ist relativ gut. Aber die unmittelbare Anwendung der Theorie der Fragebogen ist wirkungsvoller.

Bemerkung. Wir schließen aus, daß die betrachteten Variablen gleiche Werte annehmen. Dieser Fall hat eine unbedeutende Wahrscheinlichkeit, wenn die Mantissen der Zahlen umfangreich sind, zum Beispiel, wenn diese aus 9 Ziffern bestehen und wenn die Zahlen a, b, c, d, e selbst eine Wahrscheinlichkeit von 10^{-10} dafür haben, daß irgendein Wert aus einem Intervall angenommen wird.

Das vorgelegte Problem kann unmittelbar durch *Produkte von Fragebogen* gelöst werden.

Das Maximum von n Zahlen $a_1, a_2, \ldots, a_n$ kann man aus dem Produkt von $n-1$ Fragebogen mit je einer einzigen Frage erhalten. Sie lautet:

$$a_i > \mathrm{M}?$$

und wird für $i = 2, 3, \ldots, n$ gestellt. Wenn die Antwort auf die gestellte Frage ja lautet, dann nehmen wir für M den Wert a_i, andernfalls behalten wir M bei. Zu Beginn setzen wir $\mathrm{M} =_{\mathrm{Df}} a_1$.

Die beiden größten Zahlen erhält man ebenfalls aus einem Produkt von $n - 1$ Fragebogen.

Der erste gleichwahrscheinliche Fragebogen besteht aus einer einzigen Frage: $a_1 > a_2$? Es sei M die größere und S die kleinere Zahl.

Es folgen dann $n-2$ Fragebogen für $i = 3, 4, \ldots, n$. Die erste Frage lautet:

$$a_i > \mathrm{S}\,.$$

Wenn nein, dann behalten M und S ihre Werte, wenn ja, dann ist die zweite Frage zu stellen.

Die zweite Frage lautet:

$$a_i > \mathrm{M}\,.$$

[1] Picard setzt voraus, daß die Kompliziertheit der Testfragen 1 ist. 3,508 können wir nur unter Verwendung von komplizierteren Fragen erzielen. – Anm. d. Red.

Wenn nein, dann gilt $S < a_i < M$, und es tritt der Wert von a_i an die Stelle des Wertes der Variablen S; wenn ja, dann weisen wir der Variablen M bzw. S den Wert von a_i bzw. den vorherigen Wert der Variablen M zu.

Die Wahrscheinlichkeiten der Ereignisse jedes dieser elementaren Fragebogen seien:

$$p\{a_i < S\} = \frac{i-2}{i}$$

und

$$p\{S < a_i < M\} = p\{a_i > M\} = \frac{1}{i};$$

dabei ist die mittlere Weglänge $L_i = 1 + \frac{2}{i}$ und die Entropie

$$H_i = \log_2 i - \frac{i-2}{i} \log_2 (i-2).$$

Die Abschwächung des Produktfragebogens beträgt daher:

$$B = \sum_{i=3}^{n} \left[1 + \frac{2}{i} - \log_2 i - \frac{i-2}{i} \log_2 (i-2)\right].$$

Im einzelnen ergibt sich für $n = 5$:

$$H = 5{,}456 \quad \text{und} \quad L = 5{,}567.$$

Man kann überlegen, daß die Permutation der Reihenfolge der beiden Fragen $a_i > S$ und $a_i > M$ für alle i bei gleicher Struktur der Fragebogen eine mittlere Weglänge

$$L' = 1 + \sum_{i=3}^{n} \left(2 - \frac{1}{i}\right)$$

ergeben würde. Das ist für $n = 5$ der Wert $L' = 6{,}217$, der noch größer als der Wert 5,8 ist, der zu Beginn des vorliegenden Paragraphen ermittelt wurde.

Die „verarbeitete" Information[1] H setzt sich additiv aus zwei Bestandteilen zusammen: ·

a) aus der geforderten Information, die zur gesonderten Bestimmung des Maximums und der zweitgrößten Zahl erforderlich ist. – Das ist $\log_2 n$ und $\log_2 (n - 1)$. – Man erhält für $n = 5$ den Wert $H_d = 4{,}322$;

[1] Picard [57] unterscheidet zwischen der „übertragenen" Information H und der „verarbeiteten", die mittels bedingter Wahrscheinlichkeiten berechnet wird. Bei Büscheln stimmen beide überein. – Anm. d. Red.

b) aus einer zusätzlichen Information, die in gewisser Beziehung überflüssig ist, weil sie nicht gebraucht wird. Diese Information H_s entspricht den Aussagen, die der Fragebogen über die Reihenfolge der kleineren Zahlen erlaubt. Diese Reihenfolge ergibt sich aus den Ausgängen der Fragen, bei denen ein neues Maximum oder eine neue zweitgrößte Zahl gefunden wurde. Wir werden später ein zu diesem ähnliches Verfahren TID studieren (*Tri par Insertion Dichotomique*, das heißt Ordnung durch dichotomes Einfügen). Es bezieht sich auf das vollständige Ordnen und ist in gewisser Beziehung eine Verallgemeinerung unseres SOUMAX-Verfahrens (*sous-maximum*, das heißt zweitgrößte Zahl). Dann wird H_s vollkommen benutzt, und Rauschen braucht nicht aufzutreten.

In ALGOL läßt sich das Verfahren SOUMAX folgendermaßen programmieren:

```
procedure SOUMAX (m, s, j, k, a, n); value n;
real m, s; real array a; integer j, k, n;
comment die ganzen Zahlen j und k zeigen die Stellung des Maximums m
und der zweitgrößten Zahl s in dem Feld a an, das n Elemente hat.
Die Ermittlung des Minimums und der zweitkleinsten Zahl kann in
gleicher Weise durchgeführt werden, wenn man in einigen Ungleichungen
das Zeichen > durch das Zeichen < ersetzt;
  begin integer i; boolean e;
        if n < 2 then
          begin m := s := a[1]; j := k := 1;  goto ALONE end;
        e  := a[2] > a[1];
        m  := if e  then a[2]  else a[1];
        s  := if e  then a[1]  else a[2];
        j  := if e  then  2    else  1 ;
        k  := if e  then  1    else  2 ;
        for i := 3  step 1  until n do
           begin  if a[i] > s   then
                       begin if a [i] > m then
                       begin s := m; m := a[i]; k := j; j := i end
                                     else
                       begin s := a[i]; k := i end;
                       end;
           end;
ALONE: end
```

7.4. Das Problem des Sortierens von Zahlen

7.4.1. Einführung

Wir betrachten jetzt das Problem, wie reelle Zahlen, die sich zum Beispiel in der Speichereinheit eines elektronischen Rechners befinden, nach bestimmten Prinzipien sortiert werden können. Wir werden mit Wörtern über dem *Alphabet der Ziffern* operieren. Das Ordnen von Wörtern über dem Alphabet der Buchstaben kann auf gleiche Weise vollzogen werden. Mengen von Wörtern eine Ordnung zu geben läßt sich auf die vorhergenannten Fälle zurückführen.

Wir suchen ein optimales Ordnungsverfahren, wobei „optimal" minimale mittlere Weglänge bedeutet. Wir können sie durch das Stellen anderer Fragen verändern. Dabei vernachlässigen wir das Übertragen von Zahlen.

Zum Sortieren von n Zahlen können wir einen Fragebogen mit $n! = N$ Ereignissen konstruieren, die als gleichwahrscheinlich angesehen werden dürfen. Die Ereignisse sind die $n!$ möglichen Permutationen der n Zahlen, wobei zwischen den benachbarten die Relation $<$ besteht. Wir müßten mehr als $n!$ Ereignisse berücksichtigen, wenn wir die Gleichheit von einigen Zahlen zulassen würden. Diese hat aber in der Praxis – wie in Paragraph 7.3 angedeutet wurde – eine geringe Wahrscheinlichkeit.

Mit Hilfe der Relation $<$ sollen die Fragen formuliert werden. Wenn der Fall $a<b$ vorliegt, dann ist die Antwort auf die Frage $a<b$? ja bzw. 1 und im Falle $a \geqq b$ nein bzw. 0, wobei $a = b$ wegen der geringen Wahrscheinlichkeit vernachlässigt wird. Deshalb erübrigt sich die Frage $a = b$?

Man braucht zur Identifizierung eines von $n! = N = 2^k + \alpha$ gleichwahrscheinlichen Ereignisses im Mittel mindestens $L_0 = k + \frac{2\alpha}{N}$ dichotome Entscheidungen.

Das Sortierproblem soll durch Aufstellung eines Fragebogens gelöst werden, der n Zahlen in ihrer natürlichen Reihenfolge anordnet und dessen mittlere Weglänge sich von L_0 möglichst wenig unterscheidet.

7.4.2. Neuere Näherungsverfahren: Ordnen und Information

1962 hat Hibbard [7] eine Methode vorgeschlagen, die auf einer Theorie der „Such- und Sortierbüschel" beruht. Damit kann man die natürliche Reihenfolge von n Zahlen herstellen, wobei die Anzahl der im Mittel durchzuführenden „Frageoperationen" durch $1{,}4 \log(n + 1)$ nach oben abgeschätzt werden kann und $0{,}7 \log(n + 1)$ Hilfsspeicherbereiche benötigt werden. Wie der Leser leicht nachrechnet, ist diese Zahl kleiner als H. Das hat folgende Ursache: HIBBARD faßt mehrere unserer $<$ Vergleiche zu einer Frageoperation zusammen, genauer: jede Klasseneinteilung (s. u.) ist eine Frageoperation. Außerdem enthalten die Büschel $n + 1$ Senken. Wenn man aber die Vergleiche einzeln zählt, ist L_H größer als L_0. Das wird durch die Beispiele weiter unten veranschaulicht. Jedoch ist die Methode von HIBBARD eine gute Näherung zur Lösung des Sortierproblems. Sie führt auf folgendes Verfahren:

Der Algorithmus von HIBBARD (vgl. Paragraph 9.4.3).

a) Es ist die erste Zahl b_0 der gegebenen ungeordneten Menge mit allen anderen Zahlen zu vergleichen und eine Einteilung in zwei Klassen vorzunehmen:

$$I_0 =_{Df} \{b : b < b_0\} \quad \text{und} \quad S_0 =_{Df} \{b : b > b_0\}.$$

b) Die Zahl b_0 ist im Speicher an die $(|I_0| + 1)$-ten Stelle einzuordnen. Die Elemente von I_0 bzw. S_0 sind „unterhalb" bzw. „oberhalb" von b_0 zu speichern.

c) Es ist das erste Element a_1 von I_0 zu nehmen und wie in a) zu verfahren, und zwar bezüglich der Menge I_0. Es sind dann nacheinander die ersten Elemente der entstehenden Mengen I zu nehmen. Sie sind ihrer Reihenfolge entsprechend zu speichern.

d) In gleicher Weise ist mit den Elementen der nacheinander sich ergebenden Mengen S zu verfahren.

Bei Anwendung dieses Algorithmus erhielten wir:

Für $n = 4$ und $4 \leqq l(y) \leqq 6$

$$L_H = 4{,}83 \quad \text{im Vergleich zu} \quad L_0 = 4{,}66.$$

Für $n = 5$ und $6 \leqq l(y) \leqq 10$

$$L_H = 7{,}4 \quad \text{im Vergleich zu} \quad L_0 = 6{,}92.$$

Übrigens nimmt HIBBARD an, daß es vorteilhaft ist, die Differenz $N - 2^k = \alpha$ genauer zu studieren, wenn N in der Nähe von 2^k oder 2^{k+1} liegt, um auf diese Weise mit Hilfe des Algorithmus von HUFFMAN eine Bedingung für optimale Klasseneinteilungen bei Suchverfahren herleiten zu können. Die dazu erforderlichen Überlegungen sind im Paragraphen 3.5.2 dargestellt worden.

1962 sind auch von FALKOFF [5] Algorithmen vorgeschlagen worden, um unter Verwendung verschiedener Relationen in „parallel-search-memories" Untersuchungen durchzuführen: zur Ermittlung von größeren, kleineren, maximalen, benachbarten, zwischen Grenzen liegenden Elementen und zur Ermittlung der Reihenfolge. FALKOFF hat eine Hierarchie von Abhängigkeiten zwischen diesen Algorithmen gefunden. Er hat indessen wie in den Verfahren von SHANNON und FANO [19] die Klassen immer in zwei gleichgroße Teile zerlegt. FALKOFF gibt außerdem eine Definition des Begriffs „Frage" an, das heißt er definiert einen Fragebegriff, der sich von dem unseren ein wenig unterscheidet: „Ein Suchen, das auf der Gleichheit oder Ungleichheit als spezifischer Relation beruht, heißt einfaches Suchen, ‚simple search', und jeder Suchabschnitt, das heißt jede neue Aufteilung des Speicherinhalts, wird ‚Frage' genannt. Ein Suchen, das auf einer anderen Relation (z. B. Maximum von ...) beruht, soll komplexes Suchen genannt werden. Das Ziel jedes Suchens ist, den Ort der gewünschten Information zu finden."

7.4.3. Optimales Verfahren für das Ordnen von n Zahlen

Für $n = 3$ mit $L_0 = 2{,}66$ sind die optimalen Fragebogen unmittelbar einsichtig: Durch zwei Fragen läßt sich das Maximum bestimmen. Wenn festgestellt worden ist, daß eine der drei Zahlen zwischen den zwei anderen liegt, erlauben die Fragen, die Reihenfolge anzugeben. In vier von sechs Fällen ist es notwendig, 3 Vergleiche durchzuführen. Die zugehörigen

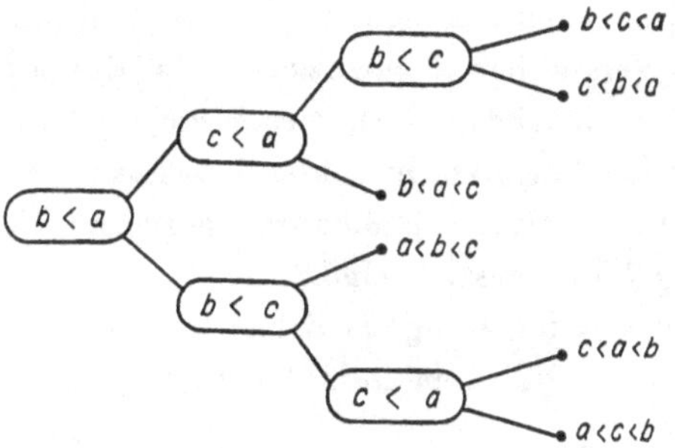

Abb. 7.3. Optimaler Fragebogen für das Ordnen von 3 Zahlen

Fragebogen können als Produkt eines Büschels mit $N_1 = 2$ Ereignissen mit einem Büschel mit $N_2 = 3$ Ereignissen angesehen werden.

Für $n = 4$ ist die Anzahl der Ereignisse $4! = 2^3 \cdot 3$. In diesem Fall kann man die Fragebogen als ein Produkt von zwei Büscheln mit $N_1 = 2^3$ und $N_2 = 3$ Ereignissen betrachten. Einen optimalen Fragebogen, für den $L_0 = 4{,}66$ gilt, kann man leicht konstruieren, wenn mit der dritten Frage die durch die vorhergehenden Fragen bestimmten kleinsten Elemente verglichen werden.

In Abbildung 7.4 sind nur die Fragen dargestellt, für die die beiden ersten Antworten ja lauten. Die Wege zu den anderen 18 Ereignissen ergeben sich analog.

Für $n = 5$ beträgt die Anzahl der Ereignisse $5! = 2^3 \cdot 15$. In diesem Fall betrachten wir das Produkt eines Büschels A_1, für das $N_1 = 2^3$ ist,

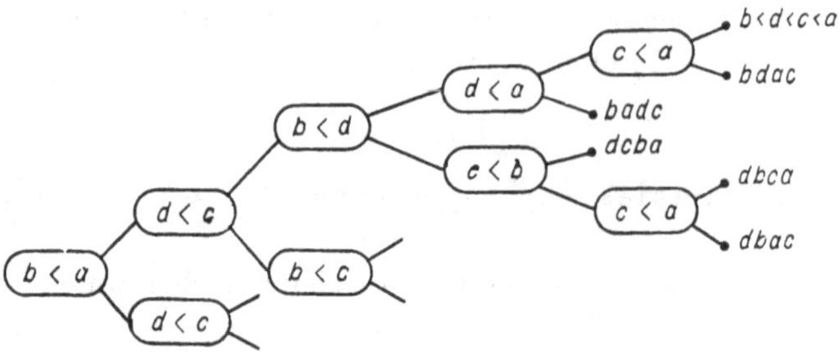

Abb. 7.4. Hauptbestandteil eines optimalen Fragebogens für das Ordnen von 4 Zahlen

mit einem Büschel A_2, für das $N_2 = 15$ gilt. Die drei ersten Fragen werden mit denen im Fall $n = 4$ übereinstimmen. Die fünfte Zahl brauchen wir erst vom Rang Z_3 an zu Vergleichen heranzuziehen. Das Büschel A_2 erhält man, indem man unter den möglichen Vergleichen diejenigen betrachtet, die eine Aufteilung der 15 Ereignisse in 8 und 7 zulassen. Wenn $b < a$, $d < c$ und $b < d$, ergeben die sieben denkbaren Vergleiche die Möglichkeiten, die in Abbildung 7.5 dargestellt sind.

Folglich lautet die Frage im Rang Z_3 $d < e$? Die weiteren Fragen lassen sich dann ohne Schwierigkeiten formulieren. Sie sind in der Abbildung 7.6 angegeben.

Für $n = 6$ beträgt die Anzahl der Ereignisse $6! = 2^4 \cdot 45$. In diesem Fall betrachten wir das Produkt eines Büschels mit $N_1 = 2^4$ mit einem

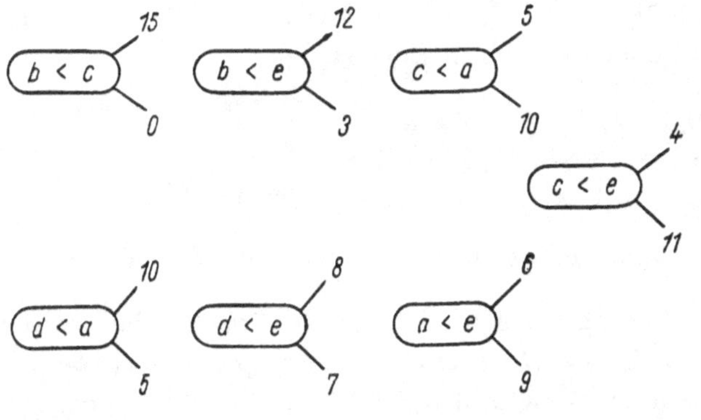

Abb. 7.5. Aufteilung von 15 Ereignissen beim Ordnen von 5 Zahlen

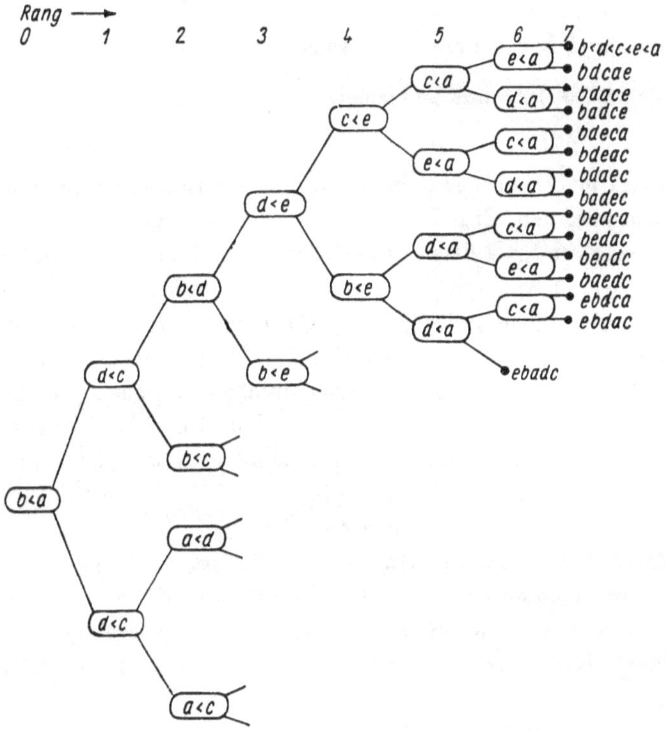

Abb. 7.6. Teil eines optimalen Fragebogens für das Ordnen von 5 Zahlen

Büschel mit $N_2 = 45$ Ereignissen. Die vier ersten Vergleiche, deren Ausgänge gleichwahrscheinlich sind, lauten

0) $b < a$

1) $d < c$

2) $f < e$

3) Minimum von 0) < Minimum von 2).

Wir gehen davon aus, daß die ersten vier Fragen bejaht wurden. Dieser Teil ist in Abbildung 7.7 dargestellt. Dann zeigt die Tabelle der 11 realisierbaren „einfachen" Fragen, daß die Aufteilung der 45 Ereignisse in zwei Klassen mit N_1 und $45 - N_1$ Ereignissen, wobei

$$16 \leqq N_1 \leqq 32 \quad \text{und} \quad 16 \leqq 45 - N_1 \leqq 32,$$

nur durchgeführt werden kann, wenn

$$N_1 = 19 \quad \text{und demgemäß} \quad 45 - N_1 = 26$$

gilt.

Es gibt mehrere Fragen, die durch 26 Ereignisse verifiziert und durch 19 falsifiziert werden. Eine Frage führt in der Schlußphase des Ordnens auf eine Menge von Ereignissen, die sich als Produkt von Fragebogen mit je drei Ereignissen in Analogie zum Fragebogen 10 von Problem 6.1 behandeln läßt. Da der einzig zulässige Fragetyp die Relation < ist und weil das Produkt von zwei dichotomen Büscheln Rauschen erzeugt, ist es mit Hilfe der schon festgelegten Fragen unmöglich, einen optimalen Fragebogen aufzubauen, wenn die Frage $a < c$? im Rang Z_4 nicht gestellt wird. Auf Grund der Wahl dieser Fragen kann man die Konstruktion eines optimalen Fragebogens für das Ordnen von 6 Zahlen fortsetzen. Man zerlegt, wie in Abbildung 7.8 angegeben ist.

Für $n > 6$ kann die Anzahl der Ereignisse $N = n!$ als Produkt von Primzahlpotenzen geschrieben werden. Den Exponenten P als Potenz von 2 erhält man leicht durch Addition der ganzzahligen Quotienten bei der Division von n durch die aufeinanderfolgenden Potenzen von 2 [11].

Man kann dann eine Zerlegung der Menge der Ereignisse durchführen und den Versuch unternehmen, ein Produkt von Büscheln zu konstruieren, in dem $N_1 = 2^P$ und N_2 ungerade sind.

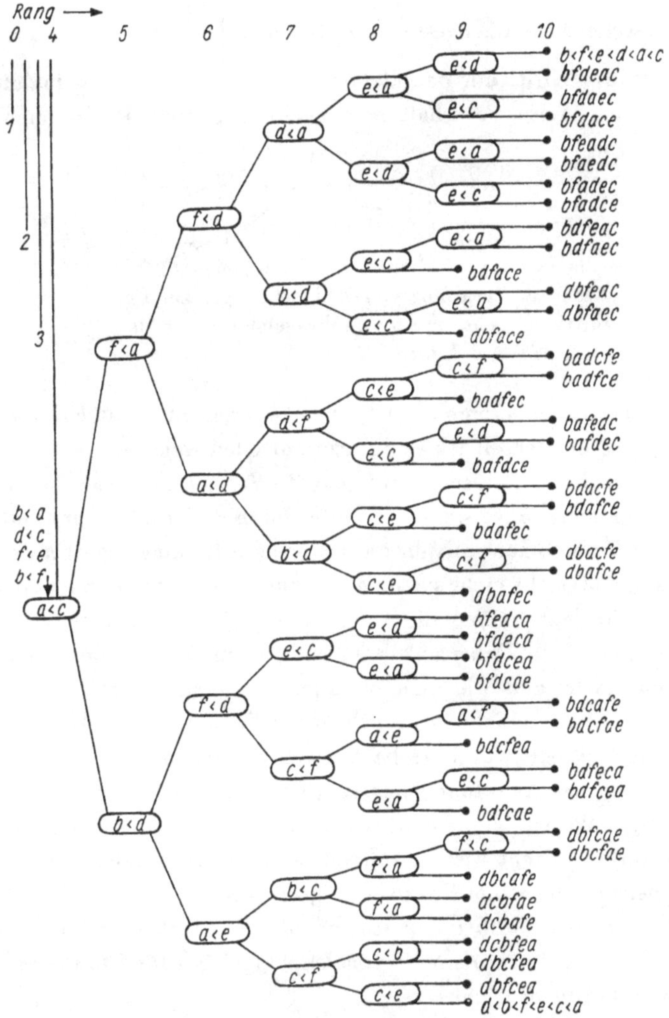

Abb. 7.7. Optimaler Fragebogen für das Ordnen von 6 Zahlen, beginnend mit $l = 4$

Zieht man die gegebenen Zahlen zu je zweien heran, so lassen sich $\left[\frac{n}{2}\right]$ Vergleiche durchführen.[1] Die jeweils kleinsten Zahlen dieser Paare, wieder

[1] $[x] =_{\mathrm{Df}}$ größte ganze Zahl $y \leqq x$.

zu je zweien zusammengestellt, ermöglichen $\left[\frac{n}{4}\right]$ Vergleiche. Verfährt man Schritt für Schritt mit den kleinsten Zahlen der vorher gebildeten Paare in gleicher Weise, so erhält man leicht insgesamt P Vergleichsschritte.

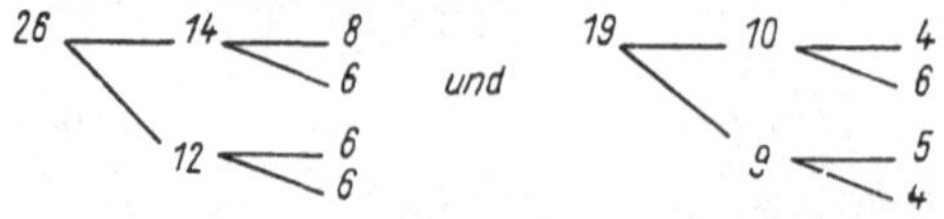

Abb. 7.8. Zerlegung von Ereignismengen zur Ermittlung eines optimalen Fragebogens für das Ordnen von 6 Zahlen

Um aber weiterzukommen, ist es notwendig zu schätzen, wie sich die Ereignisse bei den einzelnen Fragen aufteilen werden.

Was in dieser Beziehung für $n = 3$ offensichtlich war, für $n = 4$ unmittelbar ausgeführt werden konnte, für $n = 5$ und 6 verständlich war, für $n = 7$ und 8 noch ausführbar ist, scheint für einen Wert n der Größenordnung 100 nicht mehr systematisierbar. Ein vorbereitender Algorithmus müßte für jeden Rang die Entscheidung liefern, welche von den verschiedenen nach Paragraph 3.5.2 möglichen Aufteilungen[1] man zu benutzen hätte und wie man bis zum Maximalrang zu verfahren hätte, um sicher zu sein, daß der Fragebogen optimal wird. Die Anwendung einer solchen Methode würde große Schwierigkeiten mit sich bringen. Abgesehen von der Anordnung der Vergleiche auf den verschiedenen zu verfolgenden Wegen, würde ein Programm für das Sortieren der Zahlen nicht wirksam aufgestellt werden können, weil die Anzahl der vernachlässigten Umspeicherungen und Sprünge zu groß wäre.

Unter diesen Bedingungen scheinen die das Sortierproblem lösenden, der Theorie gemäß konstruierten optimalen Fragebogen für höchstens $n = 5$ konstruiert werden zu können.

Indessen erlaubt diese Untersuchung einige *Schlußfolgerungen:*

a) Es ist zweckmäßig, die zu ordnenden Zahlen zu Paaren zusammenzufassen und das Minimum bzw. Maximum von jedem Paar zu suchen und in gleicher Weise fortzufahren in bezug auf das Minimum bzw. Maximum von Gruppen zu $2^2, 2^3, \ldots, 2^h$ Zahlen. Gewisse Sortieralgorithmen

[1] Außerdem muß nicht jede derartige Aufteilung durch einen „einfachen" Test realisierbar sein. – Anm. d. Red.

sind nach dieser Regel gestaltet. Aber infolge der niedrigen Begrenzung für h – durch 2 oder 3 – führen diese Algorithmen auf mittlere Weglängen, die den von HIBBARD erhaltenen Wert überschreiten können.

b) Wenn man semihomogene Fragebogen zuläßt, kann man versuchen, Fragen mit Primzahlbasen 2, 3, 5, ... bei der Zerlegung von $n!$ in Faktoren zu benutzen. Ein solches Verfahren wäre wesentlich wirkungsvoller als das der dichotomen Vergleiche. Es würde Fragebogen ohne Rauschen ermöglichen, deren Acquisition beträchtlich unter der Entropie H liegen würde, die mit der Basis 2 berechnet wird. Für $n = 100$ überschreitet die Reduktion 50 %. Natürlich ist es unmöglich, Fragen zu stellen, deren Basis die größte Primzahl unterhalb n ist, sobald n größer als 10 oder 20 ist. Aber trotzdem sollte man semihomogene Fragebogen versuchsweise aufbauen, wobei aufeinanderfolgende Produkte von Büscheln benutzt werden.

7.4.4. Ordnen durch dichotomes Einfügen – TID

Jedes Produkt von m Fragebogen ist ein Fragebogen, dessen Abschwächung gleich der Summe der Abschwächungen der m Büschel ist. Wenn man einen Fragebogen mit $n!$ Ereignissen so konstruiert, wie es im vorhergehenden Paragraphen dargestellt wurde, ist es möglich, für die obere Grenze der hervorgerufenen Abschwächung eine genaue Abschätzung zu geben.

Vereinfacht kann das Ordnen von n Zahlen in zwei Schnitten erledigt werden:

a) $n - 1$ Zahlen ordnen,

b) die n-te Zahl entsprechend einfügen. Da es n mögliche Plätze gibt, sind im Mittel – bei dichotomen Entscheidungen – $L_0 = k + \frac{2\alpha}{n}$ Vergleiche notwendig.

Die Anzahl der erforderlichen Vergleiche beim Ordnen durch dichotomes Einfügen (**T**ri par **I**nsertion **D**ichotomique) oder TID ist im Mittel

$$L = \sum_{\nu=2}^{n} L_\nu,$$

wobei L_ν die mittlere Weglänge eines optimalen Fragebogens für ν gleichwahrscheinliche Ereignisse ist.

Die Abschwächung eines Fragebogens ist $B = L - H$, daher ergibt sich

$$B = \sum_{\nu=2}^{n} (L_\nu - \log_2 \nu).$$

B wird durch

$$n\,B_{max} = 0{,}0861\,n$$

begrenzt.[1] Es gilt:

n	H	$n\,B_{max}$
5	6,9	0,4
20	61,1	1,7
100	524,8	8,6
10 000	118 460	861

Die Abschwächung kann also vernachlässigt werden.

Unsere Methode des Sortierens durch Einfügen kann manuell leicht ausgeführt werden. Aber die gegenwärtige Technik der elektronischen Rechenautomaten ist dafür noch nicht geeignet. Deshalb hat HIBBARD, der die Möglichkeit dieser Methode erkannte, es vorgezogen, auf ihren Gebrauch zu verzichten.

Uns scheint, daß für die Brauchbarkeit der Methode folgende Fakten zu nennen sind:

– die Verringerung der von den überschüssigen Vergleichen hervorgerufenen Abschwächung in einer wesentlichen Größenordnung;

[1] In der Zeit zwischen Redaktion und Druck des Originalwerkes sind über die Methode des Ordnens durch dichotomes Einfügen zwei Veröffentlichungen erschienen:

IVERSON, K. E.: A programming language. New York 1962, S. 223;

KISLICYN, S. S.: Une nouvelle limite pour le plus faible nombre de comparaisons nécessaires, en moyenne, au classement complet d'un ensemble fini. Univ. Ser. Mat. Meh. Astronom. 18 (1963), H. 4, S. 143–145, Vestnik, Leningrad.

Der zuletzt genannte Autor berechnet das Rauschen nach der Formel

$$B = n\frac{\int_{\frac{1}{a}}^{1} B\,d\,t + \int_{\frac{1}{a}}^{t} B\,d\,t}{2\,t} + O(\ln n)$$

und zeigt, daß

$$0{,}0533\,n < B < 0{,}0610\,n$$

ist.

Im besonderen folgt für $n = 2^k$ der Wert $B = 0{,}0564\,n$ in guter Übereinstimmung mit dem Ergebnis, das wir mit Hilfe des Mittelwertes $\overline{B}$ im Paragraphen 3.4.2 erzielten.

– die Beschränkung auf n überschüssige Vergleiche im Falle des ungünstigsten Ereignisses;

– die Möglichkeit, die vorläufige Anordnung eines Teils der gegebenen Zahlen zu benutzen, und die Möglichkeit, die Zahlen nacheinander einzufügen – nach Maßgabe ihres jeweiligen Auftretens im Verlaufe der Verarbeitung;

– die Überflüssigkeit von zusätzlichen Speicherzellen, denn die i-te Zahl wird in eine Menge von $i - 1$ Zahlen eingefügt, ohne die i-te Stelle der vorliegenden Reihenfolge zu überschreiten.

Während diese Methode gegenwärtig bei Verwendung von Ferritkernspeichern nicht sehr wirtschaftlich ist, kann sie andererseits dazu anregen, neue Formen von Schnellspeichern zu entwickeln. Diese sollen es erlauben, durch eine Verschiebeoperation eine Speicherstelle frei zu machen, nachdem jeweils eine Folge von Vergleichen zur Einfügung einer zusätzlichen Zahl vollendet ist. Sobald das Programm, auf dichotome Vergleiche zurückgeführt werden könnte, würde ein solcher „*Verschiebespeicher*" („*Decalage Mémoire*") für das Verfahren die Arbeitszeit stark vermindern.

7.4.5. Algorithmus für ein Ordnungsverfahren

Der Algorithmus für das Ordnen durch dichotomes Einfügen (TID) ergibt sich aus einem doppelten Produkt von Fragebogen: einerseits für das Einfügen der i-ten Zahl und andererseits für die Kennzeichnung aller Werte i zwischen 3 und n.

Man braucht einen einzigen Hilfsspeicherbereich, den man als den $(n + 1)$-ten Abschnitt des Speicherraumes betrachtet, in dem die zu ordnenden Zahlen untergebracht sind. Man beginnt zur rechten, das heißt, man beginnt mit den Zahlen (x_n) und (x_{n-1}), die sich in den Speicherbereichen mit den höchsten Nummern – x_n und x_{n-1} – befinden. Man ordnet sie nach zunehmender Größe, fügt dann (x_{n-2}) ein usw. und schließlich (x_1). Der Inhalt des genannten Bereichs beim $(n + 1)$-ten Arbeitsgang ist (x_1). Die Werte, mit denen man eine Zahl (x_i) nacheinander vergleichen muß, werden automatisch gewählt.

Um die i-te Zahl einzufügen, muß man drei Operationen ausführen:

1) eine geordnete Folge von $i - 1$ Zahlen (x_{n-i+2}), (x_{n-i+3}), ..., (x_n) nehmen, die in $i - 1$ aufeinanderfolgenden Bereichen untergebracht sind;

2) den Platz bestimmen, den (x_i) in dieser Folge einnehmen soll;

3) die bestehende Ordnung so einrichten, daß (x_i) an der richtigen Stelle untergebracht werden kann.

Der zugehörige Algorithmus sieht folgendermaßen aus:

a) Es gibt für die i-te Zahl i mögliche Plätze: $i - 2$ innere Plätze entsprechend den $i - 2$ Zwischenräumen, die durch die $i - 1$ bereits geordneten Zahlen bestimmt werden, und zwei äußere Plätze; denn (x_i) kann kleiner als die kleinste oder größer als die größte der gegebenen $i - 1$ Zahlen sein. Weil es sich leichter mit i inneren Plätzen als mit $i - 2$ inneren und 2 äußeren Plätzen arbeitet, werden zwei zusätzliche Bereiche benutzt, die an die bestehende Ordnung angefügt werden, die eine links für das Minimum (m), die andere rechts für das Maximum (M). Es ist nicht notwendig, $-\infty$ in m und $+\infty$ in M einzusetzen, wenn der Vergleich von (x_i) mit dem Inhalt von m und M sich als unnötig erweist.

b) (x_i) befindet sich nunmehr genau zwischen den nicht angegebenen Werten von (m) und (M) und liegt in einem der i Intervalle, die wir soeben gebildet haben. Wenn man $i =_{\mathrm{Df}} 2^k + \alpha$ setzt, dann beträgt die Anzahl der Vergleiche eines optimalen Fragebogens im Mittel $k + \frac{2\alpha}{i}$. Dabei müssen wir die Zahl, mit der (x_i) verglichen werden soll, so wählen, daß eine Einteilung in Analogie zu Paragraph 3.5.2 entsteht. Den Index dieser Vergleichszahl bekommen wir durch ganzzahlige Division.

c) Wenn man die Stelle herausgefunden hat, wo (x_i) eingeordnet werden muß, braucht man nur noch zu verschieben. Es sei (x_i) im Bereich $x_n + 1$ untergebracht. Wenn $(x_l) < (x_i) < (x_{l+1})$ gilt, wird man (x_{i+1}) nach x_i verschieben, (x_{i+2}) nach $x_{i+1}, \ldots, (x_l)$ nach x_{l-1} und schließlich (x_i) auf x_l übertragen.

Wenn eine geeignete Speichervorrichtung die Verschiebung bereichsweise erlaubt, wird das Ordnen sehr schnell vor sich gehen. Andernfalls kann man mit dem TID-Verfahren die Zeit durch Verschiebungen verlieren, die man durch die geringe Anzahl von Vergleichen eingespart hat.

Jedes praktisch optimale Ordnungsverfahren wird nur durch das Minimum von λ_1 D + λ_2 C charakterisiert werden können. Dabei ist D bzw. C die Anzahl der Verschiebungen bzw. die der notwendigen Vergleiche.

$$\frac{\lambda_1}{\lambda_2} = \frac{\text{Verschiebungszeit}}{\text{Vergleichszeit}}$$

ist eine Kennziffer der betreffenden ordnenden Speichervorrichtung.

TID stellt das Optimum für $\lambda_1 = 0$ dar.

Das Programm ist in ALGOL auf dem Computer des Rechenzentrums der Universität Grenoble erprobt worden:

```
procedure TID (x, n); real array x; integer n;
comment Ordnen von Zahlen in wachsender Reihenfolge durch dicho-
tomes Einfügen. Der notwendige zusätzliche Speicherbereich für die
Zwischenspeicherungen erfordert, daß das Feld x für n + 1 Elemente
erklärt wird, wobei das letzte fiktiv ist;
begin  integer i, j, k, m, s;
       if n = 1 then go to EXIT;
       if x[n] < x[n − 1] then
          begin x[n + 1] := x[n];
                x[ n ] := x[n − 1];
                x[n − 1] := x[n + 1];
          end;
       if n = 2 then goto EXIT;
       for i := n − 2 step − 1 until 1 do
          begin  x[n + 1] := x[i]; m := i; s := n + 1;
              A: k := (m + s) ÷ 2;
                 if x[i] < x[k] then s := k else m := k;
                 if s − m ≠ 1 then goto A;
                 for j := i step 1 until m − 1 do
                 x[j] := x[j + 1]; x[m] := x[n + 1]
          end;
EXIT: end
```

Anhang

verfaßt von E. LÜDDE und H. THIELE

ACHTES KAPITEL

Ein allgemeiner Ansatz zum Aufbau einer Theorie interpretierter Fragebogen

In den Kapiteln VI und VII hat PICARD eine Reihe von konkreten Beispielen für Fragebogen betrachtet, deren Knoten logische Ausdrücke bzw. Attribute zugeordnet sind. Das „Durchlaufen" oder „Abarbeiten" eines derartigen „interpretierten" Fragebogens wird durch die zugeordneten Ausdrücke bzw. Attribute gesteuert. DUBAIL [30] und auch PARCHONEMKO [49] haben versucht, die von PICARD bei der Diskussion seiner Beispiele entwickelten Ideen allgemein zu präzisieren; dies ist nach unserer Auffassung nicht voll gelungen.

Im vorliegenden Kapitel werden wir einen Ansatz zum Aufbau einer allgemeinen Theorie interpretierter Fragebogen entwickeln. Dabei berücksichtigen wir die Ideen der eben genannten Autoren, greifen jedoch hauptsächlich auf Arbeiten von KALOUJNINE [40] und THIELE [71] zurück, deren Begriffsbildungen und Ergebnisse wir für unseren Ansatz zur Entwicklung einer Theorie interpretierter Fragebogen ausnutzen (vgl. 8.3). In diesen Arbeiten werden sehr allgemeine algorithmische Prozesse definiert, indem den Knoten gerichteter Graphen Funktionen oder Attribute bzw. (interpretierte) funktionale oder logische Ausdrücke einer formalisierten Sprache und den Bogen Wahrheitswerte zugeordnet werden sowie ein geeigneter Abarbeitungsbegriff präzisiert wird. LÜDDE [45] erkannte, daß diese Arbeiten einen tragfähigen Begriff des interpretierten Fragebogens als Spezialfall enthalten.

8.1. Ergänzende graphentheoretische Begriffe und Beziehungen

In diesem Abschnitt ergänzen wir die graphentheoretischen Begriffe, wobei wir die früher eingeführten Bezeichnungen benutzen. Zum besseren Verständnis für den Leser geben wir einige Begriffe noch einmal an.

Die Wege $\mathfrak{w} \in W(E)$ heißen *Wege durch einen Graphen* $\mathfrak{G}$.

Für unsere Ziele ist es besser, den Begriff des interpretierten Fragebogens in zwei Schritten zu definieren. Deshalb fassen wir seine graphentheoretische Seite folgendermaßen zusammen:

Es seien wie früher $E = \{y_1, y_2, \ldots, y_N\}$, mit $N \geqq 1$, $Q = \{x_0, x_1, \ldots, x_n\}$ mit $n \geqq 0$ (bzw. $Q = \emptyset$ für die sogenannten Nullfragebogengerüste) sowie $Z =_{Df} Q \cup E$ endliche Mengen, wobei $Q \cap E = \emptyset$ gilt.

Definition. $F = [Z, \Gamma, z_0, E]$ heißt *Fragebogengerüst* $=_{Df}$

1. $[Z, \Gamma]$ Graph, z_0 einzige Quelle und E Menge der Senken von $[Z, \Gamma]$.
2. Jede Ecke $x \in Q$ hat mindestens zwei direkte Nachfolger.
3. Für jeden von z_0 verschiedenen Knoten $z \in Z$ gibt es einen Weg von z_0 nach z.

Die Ecken $x \in Q$ sollen die *Fragen* symbolisieren, während E die Menge der *Ergebnisse* darstellen soll. Über die Quelle z_0 werden die Objekte eingegeben. z_0 bezeichnet die *erste Frage.* Der zweite Punkt besagt, daß jede Frage aus Q mindestens zwei Antworten zuläßt. Die dritte Forderung drückt aus, daß jedes Ergebnis aus E durch Fragen erzielt werden kann.

Seien $F = [Z, \Gamma, z_0, E]$ Fragebogengerüst, $E'' \subseteqq E$, $Q' \subseteqq Q$ und $Z' =_{Df} Q' \cup E''$.

Definition. $F' = [Z', \Gamma', z_0', E']$ heißt *Unterfragebogengerüst* eines Fragebogengerüsts $F = [Z, \Gamma, z_0, E] =_{Df}$

1. $[Z', \Gamma']$ ist ein Untergraph von $[Z, \Gamma]$.
2. $z_0' \in Z'$ einzige Quelle, E' nichtleere Senkenmenge.
3. Jede Ecke $x' \in Z' \setminus E'$ hat mindestens zwei direkte Nachfolger bezüglich Γ'.
4. Für jeden von z_0' verschiedenen Knoten $z' \in Z'$ gibt es einen Weg von z_0' nach z' in $[Z', \Gamma']$.

Jedes Unterfragebogengerüst ist also ein initial zusammenhängender Untergraph des gegebenen Fragebogengerüsts F. Ferner gilt $E'' \subseteqq E'$, weil durch das Streichen von Bogen auch Knoten aus Q' zu Senken werden können. Außerdem gilt trivialerweise:

Jedes Unterfragebogengerüst ist Fragebogengerüst.

Falls $Z' = \hat{\Gamma} z_0'$ für ein Unterfragebogengerüst F' gilt, so bezeichnen wir dieses als *vollständiges* in z_0' entspringendes Unterfragebogengerüst.

Im weiteren werden wir manchmal von folgender Beziehung zwischen der Anzahl N der Senken und der Anzahl $|Q|$ der Nichtsenken eines Fragebogengerüsts Gebrauch machen. Sei

$$Q_a =_{Df} \{x : x \in Q \quad \text{und} \quad a(x) = a\}$$

und a_M die größte Basis in F. Dann gilt:

$$N - 1 \leqq \sum_{a=2}^{a_M} (a - 1)\,|Q_a|$$

und

$$|Q| = \sum_{a=2}^{a_M} |Q_a|.$$

Für homogene Fragebogengerüste vereinfacht sich die obige Formel zu

$$N - 1 \leqq (a - 1)\,|Q|.$$

Das Gleichheitszeichen gilt in beiden Formeln nur für Büschel (vgl. S. 226).

8.2. Grundbegriffe der mathematischen Logik

Im folgenden werden wir an mehreren Stellen, z. B. bei der Definition interpretierter Fragebogen, den Knoten eines gerichteten Graphen Ausdrücke (oder andere Gebilde) formaler Sprachen zuordnen. Bei den hier verwendeten formalen Sprachen werden wir uns auf bestimmte zwei- oder mehrwertige Aussagen- bzw. Prädikatenkalküle (und einfache Verallgemeinerungen dieser) beschränken, weil an diesen Beispielen die Begriffsbildungen hinreichend allgemein entwickelt werden können.

Wir beginnen mit der Konstituierung des *klassischen zweiwertigen Aussagenkalküls*. „Klassisch" bedeutet, daß wir die sprachlichen Konnektoren *„nicht"*, *„und"*, *„oder"*, *„wenn-so"*, *„genau dann, wenn"* formalisieren, und zwar in der angegebenen Reihenfolge durch „$\sim$", „$\wedge$", „$\vee$", „$\rightarrow$", „$\leftrightarrow$". „Zweiwertig" besagt, daß wir unserem Aufbau zwei *Wahrheitswerte*, nämlich 1 (wahr) und 0 (falsch) zugrunde legen. Die gewählten Wahrheitswerte 1 und 0 fassen wir zu einer Menge

$$\{1, 0\}$$

zusammen. Eindeutige Abbildungen von der Menge $\{1, 0\}^n$ aller n-Tupel von Elementen aus $\{1, 0\}$ in $\{1, 0\}$ heißen *(n-stellige) zweiwertige aussagenlogische Wahrheitsfunktionen*. Aus der Erfahrung entnehmen wir, daß sich die aufgezählten Konnektoren *zweiwertig* und *extensional* verhalten, d. h. erstens, daß Aussagen, die aus zweiwertigen Aussagen durch Zusammensetzung mit diesen Konnektoren entstehen, wieder zweiwertig sind, und zweitens, daß der Wahrheitswert einer zusammengesetzten Aussage nur von den Wahrheitswerten der Bestandteile, nicht jedoch von den Bestandteilen selbst, abhängt. Daraus folgt, daß das logische Verhalten dieser Konnektoren durch zweiwertige aussagenlogische Wahrheitsfunktionen erfaßt werden kann, und zwar, wiederum auf Grund der Erfahrung, in der vorliegenden Reihenfolge durch die aussagenlogischen Wahrheitsfunktionen *non*, *et*, *vel*, *seq*, *aeq*, wobei diese Funktionen durch die folgenden Tabellen definiert sind.

	non
1	0
0	1

	et	*vel*	*seq*	*aeq*
[1, 1]	1	1	1	1
[1, 0]	0	1	0	0
[0, 1]	0	1	1	0
[0, 0]	0	0	1	1

Zum Aufbau der Ausdrücke des klassischen zweiwertigen Aussagenkalküls gehen wir von dem folgenden *Alphabet* aus:

$$A =_{\mathrm{Df}} q \mid * \mid \sim \mid \wedge \mid \vee \mid \rightarrow \mid \leftrightarrow \mid (\mid) .$$

Beliebige *endliche lineare Zeichenreihen*, gebildet aus *Buchstaben* von A, deuten wir durch Z (evtl. mit Indizes) an.

Wir definieren als erstes induktiv *Aussagenvariablen.*

1. q ist eine Aussagenvariable.
2. Ist die Zeichenreihe Z eine Aussagenvariable, so ist auch $Z*$ eine Aussagenvariable.
3. Keine weitere Zeichenreihe ist eine Aussagenvariable.

Die Aussagenvariablen q, $q*$, $q**$, ... bezeichnen wir in der angegebenen Reihenfolge durch q_0, q_1, q_2, ... allgemein durch q_j. Manchmal werden die ersten vier auch einfach durch a, b, c, d angedeutet.

Als nächstes definieren wir *Ausdrücke.*

1. Alle Aussagenvariablen sind Ausdrücke.
2. Sind die Zeichenreihen Z_1 und Z_2 Ausdrücke, so sind auch $\sim Z_1$, $(Z_1 \wedge Z_2)$, $(Z_1 \vee Z_2)$, $(Z_1 \rightarrow Z_2)$ und $(Z_1 \leftrightarrow Z_2)$ Ausdrücke.
3. Keine weitere Zeichenreihe ist ein Ausdruck.

Beliebige Ausdrücke werden durch H (evtl. mit Indizes) bezeichnet.

Die definierten Ausdrücke werden jetzt *interpretiert.*

Unter einer aussagenlogischen Belegung g verstehen wir eine eindeutige Abbildung von der Menge aller Aussagenvariablen in die Menge $\{1, 0\}$

der Wahrheitswerte. Ist q_j eine Aussagenvariable, so wird der Wahrheitswert, der q_j durch g zugeordnet ist, durch $g(q_j)$ bezeichnet.

Wir definieren jetzt den *Wahrheitswert, den ein Ausdruck H bei der aussagenlogischen Belegung g annimmt* (angedeutet durch $Wert(H, g)$), und zwar induktiv über die Kompliziertheit von H.

1. $Wert(q_j, g) =_{Df} g(q_j)$
2. $Wert(\sim H, g) =_{Df} non(Wert(H, g))$
   $Wert((H_1 \wedge H_2), g) =_{Df} et(Wert(H_1, g), Wert(H_2, g))$
   $Wert((H_1 \vee H_2), g) =_{Df} vel(Wert(H_1, g), Wert(H_2, g))$
   $Wert((H_1 \rightarrow H_2), g) =_{Df} seq(Wert(H_1, g), Wert(H_2, g))$
   $Wert((H_1 \leftrightarrow H_2), g) =_{Df} aeq(Wert(H_1, g), Wert(H_2, g))$.

Wir nennen schließlich einen Ausdruck H *allgemeingültig* bzw. Ausdrücke H_1 und H_2 *semantisch äquivalent* genau dann, wenn für jede aussagenlogische Belegung g

$$Wert(H, g) = 1$$

bzw.

$$Wert(H_1, g) = Wert(H_2, g)$$

gilt.

Wir gehen jetzt zu *mehrwertigen* Interpretationen der definierten Ausdrücke über. Die bei der zweiwertigen Interpretation benutzten Mengen von Wahrheitswerten und aussagenlogischen Wahrheitsfunktionen fassen wir zum Begriff der *aussagenlogischen Matrix* oder *aussagenlogischen Algebra* μ_2 zusammen, indem wir das folgende Siebentupel bilden:

$$\mu_2 =_{Df} [\{1, 0\}, \{1\}, non, et, vel, seq, aeq].$$

Das angegebene μ_2 nennt man genauer *klassische zweiwertige aussagenlogische Algebra.* Diese Begriffsbildung wird nun wie folgt verallgemeinert. Gegeben seien eine beliebige nichtleere Menge V, Menge der Wahrheitswerte genannt, sowie eine beliebige Teilmenge V^* von V, die Menge der ausgezeichneten Wahrheitswerte. Ferner seien eine eindeutige Abbildung φ_0 von V in V sowie eindeutige Abbildungen $\varphi_1, \varphi_2, \varphi_3, \varphi_4$ von $V \times V$ in V ausgezeichnet. Das Siebentupel

$$\mu =_{Df} [V, V^*, \varphi_0, \varphi_1, \varphi_2, \varphi_3, \varphi_4]$$

heißt dann *klassische mehrwertige aussagenlogische Algebra.* Die Bezeichnung „klassisch“ wird deshalb hinzugefügt, weil eine derartige Algebra zur allgemeinen mehrwertigen Interpretation der angegebenen „klassischen“ Ausdrucksmittel (d. h. die auf den Funktoren $\sim$, $\wedge$, $\vee$, $\rightarrow$, $\leftrightarrow$ beruhen) geeignet ist.

Wir definieren jetzt in Analogie zur Funktion *Wert*(H,g) im mehrwertigen Fall bei gegebener Algebra μ die Funktion $Wert^\mu(H,g)$. Dazu sei eine eindeutige Abbildung g von der Menge aller Aussagenvariablen in V gegeben, im folgenden aussagenlogische Belegung über μ genannt.

1. $Wert^\mu(q_j,g) =_{\mathrm{Df}} g(q_j)$
2. $Wert^\mu(\sim H,g) =_{\mathrm{Df}} \varphi_0(Wert^\mu(H,g))$
   $Wert^\mu((H_1 \wedge H_2),g) =_{\mathrm{Df}} \varphi_1(Wert^\mu(H_1,g), Wert^\mu(H_2,g))$
   $Wert^\mu((H_1 \vee H_2),g) =_{\mathrm{Df}} \varphi_2(Wert^\mu(H_1,g), Wert^\mu(H_2,g))$
   $Wert^\mu((H_1 \rightarrow H_2),g) =_{\mathrm{Df}} \varphi_3(Wert^\mu(H_1,g), Wert^\mu(H_2,g))$
   $Wert^\mu((H_1 \leftrightarrow H_2),g) =_{\mathrm{Df}} \varphi_4(Wert^\mu(H_1,g), Wert^\mu(H_2,g))$.

Entsprechend dem zweiwertigen Fall nennen wir einen Ausdruck *μ-allgemeingültig* bzw. Ausdrücke H_1 und H_2 *semantisch μ-äquivalent* genau dann, wenn für jede aussagenlogische Belegung g über μ

$$Wert^\mu(H,g) \in V^*$$

bzw.

$$Wert^\mu(H_1,g) = Wert^\mu(H_2,g)$$

gilt.

Zu den Ausführungen über „klassische“ Aussagenkalküle bemerken wir abschließend, daß nach dem gleichen Muster auch *„nichtklassische“* oder *„allgemeine“* Aussagenkalküle, und zwar sowohl zweiwertige als auch mehrwertige, konstituiert werden können. Das Wesentliche dabei ist, daß man nicht die „klassischen“, sondern irgendwelche anderen Konnektoren und damit, wenn man Extensionalität voraussetzt, eine bestimmte Menge aussagenlogischer Wahrheitsfunktionen und eine entsprechende Syntax bei der Konstituierung eines derartigen Aussagenkalküls zugrunde legt.

Als nächstes konstituieren wir den klassischen zweiwertigen Prädikatenkalkül der ersten Stufe, d. h. genauer, den *klassischen zweiwertigen Funktionen-Prädikaten-Kalkül der ersten Stufe mit Identität.*

Dazu gehen wir von den folgenden semantischen Begriffsbildungen aus.

1. *Individuenbereich J.* – Darunter verstehen wir eine beliebige nichtleere Klasse (im Sinne der stufenfreien Mengenlehre). Die Elemente aus J heißen *Individuen* und werden durch ξ (evtl. mit Indizes) bezeichnet. In unserem Kalkül entsprechen den Individuen syntaktisch die *Individuenvariablen.*

2. *Funktionen* φ^i *über* J (i Stellenzahl von φ^i, i natürliche Zahl, evtl. gleich Null). – Wir sagen, daß φ^i eine i-stellige Funktion über J sei genau dann, wenn φ^i eine Abbildung ist, die jedem i-Tupel $[\xi_1, \ldots, \xi_i]$ von Individuen aus J eindeutig ein Individuum aus J, angedeutet durch $\varphi^i(\xi_1, \ldots, \xi_i)$, zuordnet. Im Kalkül entsprechen den Funktionen syntaktisch die *Funktionenvariablen.*

3. *Zweiwertige Attribute* α^i *über* J (i Stellenzahl von α^i, i natürliche Zahl, evtl. gleich Null). – Wir sagen, daß α^i ein zweiwertiges Attribut über J sei genau dann, wenn α^i eine Abbildung ist, die jedem i-Tupel $[\xi_1, \ldots, \xi_i]$ von Individuen aus J eindeutig einen Wahrheitswert aus $\{1, 0\}$, angedeutet durch $\alpha^i(\xi_1, \ldots, \xi_i)$, zuordnet. Im Kalkül entsprechen den Attributen syntaktisch die *Attributenvariablen* (häufig *Prädikatenvariablen* genannt).

4. Die *zweiwertige Identität* I. – I ist diejenige eindeutige Abbildung, die jedem Individuenbereich J dasjenige zweistellige Attribut I_J über J zuordnet, das durch folgende Bedingung (eindeutig) festgelegt ist: $I_J(\xi_1, \xi_2) = 1$ genau dann, wenn $\xi_1 = \xi_2$ ($\xi_1, \xi_2 \in J$). In unserem Kalkül wird I durch das Zeichen „$=$“ formalisiert.

5. Schließlich formalisieren wir außer den bereits angegebenen „aussagenlogischen“ Konnektoren *„nicht“*, *„und“*, *„oder“*, *„wenn–so“*, *„genau dann, wenn“* zusätzlich noch die sogenannten *„prädikatenlogischen“* Konnektoren *„für jedes“* und *„es gibt ein“*, nämlich durch die Symbole „$\forall$“ und „$\exists$“. Die Formulierung „Prädikatenkalkül der ersten Stufe“ besagt, daß die angegebenen Konnektoren nur auf Individuenvariablen, jedoch weder auf Funktionen- noch auf Attributenvariablen angewendet werden dürfen.

Wie im aussagenlogischen Fall entnehmen wir wiederum der Erfahrung, daß auch die angegebenen prädikatenlogischen Konnektoren sich logisch zweiwertig und extensional[1] verhalten. Zur korrekten begrifflichen Er-

[1] Das Extensionalitätsprinzip wird bei dieser Definition in der Weise erfüllt, daß bei gegebener Belegung der Variablen der Wahrheitswert eines Ausdruckes der Form $\forall x H(x)$ und $\exists x H(x)$ nur von dem Attribut α über J, das durch den Ausdruck $H(x)$ bezüglich der Individuenvariablen x festgelegt ist, abhängt, nicht jedoch von dem Ausdruck $H(x)$ selbst. Dieses Prinzip kann in zwei Schritten wie folgt verschärft werden:

1. Der Wahrheitswert von $\forall x H(x)$ und $\exists x H(x)$ hängt höchstens ab von der Kardinalzahl von $\{\xi : \xi \in J$ und $\alpha(\xi) = 1\}$ und der Kardinalzahl von $\{\xi : \xi \in J$ und $\alpha(\xi) = 0\}$, jedoch nicht mehr direkt von α ab. (Fortsetzung S. 168)

fassung dieser Forderung führen wir den Begriff der *zweiwertigen prädikatenlogischen Wahrheitsfunktion über J* ein; darunter verstehen wir eine beliebige eindeutige Abbildung Φ, die jedem Individuenbereich J und jedem zweiwertigen einstelligen Attribut α über J einen Wahrheitswert aus $\{1, 0\}$, angedeutet durch $\Phi_J(\alpha)$, zuordnet. Ebenfalls aus der Erfahrung entnehmen wir, daß das logische Verhalten der genannten prädikatenlogischen Konnektoren in der angegebenen Reihenfolge durch die prädikatenlogischen Wahrheitsfunktionen *om* und *ex* beschrieben werden kann, wobei gilt:

$$om_J(\alpha^1) =_{\mathrm{Df}} \begin{cases} 1, & \text{falls für alle } \xi \in J \text{ gilt: } \alpha^1(\xi) = 1 \\ 0 & \text{sonst} \end{cases}$$

$$ex_J(\alpha^1) =_{\mathrm{Df}} \begin{cases} 1, & \text{falls es ein } \xi \in J \text{ gibt mit } \alpha^1(\xi) = 1 \\ 0 & \text{sonst.} \end{cases}$$

Zum Aufbau der Ausdrücke des klassischen zweiwertigen Prädikaten-Funktionen-Kalküls der ersten Stufe mit Identität legen wir das folgende Alphabet zugrunde:

$$B =_{\mathrm{Df}} v \mid f \mid A \mid * \mid + \mid \sim \mid \wedge \mid \vee \mid \rightarrow \mid \leftrightarrow \mid \forall \mid \exists \mid = \mid (\mid).$$

Beliebige endliche lineare Zeichenreihen, die aus Buchstaben dieses Alphabets gebildet werden können, deuten wir wieder durch Z (evtl. mit Indizes) an.

Wir definieren als nächstes *Individuen-*, *Funktionen-* und *Attributenvariablen.*

1. v ist eine Individuenvariable.
2. Ist die Zeichenreihe Z eine Individuenvariable, so ist auch $Z*$ eine Individuenvariable.
3. Die leere Zeichenreihe φ ist ein Indexpaar.
4. Ist die Zeichenreihe Z ein Indexpaar, so sind die Zeichenreihen $+Z$ und $Z*$ Indexpaare.

2. Der Wahrheitswert von $\forall x H(x)$ und $\exists x H(x)$ hängt höchstens ab von der Menge $\{\alpha(\xi) : \xi \in J\}$ der Wahrheitswerte, die α (auf J) annimmt, jedoch nicht mehr von den unter 1 gekennzeichneten Kardinalzahlen. – Die angegebenen Funktionen om_J und ex_J erfüllen offenbar Bedingung 1, sogar Bedingung 2. Dagegen erfüllt die prädikatenlogische Wahrheitsfunktion, die den Konnektor „es gibt mindestens drei Elemente x, so daß gilt" charakterisiert, zwar noch Bedingung 1, jedoch nicht mehr Bedingung 2.

5. Ist die Zeichenreihe Z ein Indexpaar, so ist die Zeichenreihe fZ eine Funktionsvariable und die Zeichenreihe AZ eine Attributenvariable.
6. Keine weiteren Zeichenreihen sind Indexpaare, Individuen-, Funktionen- bzw. Attributenvariablen.

Individuenvariablen der Form $v \underbrace{* \cdots *}_{j\text{-mal}}$ deuten wir durch v_j, Funktionen- bzw. Attributenvariablen der Form $f\underbrace{+\cdots+}_{i\text{-mal}}\underbrace{*\cdots*}_{k\text{-mal}}$ bzw. $A\underbrace{+\cdots+}_{i\text{-mal}}\underbrace{*\cdots*}_{k\text{-mal}}$ deuten wir durch f_k^i bzw. A_k^i (i, j, k natürliche Zahlen, evtl. gleich Null) an.

Schließlich definieren wir wie üblich *funktionale* und *logische Ausdrücke* induktiv.

1. Jede Individuenvariable und jede Funktionenvariable der Form f_k^0 ist ein funktionaler Ausdruck.
2. Ist $i \geqq 1$ und sind die Zeichenreihen $Z_1, \ldots, Z_i$ funktionale Ausdrücke, so ist auch die Zeichenreihe $f_k^i(Z_1, \ldots, Z_i)$ ein funktionaler Ausdruck.
3. Jede Attributenvariable der Form A_k^0 ist ein logischer Ausdruck.
4. Ist $i \geqq 1$ und sind die Zeichenreihen $Z_1, \ldots, Z_i$ funktionale Ausdrücke, so ist die Zeichenreihe $A_k^i Z_1 \cdots Z_i$ ein logischer Ausdruck.
5. Sind die Zeichenreihen Z_1 und Z_2 funktionale Ausdrücke, so ist die Zeichenreihe $Z_1 = Z_2$ ein logischer Ausdruck.
6. Sind die Zeichenreihen Z_1 und Z_2 logische Ausdrücke, so sind auch die Zeichenreihen $\sim Z_1$, $(Z_1 \wedge Z_2)$, $(Z_1 \vee Z_2)$, $(Z_1 \rightarrow Z_2)$ und $(Z_1 \leftrightarrow Z_2)$ logische Ausdrücke.
7. Ist die Zeichenreihe Z ein logischer Ausdruck, so sind auch die Zeichenreihen $\forall v_j Z$ und $\exists v_j Z$ logische Ausdrücke.
8. Keine weiteren Zeichenreihen sind funktionale bzw. logische Ausdrücke.

Funktionale bzw. logische Ausdrücke werden im folgenden durch T bzw. H (evtl. mit Indizes versehen) bezeichnet.

Wir *interpretieren* jetzt die definierten funktionalen und logischen Ausdrücke.

Gegeben sei ein beliebiger Individuenbereich J. Wir sagen, daß $[f,g]$ eine *prädikatenlogische Belegung über J* sei, genau dann wenn gilt:

1. f ist eine eindeutige Abbildung, die jeder Funktionenvariablen f_k^i eine i-stellige Funktion über J, angedeutet durch $f(f_k^i)$, und jeder Attributenvariablen A_k^i ein i-stelliges Attribut über J, angedeutet durch $f(A_k^i)$, zuordnet.

2. g ist eine eindeutige Abbildung, die jeder Individuenvariablen v_j ein Individuum aus J, angedeutet durch $g(v_j)$, zuordnet.

Wir definieren nun induktiv über die Kompliziertheit der funktionalen und logischen Ausdrücke die beiden folgenden Funktionen *Element* und *Wert*, und zwar mit der folgenden Bedeutung:

> $Element_J(T;f,g) =_{Df}$ *dasjenige Element aus* J, *das dem funktionalen Ausdruck* T *bei der Belegung* $[f,g]$ *zugeordnet ist.*
> $Wert_J(H;f,g) =_{Df}$ *derjenige Wahrheitswert aus* $\{1, 0\}$, *den der logische Ausdruck* H *bei der Belegung* $[f,g]$ *annimmt.*

1. $Element_J(v_j;f,g) =_{Df} g(v_j)$
2. $Element_J(f_k^0;f,g) =_{Df} f(f_k^0)$
3. $Element_J(f_k^i(T_1,\ldots,T_i);f,g) =_{Df}$
$f(f_k^i)(Element_J(T_1;f,g),\ldots,Element_J(T_i;f,g))$
4. $Wert_J(A_k^0;f,g) =_{Df} f(A_k^0)$
5. $Wert_J(A_k^i T_1 \cdots T_i;f,g) =_{Df}$
$f(A_k^i)\,(Element_J(T_1;f,g),\ldots,Element_J(T_i;f,g))$
6. $Wert_J(T_1 = T_2;f,g) =_{Df} I_J(Element_J(T_1;f,g), Element(T_2;f,g))$
7. $Wert_J(\sim H;f,g) =_{Df} non(Wert_J(H;f,g))$
8. $Wert_J((H_1 \wedge H_2);f,g) =_{Df} et(Wert_J(H_1,f), Wert_J(H_2,f,g))$
9. $Wert_J((H_1 \vee H_2);f,g) =_{Df} vel(Wert_J(H_1;f,g), Wert_J(H_2;f,g))$
10. $Wert_J((H_1 \rightarrow H_2);f,g) =_{Df} seq(Wert_J(H_1,f,g), Wert_J(H_2;f,g))$
11. $Wert_J((H_1 \leftrightarrow H_2);f,g) =_{Df} aeq(Wert_J(H_1,f,g), Wert_J(H_2;f,g))$
12. $Wert_J(\forall v_j H;f,g) =_{Df} om_J(\alpha^1)$
13. $Wert_J(\exists v_j H;f,g) =_{Df} ex_J(\alpha^1)$,

wobei das einstellige Attribut α^1 über J wie folgt mittels H, f und g definiert ist:

$$\alpha^1(\xi) =_{Df} Wert_J(H;f,g') \quad \text{mit} \quad g'(v_j) = \xi, \quad \xi \in J,$$
$$\text{und} \quad g'(v_k) = g(v_k) \quad \text{für alle} \quad k \neq j.$$

In Analogie zum klassischen Aussagenkalkül nennen wir einen Ausdruck H *in* J *allgemeingültig* bzw. *Ausdrücke* H_1 *und* H_2 *in* J *semantisch äquivalent* genau dann, wenn für jede prädikatenlogische Belegung $[f,g]$ über J

$$Wert_J(H;f,g) = 1$$

bzw.

$$Wert_J(H_1;f,g) = Wert_J(H_2;f,g)$$

gilt.

Gelten diese Bedingungen in jedem Individuenbereich, so sagen wir, daß H *allgemeingültig* ist und H_1, H_2 *semantisch äquivalent* sind.

Wie beim klassischen Aussagenkalkül gehen wir jetzt zu mehrwertigen Interpretationen der Ausdrücke des konstituierten klassischen Prädikaten-Funktionen-Kalküls der ersten Stufe mit Identität über.

Dazu fassen wir als erstes die bei der zweiwertigen Interpretation des zuletzt betrachteten Kalküls verwendeten semantischen Begriffsbildungen zum Begriff der *klassischen zweiwertigen prädikatenlogischen Algebra* zusammen, indem wir das folgende Zehntupel bilden:

$$\pi_2 =_{\mathrm{Df}} [\{1, 0\}, \{1\}, \mathit{non}, \mathit{et}, \mathit{vel}, \mathit{seq}, \mathit{aeq}, \mathit{om}, \mathit{ex}, I].$$

Dieser Begriff wird nun wie folgt auf den mehrwertigen Fall übertragen. Gegeben seien eine klassische mehrwertige aussagenlogische Algebra

$$\mu =_{\mathrm{Df}} [V, V^*, \varphi_0, \varphi_1, \varphi_2, \varphi_3, \varphi_4]$$

sowie ein beliebiger Individuenbereich J. Unter einem i-stelligen V-Attribut über J verstehen wir eine beliebige eindeutige Abbildung von der Menge aller i-Tupel von Individuen aus J in die Menge V. In Analogie zum zweiwertigen Fall nennen wir eine beliebige eindeutige Abbildung Φ, die jedem Individuenbereich J und jedem einstelligen V-Attribut α^1 über J ein Element $\Phi_J(\alpha^1)$ aus V zuordnet, *V-mehrwertige prädikatenlogische Wahrheitsfunktion*. Wir zeichnen zwei derartige Funktionen, angedeutet durch Φ_1 und Φ_2, aus. Schließlich fixieren wir eine eindeutige Abbildung ι^2, die jedem Individuenbereich J ein zweistelliges V-Attribut über J, angedeutet durch ι_J^2, zuordnet, wobei ι_J^2 für alle ξ_1, $\xi_2 \in J$ die folgende Bedingung[1] erfüllen soll:

$$\iota_J^2(\xi_1, \xi_2) \in V^* \quad \text{genau dann, wenn} \quad \xi_1 = \xi_2.$$

[1] Durch diese Bedingung ist im zweiwertigen Fall offenbar genau ein Attribut, nämlich die zweiwertige Identität über J, definiert. In der mehrwertigen Logik gibt es im allgemeinen mehrere (unter Umständen sehr viele) derartige Attribute, und man kann ohne zusätzliche Voraussetzungen keines unter diesen auszeichnen. Da es aber „natürliche“ zusätzliche Voraussetzungen, d. h., die für jeden Individuenbereich J und für jede Menge V von Wahrheitswerten „vernünftig“ sind, offenbar nicht gibt, muß man sich damit abfinden, daß der Identitätsbegriff in der mehrwertigen Logik nicht eindeutig präzisierbar ist.

In Analogie zu den früher definierten Begriffen bilden wir nun das Zehntupel

$$\pi =_{\mathrm{Df}} [V, V^*, \varphi_0, \varphi_1, \varphi_2, \varphi_3, \varphi_4, \Phi_1, \Phi_2, \iota]$$

und nennen π *klassische mehrwertige prädikatenlogische Algebra.*

Ein geordnetes Paar $[f,g]$ heißt nun eine *prädikatenlogische Belegung über J und V*, falls es wie im zweiwertigen Fall definiert wird, mit der einzigen Abänderung, daß die Belegung f jetzt jeder Attributenvariablen ein V-Attribut über J zuordnet.

Als nächstes definieren wir die Funktionen $Element_J(H;f,g)$ und $Wert_J^\pi(H;f,g)$, wobei zu beachten ist, daß in die Definition für Element nicht das volle π, sondern nur J eingeht. Bei der Definition der Abbildung *Element* ändert sich nichts, und für die Abbildung *Wert* schreiben wir nur die folgenden Definitionsgleichungen auf, weil die fehlenden sich unmittelbar aus früheren Betrachtungen ergeben.

$$Wert_J^\pi(T_1 = T_2;f,g) =_{\mathrm{Df}} \iota_J^2(Element_J(T_1;f,g), Element_J(T_2;f,g))$$
$$Wert_J^\pi(\forall v_j H;f,g) =_{\mathrm{Df}} \Phi_{1J}(\alpha^1)$$
$$Wert_J^\pi(\exists v_j H;f,g) =_{\mathrm{Df}} \Phi_{2J}(\alpha^1),$$

wobei das Attribut α^1 wie früher definiert wird.

Wir sagen, daß ein Ausdruck H in J *π-allgemeingültig* ist bzw. Ausdrücke H_1 und H_2 in J *semantisch π-äquivalent* sind genau dann, wenn für jede prädikatenlogische Belegung $[f,g]$ über J und π gilt:

$$Wert_J^\pi(H;f,g) \in V^*$$

bzw.

$$Wert_J^\pi(H_1;f,g) = Wert_J^\pi(H_2;f,g).$$

Gelten diese Bedingungen wieder in jedem Individuenbereich, so nennen wir H *π-allgemeingültig* und H_1, H_2 *semantisch π-äquivalent.*

Abschließend sei noch bemerkt, daß man „nichtklassische" oder „allgemeine" Prädikatenkalküle aufbauen kann, wenn man den Begriff der prädikatenlogischen Wahrheitsfunktion folgendermaßen verallgemeinert: Φ ist eine *V-mehrwertige prädikatenlogische Wahrheitsfunktion vom Typ* $[[i_1, \ldots, i_m], [j_1, \ldots, j_n]]$ genau dann, wenn Φ eine Abbildung ist, die jedem Individuenbereich J und jedem m-Tupel $[\overset{i_1}{\varphi_1}, \ldots, \overset{i_m}{\varphi_m}]$ von Funktionen (der angegebenen Stellenzahlen) über J und jedem n-Tupel $[\overset{j_1}{\alpha_1}, \ldots, \overset{j_n}{\alpha_n}]$ von V-Attributen (der angegebenen Stellenzahlen) über J eindeutig einen Wahrheitswert aus V, angedeutet durch $\Phi_J(\overset{i_1}{\varphi_1}, \ldots, \overset{i_m}{\varphi_m}; \overset{j_1}{\alpha_1}, \ldots, \overset{j_n}{\alpha_n})$, zuordnet.

8.3. Graphschemata. Interpretierte Fragebogen

Ausgehend von den Arbeiten von JANOW [39], KALOUJNINE [40], LJAPUNOW [44], hat THIELE in [70], [71], [72] allgemeine Methoden zur Beschreibung und Bewertung algorithmischer Prozesse entwickelt. Für diese Methoden haben sich die Bezeichnungen *„Graphschemata"* bzw. *„Graphschematakalküle"* eingebürgert.

Wenn man die in den genannten Arbeiten entwickelten Ideen und Resultate geeignet spezialisiert, kommt man zum Begriff des *interpretierten Fragebogens*. Wir wollen aus Platzgründen hier jedoch nicht die allgemeine Theorie der Graphschemata und Graphschematakalküle entwickeln und dann spezialisieren, sondern interpretierte Fragebogen direkt definieren. Dabei verwenden wir Ausdrucksmittel des klassischen Prädikaten-Funktionen-Kalküls der ersten Stufe mit Identität.

Definition. $F = [Z, \Gamma, z_0, E, \pi, J, f, H^*, \Phi, \Psi, \Xi]$ heißt *interpretierter Fragebogen* $=_{Df}$

1. $[Z, \Gamma, z_0, E]$ ist ein Fragebogengerüst.
2. π ist eine klassische mehrwertige prädikatenlogische Algebra mit V als Menge ihrer Wahrheitswerte und V^* als Menge ihrer ausgezeichneten Wahrheitswerte.
3. J ist ein Individuenbereich.
4. f ist eine Belegung der Funktionenvariablen mit Funktionen über J und der Attributenvariablen mit V-Attributen über J.
5. H^* ist ein Ausdruck des klassischen Prädikaten-Funktionen-Kalküls der ersten Stufe mit Identität.
6. Φ ist eine eindeutige Abbildung von Γ in V, wobei für alle $x \in Q$ und für alle $z, z' \in Z$ gilt: Wenn $[x, z], [x, z'] \in \Gamma$ und $z \neq z'$, so gilt $\Phi([x, z]) \neq \Phi([x, z'])$, d. h., Φ ist auf der Menge der Bogen, die in x beginnen, eindeutig umkehrbar.
7. Ψ ist eine eindeutige Abbildung, die jedem $x \in Q$ (also jeder Nichtsenke) einen logischen Ausdruck zuordnet.
8. Ξ ist eine eindeutige Abbildung, die jedem $y \in E$ (also jeder Senke) einen (funktionalen oder logischen) Ausdruck oder eine Wertzuweisung[1] oder ein Element aus einer Menge U, in der weder ein Ausdruck noch eine Wertzuweisung liegt, zuordnet.

[1] Zur Definition vgl. S. 192.

Ein im definierten Sinne interpretierter Fragebogen soll dazu dienen, Individuen und Vektoren aus Individuen von J zu *klassifizieren.* Diese Aufgabe wird allgemein dadurch präzisiert, daß wir definieren, in welchem Sinne ein derartiger Fragebogen Belegungen g der Individuenvariablen mit Individuen aus J klassifiziert.

Häufig ist es unnötig, von vornherein alle Belegungen g zuzulassen. Wir haben dazu den Ausdruck H^* eingeführt und sagen, daß g *bezüglich* **F** *zulässig* ist genau dann, wenn $Wert_J^\pi(H^*;f,g) \in V^*$ gilt. Wir bezeichnen die Menge der bezüglich **F** zulässigen Belegungen durch $\mathfrak{G}$.

Wir definieren jetzt, wie die Abarbeitung eines Fragebogens erfolgen soll. Dazu sei eine beliebige bezüglich **F** zulässige Belegung g der Individuenvariablen mit Elementen des betrachteten Individuenbereiches J gegeben. In der Sprache der Rechentechnik bedeutet dies, daß die aktuellen Werte der Variablen festgelegt sind. Wir rechnen nun den (logischen) Wert des Ausdrucks, der der Quelle des Graphen zugeordnet ist, für $[f,g]$ aus und wählen unter den in der Quelle beginnenden Bogen denjenigen aus, der mit dem errechneten logischen Wert belegt ist. Der ausgewählte Bogen endet in einem wohlbestimmten Knoten, und diesem Knoten ist wiederum ein Ausdruck zugeordnet. Der eben beschriebene Rechen- und Auswahlprozeß wird nun wiederholt, jedoch mit dem erhaltenen Knoten und Ausdruck.

Im Hinblick auf die sequentielle Abfolge des beschriebenen Prozesses unterscheiden wir drei Fälle:

Fall 1. Nach endlich vielen Schritten ergibt sich das erstemal die Situation, daß es zu dem errechneten Wahrheitswert keinen Bogen gibt, der in dem betreffenden Knoten beginnt und mit diesem Wahrheitswert belegt ist. In diesem Fall soll der Prozeß ohne Resultat abbrechen (irreguläres STOP).

Fall 2. Nach endlich vielen Schritten ergibt sich das erstemal die Situation, daß der Endpunkt des ausgewählten Bogens eine Senke y des Graphen ist. In diesem Fall soll der Prozeß ebenfalls abbrechen; im Gegensatz zu Fall 1 jedoch mit Resultat (reguläres STOP). Liegt das Element $\Xi(y)$, das der erreichten Senke y durch Ξ zugeordnet ist, in U, so wird $\Xi(y)$ selbst als Resultat definiert; ist jedoch $\Xi(y)$ ein funktionaler bzw. ein logischer Ausdruck bzw. eine Wertzuweisung, so definieren wir

$Element_J(\Xi(y);f,g)$ bzw. $Wert_J^\pi(\Xi(y);f,g)$ bzw. $Resultat_J(\Xi(y),\beta)$[1]
als Resultat.

[1] Zur Definition vgl. S. 192.

Fall 3. Es gilt weder Fall 1 noch Fall 2, d. h. auf Grund unserer Definitionen, daß der Prozeß ad infinitum fortläuft. Dieser Fall tritt aber offenbar genau dann ein, wenn man in einen *Kreis* des Graphen gerät (und ihn auf Grund der Tatsache, daß keine Informationsverarbeitung stattfindet, also die Belegung g nicht verändert wird, auch nicht mehr verlassen kann) und beim Durchlaufen dieses Kreises weder Fall 1 noch Fall 2 eintritt.

Die bezüglich **F** zulässigen Belegungen werden durch **F** folgendermaßen klassifiziert. Belegungen g und g' werden genau dann in dieselbe Klasse aufgenommen, wenn bei beiden der Abarbeitungsprozeß mit einem Resultat abbricht (Fall 2), und zwar mit demgleichen. Die Belegungen, bei denen der Abarbeitungsprozeß ohne Resultat abbricht (Fall 1) oder bei denen er nicht beendet wird (Fall 3), gelten als nicht klassifizierbar und werden in einer besonderen Klasse („*Klasse der nichtklassifizierbaren Belegungen*") zusammengefaßt.

Wir stellen ferner fest, daß durch einen interpretierten Fragebogen eine eindeutige Abbildung realisiert wird, die zulässigen Belegungen (nicht notwendig allen) bestimmte Objekte (Resultate) zuordnet. Unter gewissen Voraussetzungen können wir diese Abbildung auch als mehrwertiges partielles Attribut auffassen (vgl. S. 177),

Beispiel[1]. Gegeben seien die Menge R der reellen Zahlen sowie reelle Intervalle I_0, I_1, I_2 so, daß $I_2 \subseteqq I_1$ gilt. Wir definieren die Attribute $\alpha_0^1, \alpha_1^1, \alpha_2^1$ über R:

$$\alpha_j^1(\xi) =_{\mathrm{Df}} \begin{cases} 1, & \text{falls } \xi \in I_j \\ 0, & \text{falls } \xi \notin I_j \end{cases} \qquad (j = 0, 1, 2)$$

sowie die Mengen:

$$M_0 =_{\mathrm{Df}} (I_0 \cup I_1) \setminus I_2$$
$$M_1 =_{\mathrm{Df}} \overline{I_0} \cap \overline{I_1}$$
$$M_2 =_{\mathrm{Df}} I_2$$

und konstruieren einen interpretierten Fragebogen, mit dem festgestellt werden kann, in welcher der Mengen M_0, M_1, M_2 ein beliebiges Element $\xi \in R$ liegt.

$$\mathbf{F} = [\mathrm{Z}, \Gamma, z_0, \mathrm{E}, \pi, J, f, H^*, \Phi, \Psi, \Xi],$$

[1] Weitere Beispiele findet man in Kapitel X.

wobei

$$Z =_{\mathrm{Df}} \{x_0, x_1, x_2, y_1, y_2, y_3\},$$

$$\Gamma =_{\mathrm{Df}} \{[x_0, x_1], [x_0, x_2], [x_1, x_2], [x_1, y_3], [x_2, y_1], [x_2, y_2]\},$$

$$z_0 =_{\mathrm{Df}} x_0,$$

$$\mathrm{E} =_{\mathrm{Df}} \{y_1, y_2, y_3\},$$

$$\pi =_{\mathrm{Df}} \text{klassische zweiwertige prädikatenlogische Algebra},$$

$$J =_{\mathrm{Df}} R,$$

$$f(A_j^1) =_{\mathrm{Df}} \begin{cases} \alpha_j^1 & \text{für } j = 0, 1, 2 \\ \text{beliebig} & \text{für } j \geqq 3, \end{cases}$$

$$H^* =_{\mathrm{Df}} \text{ein beliebiger allgemeingültiger Ausdruck},$$

$$\Phi([z, z']) =_{\mathrm{Df}} \begin{cases} 1, & \text{falls } [z, z'] \in \{[x_0, x_2], [x_1, x_2], [x_2, y_1]\} \\ 0, & \text{sonst}, \end{cases}$$

$$\Psi(x_j) =_{\mathrm{Df}} A_j^1 v \quad \text{für } j = 0, 1, 2$$

$$\Xi(y_1) =_{\mathrm{Df}} 0, \quad \Xi(y_2) =_{\mathrm{Df}} \frac{1}{2}, \quad \Xi(y_3) =_{\mathrm{Df}} 1.$$

Graphisch ergibt sich folgender Fragebogen, wobei wie üblich die Ecken durch Kreise und die Bogen durch Pfeile dargestellt werden. Dabei schreiben wir in dieser wie in den weiteren Abbildungen anstelle der durch f interpretierten Ausdrücke der Form $A_j^1 v$ kurz anschaulicher $\xi \in I_j$.

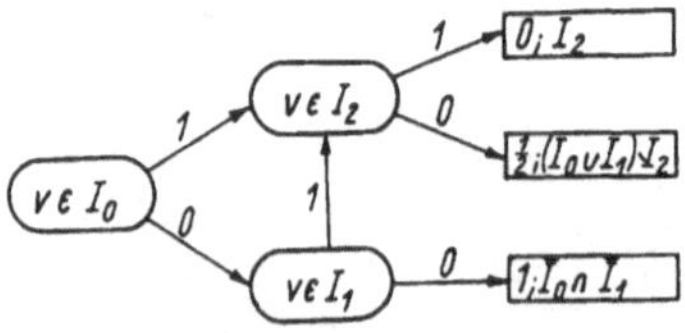

Abb. 8.3.1. Interpretierter Fragebogen mit einem Zyklus

Bemerkung. Bei der Abarbeitung der definierten interpretierten Fragebogen findet keine Informationsverarbeitung statt in dem Sinne, daß die Belegung g verändert wird. Die Leistungsfähigkeit unserer Fragebogen wird aber offenbar wesentlich erhöht, wenn man solche Verarbeitungsmöglichkeiten schafft. Dazu verallgemeinern wir den Begriff des Fragebogengerüstes in der Weise, daß in den betreffenden Graphen auch sogenannte *funktionale* Knoten (d. h. Knoten, in denen genau ein Bogen entspringt) vorkommen dürfen.[1] Diese Knoten werden dann durch Ψ mit

[1] Man vergleiche dazu 9.2.

sogenannten *funktionalen Ergibtanweisungen*, d. h. Ausdrücken der Form

$$v_j := T$$

belegt. Wird bei der Abarbeitung ein derartiger Knoten durchlaufen, so wird die Belegung g zu g' wie folgt abgeändert:

$$g'(v_n) =_{\mathrm{Df}} \begin{cases} Element_J(T;f,g), & \text{falls } n = j \\ g(v_n), & \text{falls } n \neq j. \end{cases}$$

Darüber hinaus ist es möglich, funktionalen Knoten funktionale Ergibtanweisungen der Form

$$f_k^0 := T$$

oder *logische Ergibtanweisungen* der Form

$$A_k^0 := H$$

zuzuordnen. In diesem Fall muß die Belegung f zu f' abgeändert werden:

$$f'(f_n^0) =_{\mathrm{Df}} \begin{cases} Element_J(T;f,g), & \text{falls } n = k \\ f(f_n^0), & \text{falls } n \neq k \end{cases}$$

$$f'(A_n^0) =_{\mathrm{Df}} \begin{cases} Wert_J^{\pi}(H;f,g), & \text{falls } n = k \\ f(A_n^0), & \text{falls } n \neq k. \end{cases}$$

Es ist bekannt, daß man mehrwertige Attribute durch mehrere zweiwertige charakterisieren kann. Analog zeigen wir jetzt, daß die eindeutige Abbildung, die durch die Abarbeitung eines interpretierten Fragebogens definiert wird, sehr einfach durch ein System zweiwertiger Attribute beschreibbar ist.

Gegeben sei ein beliebiger Bogen $[z_\nu, z_{\nu'}]$ aus **F**. Wir definieren

$$\alpha_{[z_\nu, z_{\nu'}]}(g) =_{\mathrm{Df}} \begin{cases} 1, & \text{falls } Wert_J^{\pi}(\Psi(z_\nu);f,g) = \Phi([z_\nu, z_{\nu'}]) \\ 0, & \text{sonst.} \end{cases}$$

Ist ferner $w = [z_{\nu_0}, z_{\nu_1}, \ldots, z_{\nu_m}]$ ein beliebiger Weg in **F**, so setzen wir

$$\alpha_w(g) =_{\mathrm{Df}} \bigwedge_{\mu=0}^{m-1} \alpha_{[z_{\nu_\mu}, z_{\nu_{\mu+1}}]}(g).$$

Gegeben sei nun ein Knoten z mit $z \neq z_0$. Wir bezeichnen durch $W(z)$ die Menge aller Wege in **F**, die in z_0 beginnen und in z enden. Außerdem setzen wir

$$\alpha_{H^*}(g) =_{\mathrm{Df}} \begin{cases} 1, & \text{falls } Wert_J^{\pi}(H^*;f,g) \in V^* \\ 0, & \text{sonst} \end{cases}$$

und definieren abschließend

$$\bar{\alpha}_z(g) =_{\mathrm{Df}} \alpha_{H^*}(g) \wedge \bigvee_{w \in \mathrm{W}(z)} \alpha_w(g).$$

Bemerkung. Kommen in **F** Kreise vor, so kann die Menge $\mathrm{W}(z)$ unendlich und damit die in der letzten Definition stehende Alternative unendlich werden.

Offenbar gilt das folgende

Theorem 8.3.1. *g ist eine bezüglich* **F** *zulässige Belegung und bei Eingabe von g endet der Abarbeitungsprozeß in der Senke y genau dann, wenn* $\bar{\alpha}_y(g) = 1$.

Im folgenden werden wir uns an vielen Stellen darauf beschränken, durch Ξ den Senken eindeutig umkehrbar die Wahrheitswerte $0, \frac{1}{N-1}, \frac{2}{N-1}, \ldots, 1$ aus $V \cup U$ zuzuordnen. Die in diesem Fall durch den betreffenden Fragebogen definierten Klassen bezeichnen wir stets durch $K_0, K_1, K_2, \ldots, K_{N-1}, K_N$, wobei K_N die Klasse der nichtklassifizierbaren (zulässigen) Belegungen ist.

Bei dem in Abb. 8.3.1 angegebenen Beispiel sind die Klassen in die Senken eingetragen.

Die weitere, heute noch nicht abgeschlossene Entwicklung der Theorie interpretierter Fragebogen wird – wie z. B. auch in der Theorie der Algorithmen, Automaten und Netzwerke – durch drei Hauptprobleme bestimmt: das *Syntheseproblem*, das *Äquivalenzproblem* und das *Optimierungsproblem*.

Beim *Syntheseproblem* ist eine Klasseneinteilung $\mathfrak{K}$ gegeben. Gesucht ist ein interpretierter Fragebogen, der $\mathfrak{K}$ realisiert. Fordert man keine zusätzlichen Einschränkungen und läßt nichtkonstruktive Methoden zu, ist dieses Problem trivial lösbar, jedoch ist die Lösung in der Regel unbrauchbar, da zu starke Hilfsmittel verwendet werden oder die Lösung nicht effektiv vorliegt. Demgemäß versteht man unter einer nichttrivialen Lösung des Syntheseproblems einen Algorithmus (Synthesealgorithmus), der für einen möglichst umfassenden Typ von Klasseneinteilungen zu jeder Klasseneinteilung $\mathfrak{K}$ dieses Typs in endlich vielen Schritten einen $\mathfrak{K}$ realisierenden interpretierten Fragebogen konstruiert, wobei im Hinblick auf die im Fragebogen verwandten Ausdrücke bestimmte Einschränkungen nicht verletzt werden dürfen.

Wir definieren jetzt die *Äquivalenz* von Fragebogen. Anschaulich wird man Fragebogen als „gleichwertig“ oder „äquivalent“ betrachten, wenn sie denselben Klassifizierungsprozeß realisieren. Das kann folgendermaßen präzisiert werden:

Definition. Interpretierte Fragebogen $\mathbf{F}_1$ und $\mathbf{F}_2$ heißen *J-äquivalent* genau dann, wenn die Individuenbereiche J_1 und J_2 übereinstimmen und beide Fragebogen dieselbe Klasseneinteilung realisieren.

Aus dieser Definition folgt sofort, daß für die Ausdrücke H_1^*, H_2^*, durch die die zulässigen Belegungen festgelegt sind, im Falle der Äquivalenz von $\mathbf{F}_1$ und $\mathbf{F}_2$ gilt: Für jede Belegung g über $J\,(=J_1=J_2)$: $Wert_J^{\pi_1}(H_1^*;f_1,g) \in V_1^*$ genau dann, wenn $Wert_J^{\pi_2}(H_2^*;f_2,g) \in V_2^*$.

Das Äquivalenzproblem besteht, wie üblich, darin, Entscheidungs- oder Aufzählungsalgorithmen für die definierte Äquivalenzrelation in möglichst umfangreichen Klassen von Fragebogen anzugeben.

Als *Beispiel* betrachten wir einen Fragebogen

$$\mathbf{F}' = [Z', \Gamma', z_0', \mathrm{E}', \pi, R, f, H^*, \Phi', \Psi', \Xi'],$$

der zu dem in Abbildung 8.3.1 dargestellten Fragebogen äquivalent ist, wobei die ungestrichenen Größen mit den Größen gleicher Bezeichnung des Fragebogens $\mathbf{F}$ übereinstimmen.

$$Z' =_{\mathrm{Df}} \{x_0', x_1', y_1', y_2', y_3'\},$$

$$\Gamma' =_{\mathrm{Df}} \{[x_0', x_1'], [x_0', y_1'], [x_1', y_2'], [x_1', y_3']\},$$

$$z_0' =_{\mathrm{Df}} x_0',$$

$$\mathrm{E}' =_{\mathrm{Df}} \{y_1', y_2', y_3'\},$$

$$\Phi'([z, z']) =_{\mathrm{Df}} \begin{cases} 1, & \text{falls } [z, z'] \in \{[x_0', y_1'], [x_1', y_2']\} \\ 0, & \text{sonst,} \end{cases}$$

$$\Psi'(x_0') =_{\mathrm{Df}} A_2^1 v, \quad \Psi'(x_1') =_{\mathrm{Df}} \sim A_0^1 v \wedge \sim A_1^1 v,$$

$$\Xi'(y_1') =_{\mathrm{Df}} 0, \quad \Xi'(y_2') =_{\mathrm{Df}} 1, \quad \Xi'(y_3') =_{\mathrm{Df}} \frac{1}{2}.$$

Jetzt kann man die Frage nach „optimalen“ Fragebogen stellen. Dazu müssen wir *Optimierungsgrößen* definieren. Als erste verwenden wir die

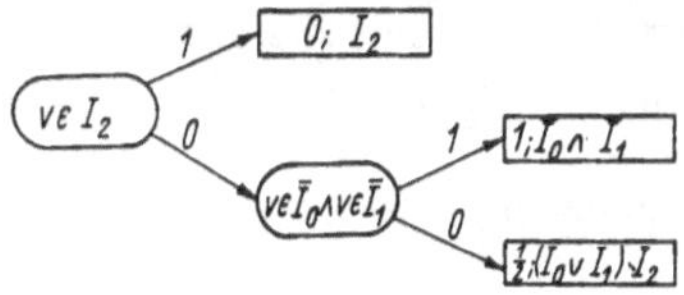

Abb. 8.3.2. Interpretierter Büschelfragebogen

Anzahl |Q| der Nichtsenken eines Fragebogens („Baukosten"). Außerdem benutzen wir den Mittelwert C der *Kompliziertheit der Wege* („Betriebskosten"). Zu dieser Definition muß eine *Bewertung* der verwendeten Ausdrücke vorliegen (vgl. [70]).

Sei $\varkappa$ eine eindeutige Abbildung von der Menge der logischen Ausdrücke in die Menge R^+ der nichtnegativen reellen Zahlen. Man kann $\varkappa(H)$ auf verschiedene Arten deuten:

– als Wertigkeit von H, d. h. als Kardinalzahl der Menge

$$\{Wert_J^\pi(H;f,g) : g \in \mathfrak{G}\},$$

– als Dauer oder Aufwand bei der Berechnung des Wahrheitswertes von H,
– als Wahrscheinlichkeit dafür, daß H richtig beantwortet wird [29],
– als Anzahl der aussagenlogisch unzerlegbaren Teilausdrücke von H [45],
– als eine anders definierte Kompliziertheit prädikatenlogischer Ausdrücke.

Sei **F** ein interpretierter Fragebogen und $w(g) = [z_{\nu_0}, \ldots, z_{\nu_m}]$ der nach Eingabe der Belegung g durchlaufene kreisfreie Weg in **F**. Dann verstehen wir unter

$$\varkappa(w(g)) =_{\mathrm{Df}} \sum_{\mu=0}^{m-1} \varkappa\left(\Psi(z_{\nu_\mu})\right)$$

die *Kompliziertheit* oder den *Aufwand* des Weges $w(g)$. Enthält $w(g)$ einen Kreis, so ist $\varkappa(w(g))$ unendlich.

Die *mittleren Kosten C* oder der *Mittelwert der Kompliziertheit der Wege* zur Klassifikation endlich vieler Belegungen[1] mittels eines interpretierten Fragebogens **F** sind dann

$$C =_{\mathrm{Df}} \frac{1}{|\mathfrak{G}|} \sum_{g \in \mathfrak{G}} \varkappa\left(w(g)\right).$$

Wir müssen verhindern, daß die Optimierung trivial wird. Wenn man nämlich innerhalb einer Äquivalenzklasse einen C-optimalen Fragebogen sucht, kann man (evtl., je nach der Definition von $\varkappa$, bei Picard jedoch immer) durch die Verwendung beliebig großer Basen leicht einen optimalen konstruieren, indem man eine einzige Frage mit mindestens N Ausgängen nimmt. Wir müssen also *Beschränkungen* in der Art (z. B. Wertigkeit) der Fragen vornehmen, um diese Trivialfälle auszuschließen. Aus programmtechnischen Gründen kommen in der Praxis außerdem noch

[1] Später können durch Verwendung eines Verteilungsgesetzes unendlich viele Belegungen zugelassen werden.

Beschränkungen in der Anzahl der Fragen vor. Beides werden wir in der Definition der *„sinnvollen“* Fragebogen (vgl. [30]) berücksichtigen.

Es seien nichtnegative ganze Zahlen $|Q_2^+|, \ldots, |Q_M^+|$ derart gewählt, daß $N - 1 \leqq \sum_{a=2}^{M} (a-1)\,|Q_a^+|$ gilt. $\sum_{a=2}^{M} |Q_a^+|$ symbolisiert die Anzahl der verfügbaren Fragen und $|Q_a^+|$ die der Basis a.

Weiterhin sei $\mathfrak{K}'$ eine Teilmenge einer vorgegebenen Klasseneinteilung $\mathfrak{K}$ von $\mathfrak{G}$ und enthalte mindestens zwei Elemente und sei H ein k-wertiger logischer Ausdruck.

Wir nennen H genau dann *sinnvoll bezüglich* $\mathfrak{K}'$, wenn H eine bestimmte Kompliziertheit nicht überschreitet und eine Klasseneinteilung von $\mathfrak{K}'$ in k Klassen liefert, von denen mindestens zwei nichtleer sind, d. h., daß z. B. im zweiwertigen Fall allgemeingültige Ausdrücke als Fragen nicht sinnvoll sind.

Man kann bei der Festlegung der oberen Grenze der Kompliziertheit Optimierungsgesichtspunkte berücksichtigen. LÜDDE (vgl. S. 227) zeigte, daß bei Zugrundelegung der aussagenlogischen Kompliziertheit alle Ausdrücke in optimalen Fragebogen die aussagenlogische Kompliziertheit 1 haben, also aussagenlogisch unzerlegbar sind. Deshalb kann man zum Zwecke der Optimierung o. B. d. A. definieren, daß nur „einfache“ Fragen (evtl. nur unmittelbar durch Automaten ausführbare Tests) sinnvoll sind. DUBAIL verwendete in ihren Beispielen ausschließlich solche Testfragen. Diese können ihrerseits noch komplizierte Audrücke darstellen. Eine Klärung dieser Probleme wird erst möglich sein, wenn wir Untersuchungen über die Kompliziertheit prädikatenlogischer Ausdrücke oder empirische Werte heranziehen.

Bei der Optimierung werden wir uns auf die Klasse folgender Fragebogen beschränken, womit wir einige Forderungen von THIELE [70] erfüllen:

Definition. Ein Fragebogen $\mathbf{F} = [Z, \Gamma, z_0, E, \pi, J, f, H^*, \Phi, \Psi, \Xi]$ heißt *bezüglich* $\mathfrak{K}$ *und* $|Q_2^+|, \ldots, |Q_M^+|$ *sinnvoll* $=_{\mathrm{Df}}$

1. $[Z, \Gamma, z_0, E, \pi, J, f, H^*, \Phi, \Psi, \Xi]$ ist interpretierter Fragebogen.
2. Alle durch Ψ den Nichtsenken zugeordneten logischen Ausdrücke sind bezüglich einer entsprechenden Teilklasseneinteilung $\mathfrak{K}'$ sinnvoll.
3. Zu jeder Zahl $|Q_a^+|$ mit $2 \leqq a \leqq M$ gibt es eine Zahl $|Q_a|$, so daß gilt:

$$0 \leqq |Q_a| \leqq |Q_a^+| \text{ und } N - 1 \leqq \sum_{a=2}^{M} (a-1)\,|Q_a|, \text{ wobei } a_M \leqq M.$$

Wenn wir die $|Q_a^+|$ beliebig groß wählen können, bedeuten sie keine Einschränkung. Durch geeignete Wahl der $|Q_a^+|$ können wir erreichen, daß nur homogene Fragebogen einer bestimmten Basis zugelassen sind. Eine Klasse s-äquivalenter heterogener Fragebogen (vgl. S. 100) erhalten wir, wenn wir die $|Q_a^+|$ so wählen, daß $N - 1 = \sum_{a=2}^{M} (a - 1) |Q_a^+|$ gilt, d. h. die $|Q_a^+|$ eindeutig bestimmt sind.

Wenn die logischen Ausdrücke beliebig kompliziert sein dürfen, sind die in Fragebogen vorkommenden Testfragen meistens sinnvoll. Auch das Syntheseproblem ist dann einfach zu lösen. Wenn sie aber die aussagenlogische Kompliziertheit 1 nicht überschreiten dürfen, ist die Konstruktion eines Fragebogens schwierig (vgl. z. B. S. 215 f.).

Einige Autoren [30], [45] brauchen für die Optimierung den Begriff des interpretierten Unterfragebogens.

Definition. $\mathbf{F}' = [Z', \Gamma', z_0', E', \pi', J', f', H^{*\prime}, \Phi', \Psi', \Xi']$ heißt *vollständiger (interpretierter) Unterfragebogen eines Fragebogens*

$$\mathbf{F} = [Z, \Gamma, z_0, E, \pi, J, f, H^*, \Phi, \Psi, \Xi] =_{Df}$$

1. $[Z', \Gamma', z_0', E']$ ist vollständiges Unterfragebogengerüst von $[Z, \Gamma, z_0, E]$.
2. $\pi' = \pi$, $J' = J$, $f' = f$, $H^{*\prime} = H^*$.
3. Φ', Ψ' bzw. Ξ' ist Einschränkung von Φ, Ψ bzw. Ξ auf Γ', Z' bzw. E'.

Daraus folgt unmittelbar:

Theorem 8.3.3. *Jeder (interpretierte) Unterfragebogen ist ein (interpretierter) Fragebogen.*

Man könnte alle Belegungen in einen Unterfragebogen eingeben. Dann realisieren aber der Fragebogen und seine echten Unterfragebogen verschiedene Klasseneinteilungen. Das möchten wir vermeiden. Deshalb geben wir nur Belegungen aus der Teilmenge

$$\mathfrak{G}' =_{Df} \{g : g \in \mathfrak{G} \quad \text{und} \quad \bar{\alpha}_{z_0'}(g) = 1\}$$

von $\mathfrak{G}$ ein. Es wird dann eine Klasseneinteilung $\mathfrak{K}'$ von $\mathfrak{G}'$ erzeugt:

$$K'(y') =_{Df} K_\nu \cap \mathfrak{G}'$$

für alle $y' \in E'$, wobei $\Xi'(y') = \frac{\nu}{N - 1}$ mit $0 \leqq \nu \leqq N - 1$ gilt. Auch für K_N' gilt:

$$K_N' =_{Df} K_N \cap \mathfrak{G}'.$$

Somit stimmen $\mathfrak{K}$ und $\mathfrak{K}'$ auf $\mathfrak{G}'$ überein.

Als Beispiel sei der vom Knoten x_1 erzeugte Unterfragebogen

$$\mathrm{F}' = [\mathrm{Z}', \Gamma', z_0', \mathrm{E}', \pi', J', f', H^{*\prime}, \Phi', \Psi', \Xi']$$

des in Abb. 8.3.1 angegebenen Fragebogens dargestellt, wobei

$$\mathrm{Z}' =_{\mathrm{Df}} \{x_1, x_2, y_1, y_2, y_3\},$$
$$\Gamma' =_{\mathrm{Df}} \{[x_1, x_2], [x_1, y_3], [x_2, y_2], [x_2, y_1]\},$$
$$z_0' =_{\mathrm{Df}} x_1,$$
$$\mathrm{E}' =_{\mathrm{Df}} \{y_1, y_2, y_3\},$$
$$\Xi' =_{\mathrm{Df}} \Xi,$$
$$\mathfrak{G}' =_{\mathrm{Df}} \{g : g \in \mathfrak{G} \quad \text{und} \quad \bar{\alpha}_{x_1}(g) = 1\} \; (= \overline{I_0}),$$
$$K'(y_1) = I_2 \cap \overline{I_0},\; K'(y_2) = I_1 \cap \overline{I_2} \cap \overline{I_0},\; K'(y_3) = \overline{I_1} \cap \overline{I_0}.$$

Bei Fragebogen ohne Interpretation konnte man optimieren, indem man nach einem bestimmten Algorithmus *disjunkte Unterfragebogen permutierte.* In der Klasse der sinnvollen Fragebogen geht das nicht so einfach; denn

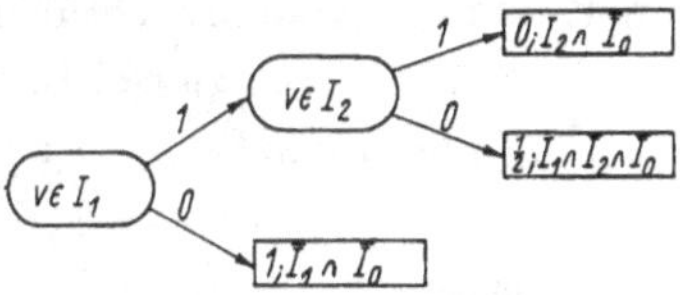

Abb. 8.3.3. Interpretierter Unterfragebogen

im allgemeinen wird dabei die Klasseneinteilung verändert, die der Fragebogen beschreibt. Um die Äquivalenz zu erhalten, kann man einen Unterfragebogen durch einen äquivalenten ersetzen (vgl. S. 215), wobei man evtl. Attribute anderer Wertigkeiten verwenden kann.

Eine andere Möglichkeit wären die von Lüdde [45] verwendeten *Interpretationsänderungen* (vgl. S. 229 f.). Man prüft alle sinnvollen Interpretationen durch unter der Bedingung, daß dieselbe Klasseneinteilung realisiert wird. Dadurch werden die Vollständigkeit und die Widerspruchsfreiheit des aus dieser Regel bestehenden Systems gesichert.

Bessere als diese Probierverfahren zur Optimierung bezüglich C zu entwickeln, bleibt späteren Arbeiten vorbehalten.

Im folgenden werden wir unseren Ansatz verallgemeinern, indem wir von der „Gleichverteilung" auf $\mathfrak{G}$ zu einem *Verteilungsgesetz* P auf $\mathfrak{G}$ übergehen. Die Verwendung eines Verteilungsgesetzes war eine der wichtigsten Ideen von Picard, die auch eine Erweiterung des Ansatzes von Thiele [71] bedeutet (vgl. jedoch [70]).

Sei P ein *diskretes Verteilungssgesetz* auf der Menge $\mathfrak{G}$ der Belegungen, d. h., für höchstens abzählbar unendlich viele Belegungen $g \in \mathfrak{G}$ gilt: $P(\{g\}) > 0$ und $\sum_{g \in \mathfrak{G}} P(\{g\}) = 1$.[1] Dieses Verteilungsgesetz gibt an, *mit welcher Wahrscheinlichkeit die Belegungen zum Klassifizieren vorgelegt werden.*

Mittels dieses Verteilungsgesetzes können wir einige später benötigte Begriffe, insbesondere eine eindeutige Abbildung p aus $\mathrm{W} \cup \mathrm{E}$ in das Intervall $[0, 1]$, einführen.

Sei

$$\mathbf{F} = [\mathrm{Z}, \Gamma, z_0, \mathrm{E}, \pi, J, f, H^*, \Phi, \Psi, \Xi]$$

ein Fragebogen.

$p(w) =_{\mathrm{Df}} P(\{g : g \in \mathfrak{G}$ und w wird nach Eingabe von g durchlaufen$\})$ nennen wir *Wahrscheinlichkeit eines in z_0 beginnenden Weges w in* **F**.

$$p(z) =_{\mathrm{Df}} P\left(\{g : g \in \mathfrak{G} \text{ und } z \text{ liegt auf } w(g)\}\right)$$

heißt *Wahrscheinlichkeit einer Ecke* $z \in \mathrm{Z}$. Ist $z \in \mathrm{Q}$, so ist $p(z)$ die Wahrscheinlichkeit dafür, daß die Frage $\Psi(z)$ gestellt und der Knoten z berührt wird. Da im allgemeinen mehreren Ecken gleiche Ausdrücke zugeordnet sind, ist die Wahrscheinlichkeit einer Frage $\Psi(z)$ die Summe aller $p(z')$, wobei $\Psi(z')$ mit $\Psi(z)$ übereinstimmt.

$$p(z' \mid z) =_{\mathrm{Df}} \frac{P(\{g : g \in \mathfrak{G} \text{ sowie } z \text{ und } z' \text{ liegen auf } w(g)\})}{P(\{g : g \in \mathfrak{G} \text{ und } z \text{ liegt auf } w(g)\})}$$

bezeichnen wir als *Wahrscheinlichkeit einer Ecke z' unter der Bedingung z.* Für $z' \in \mathrm{Q}$ ist $p(z' \mid z)$ die Wahrscheinlichkeit dafür, daß man die Frage $\Psi(z')$ stellt, wenn man $\Psi(z)$ gestellt hat und auf einem Weg von z_0 über z gelaufen ist.

Es gelten dann einige triviale Beziehungen:

$$p(z) = P\left(\{g : g \in \mathfrak{G} \text{ und } \bar{\alpha}_z(g) = 1\}\right) = \sum_{w \in \mathrm{W}(z)} p(w)$$

gilt für alle Ecken $z \in \mathrm{Z} \setminus \{z_0\}$ und speziell für die Quelle z_0 (vgl. S. 19)

$$p(z_0) = 1.$$

Sei $w = [z_0, \ldots, y]$ ein Weg durch **F**. Dann gilt

$$p(w) = p(y)$$

[1] Wie üblich, erstreckt sich diese Summe nur über die höchstens abzählbar unendlich vielen $g \in \mathfrak{G}$, für die $P\{g\} > 0$ gilt.

für alle Büschel, weil es genau einen Weg nach $y \in \mathrm{E}$ gibt.

Weiter gilt für Büschel: Wenn $z' \in \hat{\Gamma} z$ und $\bar{\alpha}_{z'}(g) = 1$, so $\bar{\alpha}_z(g) = 1$, d. h. wenn $z' \in \hat{\Gamma} z$ und z' auf w liegt, so liegt z auch auf w. Daraus folgt

$$p(z' \mid z) = \frac{p(z')}{p(z)}.$$

Wenn alle durch Belegungen g, wobei $P(\{g\}) > 0$, definierten Wege in Senken enden, ist p auf E ein Verteilungsgesetz, d. h., es gelten

$$\sum_{y \in \mathrm{E}} p(y) = 1$$

sowie

die auf S. 29 benutzte Formel

$$p(z) = \sum_{y \in \hat{\Gamma} z \cap \mathrm{E}} p(y).$$

Zunächst ist klar, daß jeder Fragebogen wie oben Belegungen klassifiziert, auch falls man zusätzlich ein Verteilungsgesetz P auf $\mathfrak{G}$ zugrunde legt. Allerdings treten effektiv nur die Belegungen g mit $P(\{g\}) > 0$ auf.

Beim *Syntheseproblem* macht sich das Verteilungsgesetz stärker bemerkbar. Gegeben sei eine Klasseneinteilung $\mathfrak{K}$ von der Menge $\mathfrak{G}$ der Belegungen der Individuenvariablen mit Individuen aus einem Individuenbereich J in $\mathrm{N} + 2$ Klassen. $\mathrm{N} + 1$ Klassen werden wie auf S. 178 gedeutet. Sie sollen nach Voraussetzung nur Belegungen g mit $P(\{g\}) > 0$ enthalten. In der $(\mathrm{N}+2)$-ten Klasse seien die Belegungen mit $P(\{g\}) = 0$ zusammengefaßt. Wie derartige Belegungen klassifiziert werden, ist uninteressant. Sie können also Elemente einer beliebigen anderen Klasse sein. Das Syntheseproblem formulieren wir dann folgendermaßen:

Gesucht sei ein Fragebogen, so daß zu jeder der $\mathrm{N} + 1$ *Klassen* $K \in \mathfrak{K}$ *genau eine Klasse* K_ν *mit folgender Eigenschaft existiert:*

$$K = \{g : g \in K_\nu \quad \text{und} \quad P(\{g\}) > 0\},$$

d. h. $K \subseteq K_\nu$.

Bei einem neuen allgemeineren *Äquivalenzbegriff* fordern wir nur, daß entsprechende Fragebogen die mit positiver Wahrscheinlichkeit auftretenden Belegungen analog klassifizieren.

Definition. Fragebogen $\mathrm{F} = [\mathrm{Z}, \Gamma, z_0, \mathrm{E}, \pi, J, f, H^*, \Phi, \Psi, \Xi]$ und $\mathrm{F}' = [\mathrm{Z}', \Gamma', z_0', \mathrm{E}', \pi', J, f', H^{*\prime}, \Phi', \Psi', \Xi']$ heißen genau dann *bezüglich J und eines Verteilungsgesetzes P auf* $\mathfrak{G}$ *äquivalent* (kurz: *J-P-äquivalent*), wenn für alle Belegungen $g \in \mathfrak{G}$ gilt: Wenn $P(\{g\}) > 0$, so stimmen die von g erzeugten Wahrheitswerte bis auf Umbenennung überein, d. h., es existiert eine eineindeutige Abbildung χ aus $V \cup U$ in $V' \cup U'$, so daß für alle Belegungen g gilt: Wenn $P(\{g\}) > 0$ und in **F** oder in **F'** ein Weg $w(g) = [z_{v_0}, \ldots, y]$ existiert, so gibt es im anderen Fragebogen einen Weg $w'(g) = [z'_{v_0}, \ldots, y']$ derart, daß entweder

$$\Xi(y) = \chi(\Xi'(y'))$$

oder

$$\Xi'(y) = \chi^{-1}(\Xi(y'))$$

gilt.

Die eineindeutige Abbildung χ können wir dann als Abbildung von

$$\mathrm{E}_0 =_{\mathrm{Df}} \{y : y \in \mathrm{E} \text{ und } p(y) > 0\}$$

auf

$$\mathrm{E}'_0 =_{\mathrm{Df}} \{y' : y' \in \mathrm{E}' \text{ und } p'(y') > 0\}$$

auffassen, wobei

$$p(y) = p'(\chi(y))$$

für alle $y \in \mathrm{E}_0$ gilt.

J-P-äquivalente Fragebogen haben im allgemeinen unterschiedlich viele Senken, weil die Anzahl der Senken y mit $p(y) = 0$ beliebig groß werden kann. Die zugehörigen Klassen sind leer oder enthalten nur Belegungen, die nie eingegeben werden, d. h. $P(\{g\}) = 0$. Deshalb spielen sie bei der Äquivalenz bezüglich J und P keine Rolle, vergrößern aber die mittleren Kosten C.

Bei der Optimierungsgröße C können wir jetzt vom Mittelwert zum *Erwartungswert* übergehen:

$$C =_{\mathrm{Df}} \sum_{g \in \mathfrak{G}} P(\{g\})\, \varkappa(w(g)).$$

Nach einigen Umformungen folgt bei kreisfreien Fragebogen

$$C = \sum_{x \in \mathrm{Q}} p(x)\, \varkappa(\Psi(x))$$

sowie, falls bei der Abarbeitung Fall 1 nicht eintritt,

$$C = \sum_{y \in \mathrm{E}} \sum_{w \in \mathrm{W}(y)} p(w(y))\, \varkappa(w(y))$$

als Verallgemeinerung der Eigenschaft P 6.2 (vgl. auch [60], [45]).

Bei den interpretierten Unterfragebogen legen wir zweckmäßigerweise ein anderes (bedingtes) Verteilungsgesetz P' auf $\mathfrak{G}'$ zugrunde (vgl. S. 210f.)

$$P'(\{g'\}) =_{\mathrm{Df}} P(\{g'\} \mid \{g : g \in \mathfrak{G} \text{ und } z'_0 \text{ liegt auf } w(g)\}) = P(\{g'\}) / p(z'_0).$$

Nun würde sich die Optimierung mit speziellen Bewertungen $\varkappa$ anschließen. Wie wir aber schon auf S. 183 bemerkten, können diese Probleme erst in späteren Publikationen gelöst werden.

Zum Schluß dieses Abschnitts weisen wir darauf hin, daß im weiteren nach Voraussetzung keine zulässigen Belegungen mit positiwer Wahrscheinlichkeit vorkommen, für die bei der Abarbeitung Fall 1 eintritt.

8.4. Zusammenhang zwischen der PICARDschen Fragebogentheorie und der Theorie der interpretierten Fragebogen

In diesem Abschnitt wollen wir zeigen, daß jedem Individuenbereich J, jedem diskreten Verteilungsgesetz P auf $\mathfrak{G}$ und jedem interpretierten Fragebogen in kanonischer Weise ein PICARDscher Fragebogen derart zugeordnet werden kann, daß die Äquivalenzrelationen dabei erhalten bleiben (Theorem 8.4.2). Außerdem wird gezeigt, daß diese Zuordnung in einem gewissen Sinne umkehrbar ist.

Allerdings werden, wie schon öfter bemerkt wurde, von PICARD in Kapitel VI und VII interpretierte Fragebogen verwendet.

Bei der Abarbeitung berührt man in einem Kreis mindestens einen Knoten noch einmal. Demzufolge muß man die gleiche Testfrage stellen. Da aber die Individuen und die Belegungen der Individuenvariablen *zeitlich unveränderlich* sein sollen, wird man in diesem Kreis steckenbleiben. Deshalb vermeidet man Kreise. Sie wären nur sinnvoll, wenn man zwischendurch Operationen an den Belegungen (z. B. *Wertzuweisungen*) vornehmen würde. Diese Operationen könnte man den Bogen zuordnen. Jedoch werden wir diesen allgemeinen Fall der Algorithmenschemata erst später studieren (vgl. S. 195 ff.).

Im Gegensatz dazu läßt PICARD jedoch zu, daß man Kreise ohne Veränderung der Belegungen verlassen kann (vgl. S. 23). Deshalb schließt er Kreise (mit positiver Wahrscheinlichkeit) nur aus, weil ihre Existenz der Optimalität widerspricht (vgl. S. 25), und nimmt manchmal [56] in die Definition der Fragebogen auf, daß sie *keine Kreise* enthalten.

Wenn wir

$$\varkappa(\Psi(x)) =_{\mathrm{Df}} 1$$

für alle $x \in Q$ setzen, vereinfacht sich unsere (auch bei Kreisen und Zyklen sinnvolle) Formel für C zu

$$\mathrm{L} =_{\mathrm{Df}} \sum_{g \in \mathfrak{G}} p\,(w(g))\, l\,(w(g)).$$

Wenn keine Kreise vorkommen, stimmt L mit der von PICARD [57], [62], DUBAIL [30] und CÉSARI [26] benutzten Größe

$$\mathrm{L} = \sum_{w \in \mathrm{W(E)}} p(w)\, l(w)$$

überein, wobei PICARD bei Existenz von Zyklen ohne ein Verteilungsgesetz auf der Menge W(E) der in E endenden Wege nicht auskommt. Seine Herkunft erklärt er aber nicht. Es können außerdem in äquivalenten Fragebogen unterschiedliche Wege und damit verschiedene Verteilungsgesetze auf W(E) vorkommen, deren Zusammenhang sich von unserem Standpunkt aus durch ein Verteilungsgesetz P auf $\mathfrak{G}$ ergibt.

Nun verwendet PICARD in der vorliegenden Monographie die Definition von L als gewichtetes Mittel der Weglänge (vgl. S. 22). Bei Kreisen und Zyklen führt sie zu Schwierigkeiten, die PICARD ebenfalls bemerkt. Erstens muß man bei Kreisen die Anzahl der Wege beschränken (vgl. S. 23) oder Grenzwerte berechnen. Zweitens muß man eine Art Gleichverteilung auf den Wegen annehmen. Deshalb tauscht PICARD diese Definition durch den obigen Erwartungswert aus [57] und zieht ihn in weiteren Arbeiten vor. Er stellt sich dann in einer Arbeit [60] die Frage, wann beide Definitionen übereinstimmen. Ohne auf das ihm nicht zur Verfügung stehende Verteilungsgesetz auf $\mathfrak{G}$ zurückzugreifen, findet er folgenden von uns präzisierten Satz:

Theorem 8.4.1. *Wenn in einem Fragebogen für alle Senken* $y \in \mathrm{E}$ *gilt:*

$$\frac{p\,(y)}{|\,\mathrm{W}\,(y)\,|} = \frac{\sum_{w \in \mathrm{W}(y)} p\,(w\,(y)) \cdot l\,(w\,(y))}{\sum_{w \in \mathrm{W}(y)} l\,(w\,(y))},$$

so ergeben beide Definitionen von L *den gleichen Wert.*

Die Umkehrung gilt im allgemeinen nicht.

Die *Äquivalenz* konnten wir bequem erklären, indem wir die Gleichheit der realisierten Abbildungen forderten. Damit wurde der Äquivalenzbegriff von dem davon unabhängigen Verteilungsgesetz gelöst. Den Zusammenhang zwischen der h-Äquivalenz (vgl. S. 24) und unseren Definitionen zeigt folgender Satz:

Theorem 8.4.2. *Sind* $\mathbf{F} = [\mathrm{Z}, \Gamma, z_0, \mathrm{E}, p]$ *und* $\mathbf{F}' = [\mathrm{Z}', \Gamma', z_0', \mathrm{E}, p']$ *quasihomogene Fragebogen mit den Basen* a *bzw.* a', *so gilt:*

$\mathbf{F}$ und $\mathbf{F}'$ sind genau dann h-äquivalent, wenn $a = a'$ und es ein J, ein P und ein π, π', f, f', H^*, $H^{*\prime}$, Φ, Φ', Ψ, Ψ' und Ξ, Ξ' derart gibt, daß gilt:

1. *J ist ein Individuenbereich.*
2. *P ist ein diskretes Verteilungsgesetz auf der Menge aller Belegungen g der Individuenvariablen mit Elementen aus J.*
3. $\mathbf{F}_{\text{int}} = [\mathrm{Z}, \Gamma, z_0, \mathrm{E}, \pi, J, f, H^{*\prime}, \Phi, \Psi, \Xi]$

und

$$\mathbf{F}'_{\text{int}} = [\mathrm{Z}', \Gamma', z'_0, \mathrm{E}', \pi', J, f', H^*, \Phi', \Psi', \Xi']$$

sind interpretierte Fragebogen.

4. *$\mathbf{F}_{\text{int}}$ und $\mathbf{F}'_{\text{int}}$ sind J-P-äquivalent.*
5. *Für jede Senke $y \in \mathrm{E}$ und jede Senke $y' \in \mathrm{E}'$ gilt:*

$$p(y) = P(\{g : w(g) = w(y)\})$$

und

$$p'(y') = P(\{g : w(g) = w(y')\}).$$

Bemerkung. Die Beschränkung auf quasihomogene Fragebogen und die damit verbundene Bedingung sind durch eine geeignete Verallgemeinerung entbehrlich (indem man nicht von einer Wahrscheinlichkeitsverteilung auf der Senkenmenge, sondern von einem Verteilungsgesetz auf der Menge aller Wege durch den Fragebogen ausgeht).

Innerhalb der Klasse der Büschelfragebogen sind die Umformungsregeln (*Permutation von disjunkten Unterfragebogen*) vollständig und widerspruchsfrei. Man kann also zu jedem Büschel alle h-äquivalenten konstruieren, z. B. durch *Probieren*, d. h. durch mehrmalige Permutation von disjunkten Unterbüscheln. Wegen der Endlichkeit bricht dieses Verfahren ab. Petolla [50] gibt dagegen ein systematisches Verfahren an (vgl. Theorem 10.4). Daraus folgt die Entscheidbarkeit der h- und der s-Äquivalenz (vgl. S. 100).

Bei diesen Permutationen von Unterfragebogen werden die Wahrscheinlichkeiten der Senken ebenfalls nur permutiert. Es werden ferner keine Ecken mit anderen Basen eingesetzt. Deshalb kommt man aus der Klasse der zu einem Büschelfragebogen h- bzw. s-äquivalenten Fragebogen nicht heraus.

Zur Konstruktion eines L-optimalen Büschelfragebogens gab Picard einen Algorithmus, nämlich den Huffmanschen, an, der kein Probierverfahren ist. Damit ist das Optimierungsproblem bezüglich L für Büschel gelöst.

NEUNTES KAPITEL

Zusammenhang der Fragebogentheorie mit anderen Theorien. Anwendungen

Picard wies in Paragraph 1.5 auf Zusammenhänge der Fragebogentheorie mit der *Codierungstheorie* hin. Obwohl es noch weitere Beziehungen zur Codierungstheorie gibt (vgl. Paragraph 10.4), werden wir im folgenden nicht darauf eingehen.

Die Fragebogentheorie selbst ist bekanntlich eine Verbindung von *Graphen-* und *Informationstheorie.* Demgemäß sind auf diesem Gebiet noch interessante Ergebnisse zu erwarten (z. B. Definitionen von allgemeineren Entropiebegriffen, vgl. Paragraph 10.7).

Aus Raum- und Zeitmangel wollen wir uns hier im wesentlichen auf Beziehungen zur *Theorie algorithmischer Sprachen*, zur *Theorie der Algorithmenschemata*, zur *Theorie der Suchverfahren* und zur *Spieltheorie* beschränken sowie einige Zusammenhänge und Ergebnisse andeuten. Dabei steht überall der *Optimierungsgesichtspunkt* im Vordergrund. Ohne es an den entsprechenden Stellen stets zu betonen, bleiben weiterführende Untersuchungen späteren Veröffentlichungen vorbehalten.

9.1. Deutung der dichotomen Fragebogen als Ausdrücke oder Anweisungen algorithmischer Sprachen

In diesem Abschnitt werden wir einige Begriffsbildungen aus der algorithmischen Sprache ALGOL 60 unseren Betrachtungen zugrunde legen. In Anlehnung an Thiele [71], [72] definieren wir induktiv *bedingte funktionale* (*arithmetische*) und *logische Ausdrücke* sowie sogenannte *Wertzuweisungen* (das sind in Analogie zu ALGOL 60 Ergibtanweisungen, bedingte Anweisungen in vollständiger Form, d. h. keine Wenn-Anweisungen, und Verbundanweisungen).

Wir legen dabei den in 8.2 konstituierten Prädikaten-Funktionen-Kalkül der ersten Stufe mit Identität zugrunde (vgl. S. 168) und erweitern das dort verwendete Alphabet durch die folgenden Grundzeichen:

if then else := begin end;.

Als erstes definieren wir bedingte funktionale und logische Ausdrücke.

Anfangsschritt

Jeder funktionale bzw. logische Ausdruck ist ein bedingter funktionaler bzw. bedingter logischer Ausdruck.

Induktionsschritt[1]

a) Ist die Zeichenreihe Z ein bedingter logischer Ausdruck und sind die Zeichenreihen Z_1 und Z_2 bedingte funktionale Ausdrücke, so ist **if** Z **then** Z_1 **else** Z_2 ein bedingter funktionaler Ausdruck.

b) Sind die Zeichenreihen Z_1, Z_2 und Z_3 bedingte logische Ausdrücke, so ist auch die Zeichenreihe **if** Z_1 **then** Z_2 **else** Z_3 ein bedingter logischer Ausdruck.

Die *Interpretation* dieser Gebilde, d. h. die Definition der Abbildungen *Element* und *Wert*, wird wie folgt angesetzt, wobei F_1, F_2 bedingte funktionale, L, L_1 und L_2 bedingte logische Ausdrücke bedeuten:

$$Element_J(\textbf{if } L \textbf{ then } F_1 \textbf{ else } F_2;f,g)$$

$$=_{Df}\begin{cases} Element_J(F_1;f,g), & \text{falls} \quad Wert_J(L;f,g)=1 \\ Element_J(F_2;f,g), & \text{falls} \quad Wert_J(L;f,g)=0. \end{cases}$$

$$Wert_J(\textbf{if } L \textbf{ then } L_1 \textbf{ else } L_2;f,g)$$

$$=_{Df}\begin{cases} Wert_J(L_1;f,g), & \text{falls} \quad Wert_J(L;f,g)=1 \\ Wert_J(L_2;f,g), & \text{falls} \quad Wert_J(L;f,g)=0. \end{cases}$$

An den letzten beiden Definitionen sehen wir, daß es sich bei den bedingten Ausdrücken um *statische* Gebilde handelt, d. h., Belegungen werden nicht verändert. Ein *dynamischer* Charakter kommt durch Anweisungen (hier durch die sogenannten Wertzuweisungen) zustande, durch die Belegungen verändert werden. Bei den Ergibtanweisungen z. B. werden gewissen Variablen Werte anderer Variablen oder Ausdrücke zugewiesen. Die Wertzuweisungen definieren wir wieder induktiv.

[1] Steht in ALGOL 60 nach **then** ein „bedingter" arithmetischer Ausdruck, so ist er durch runde Klammern einzuschließen. Es wirken jedoch **if**, **then** und **else** als Klammern, so daß die Eindeutigkeit erhalten bleibt, wenn man wie hier die Klammern wegläßt.

Anfangsschritt (Ergibtanweisungen)

a) Ist v_j eine Individuenvariable, f_j^0 eine nullstellige Funktionenvariable und F ein bedingter funktionaler Ausdruck, so sind $v_j := F$ und $f_j^0 := F$ (funktionale) Wertzuweisungen.

b) Ist A_k^0 eine nullstellige Attributenvariable und L ein bedingter logischer Ausdruck, so ist $A_k^0 := L$ eine (logische) Wertzuweisung.

Induktionsschritt

a) Ist $1 \leqq i$ und sind die Zeichenreihen $Z_1, Z_2, \ldots, Z_i$ Wertzuweisungen, so ist **begin** $Z_1; Z_2; \ldots; Z_i$ **end** eine Wertzuweisung.[1]

b) Ist die Zeichenreihe Z ein bedingter logischer Ausdruck, und sind die Zeichenreihen Z_1 und Z_2 Wertzuweisungen, so ist die Zeichenreihe **if** Z **then** Z_1 **else** Z_2 eine Wertzuweisung.[2]

Zur Interpretation führen wir in Analogie zu den Abbildungen *Element* und *Wert* eine Abbildung *Resultat* ein. Dabei fassen wir die Belegungen f und g zu einer Belegung β zusammen.

$Resultat_J(S, \beta) =_{Df}$ dasjenige Resultat, in das die Anweisung S die Belegung β über J transformiert.

Diese Abbildung definieren wir auch induktiv, wobei v eine beliebige zugelassene Individuenvariable oder nullstellige Funktionenvariable bzw. beliebige nullstellige Attributenvariable und w eine beliebige zugelassene Variable bedeutet:

Anfangsschritt

$Resultat_J(v := F, \beta) =_{Df}$ diejenige Belegung β' über J, für die gilt:

$$\beta'(w) = \begin{cases} Element_J(F, \beta), & \text{falls } w = v \\ \beta(w), & \text{falls } w \neq v. \end{cases}$$

$Resultat_J(v := L, \beta) =_{Df}$ diejenige Belegung β' über J, für die gilt:

$$\beta'(w) = \begin{cases} Wert_J(L, \beta), & \text{falls } w = v \\ \beta(w), & \text{falls } w \neq v. \end{cases}$$

[1] Die technischen Zeichen **begin end**; entsprechen in ihrer syntaktischen Funktion völlig den technischen Zeichen ( ) ,. Erstere werden in ALGOL 60 wie hier zur Definition von (*Verbund*-)Anweisungen benutzt.

[2] Steht in ALGOL 60 nach **then** eine bedingte Anweisung, so ist sie durch **begin** und **end** einzuschließen (vgl. Fußnote auf S. 191). Da wir die „unvollständigen" bedingten Anweisungen (*Wenn-Anweisung*) zwecks Vermeidung von Mehrdeutigkeiten ausschließen, geht die Eindeutigkeit nicht verloren, wenn wir wie hier die Klammern **begin** und **end** weglassen. Die Wenn-Anweisungen kann man aus bedingten Anweisungen erzeugen, indem man nach **else** die leere Anweisung setzt.

Induktionsschritt

Sei

$$S =_{\mathrm{Df}} \textbf{begin } S_1; \ldots; S_{i-1}; S_i \textbf{ end}$$

eine Wertzuweisung.

$Resultat_J(S,\beta) =_{\mathrm{Df}} Resultat_J\big(S_i, Resultat_J(S_{i-1}, \ldots, Resultat_J(S_1, \beta) \ldots)\big).$

$Resultat_J(\textbf{if } L \textbf{ then } S_1 \textbf{ else } S_2, \beta)$

$$=_{\mathrm{Df}} \begin{cases} Resultat_J(S_1,\beta), & \text{falls} \quad Wert_J(L,\beta) = 1 \\ Resultat_J(S_2,\beta), & \text{falls} \quad Wert_J(L,\beta) = 0. \end{cases}$$

Wir zeigen jetzt, daß zwischen bedingten Ausdrücken bzw. Wertzuweisungen und interpretierten Büschelfragebogen ein bestimmter enger Zusammenhang besteht. Dieser wird durch das folgende Theorem ausgedrückt.

Theorem 9.1. *Jeder interpretierte dichotome Büschelfragebogen, dessen Senken bedingte Ausdrücke bzw. Wertzuweisungen zugeordnet sind, ist als bedingter Ausdruck bzw. als Wertzuweisung darstellbar. Umgekehrt können alle bedingten Ausdrücke bzw. alle Wertzuweisungen als interpretierte dichotome Büschelfragebogen aufgefaßt werden.*

Gemäß den Definitionen beweisen wir diesen Satz induktiv und konstruktiv.

Zum Beweis des Anfangsschritts stellen wir fest, daß den Senken durch Ξ Ausdrücke bzw. Wertzuweisungen zugeordnet sind.

Seien $z \in Z$ eine Ecke, z' und $z'' \in \Gamma z$ ihre direkten Nachfolger mit $\Phi([z, z']) = 1$, deren Nachfolger schon in bedingten Ausdrücken $A_{z'}$, $A_{z''}$ bzw. Wertzuweisungen $S_{z'}$, $S_{z''}$ erfaßt wurden. Dann nehmen wir z wie folgt in einen bedingten Ausdruck bzw. eine Wertzuweisung auf:

$$\textbf{if } \Psi(z) \textbf{ then } A_{z'} \textbf{ else } A_{z''}$$

bzw.

$$\textbf{if } \Psi(z) \textbf{ then } S_{z'} \textbf{ else } S_{z''}.$$

Bei der Quelle ist dieser Konstruktionsprozeß beendet.

Umgekehrt konstruieren wir zu jedem bedingten Ausdruck bzw. jeder Wertzuweisung folgendermaßen einen interpretierten dichotomen Fragebogen: Wir ordnen den Ausdrücken bzw. Ergibt- oder Verbundanweisungen Senken zu. Sei L ein bedingter logischer Ausdruck und sei ein „Teilausdruck"

$$\textbf{if } L \textbf{ then } A_1 \textbf{ else } A_2$$

bzw. eine „Teilanweisung“

$$\textbf{if } L \textbf{ then } S_1 \textbf{ else } S_2$$

gegeben, wobei die bedingten Ausdrücke A_1 und A_2 bzw. die Wertzuweisungen S_1 und S_2 durch Büschel mit den Quellen z' und z'' realisiert seien. Wir konstruieren eine Ecke z, die wir mit z' und z'' durch je einen Bogen verbinden und mit L interpretieren, d. h. $\Psi(z) =_{\mathrm{Df}} L$. Außerdem belegen wir $[z, z']$ mit 1 und $[z, z'']$ mit 0.

Weiter unten geben wir ein Beispiel an, das diese Konstruktion veranschaulicht.

Mit diesem Ansatz ermöglichen wir die Übertragung der Resultate der Fragebogentheorie. Unsere *Optimierungsgrößen* und das *Verteilungsgesetz* P finden hier Anwendung. Obiges Konstruktionsverfahren ermöglicht außerdem, zu jedem Fragebogen gemäß jedes Verteilungsgesetzes einen optimalen Ausdruck bzw. eine optimale Anweisung zu konstruieren (eventuell unter Verwendung des HUFFMANschen Algorithmus).

Der Vergleich der folgenden ALGOL-Prozedur zum *Sortieren* von drei Zahlen mit der Prozedur auf S. 157 zeigt aber, daß man durch obiges Konstruktionsverfahren keine für die Praxis relevanten Ergebnisse erzielen kann (vgl. Abb. 7.3).

```
procedure Sort(a,b,c,x); real a,b,c; array x;
if b < a then begin if c < a then begin if b < c then
begin x[1]:=b; x[2]:=c; x[3]:=a end else
begin x[1]:=c; x[2]:=b; x[3]:=a end end else
begin x[1]:=b; x[2]:=a; x[3]:=c end end else
if b < c then begin x[1]:=a; x[2]:=b; x[3]:=c end else
if c < a then begin x[1]:=c; x[2]:=a; x[3]:=b end else
begin x[1]:=a; x[2]:=c; x[3]:=b end
```

An den hier auftretenden Schwierigkeiten kann man sehen, daß man andere Wege einschlagen muß. Eine Möglichkeit bieten die auch in der Prozedur TID verwendeten Ergibtanweisungen. Zum Unterschied von den oben bei der Definition der Wertzuweisungen benutzten Ergibtanweisungen geht es hier um die Verbesserung und Verallgemeinerung der Darstellung der Fragebogen (und später der Algorithmen). TID sortiert beliebig viele Zahlen. Durch Umspeicherungen (Abänderung der Belegungen) wird erreicht, daß man mit einem Vergleich auskommt. Dabei werden immer andere Individuen auf ihre Größenbeziehung hin untersucht. Natürlich existiert in diesen Fällen ein Kreis, aus dem man aber durch Ergibtanweisungen herauskommt. Dadurch sind im allgemeinen weniger Senken notwendig.

Die Rolle des Ergibtzeichens ist unseres Wissens nach noch nicht ausreichend untersucht worden. Ergibtanweisungen und Kreise können nur dann sinnvoll eingesetzt werden, wenn in den Senken teilweise „gleiche" Ausdrücke, Anweisungen oder Operatoren stehen (vgl. Paragraph 9.2), d. h., wenn die Individuen in den verschiedenen Klassen nach Abarbeitung des Fragebogens in gewisser Weise „gleich" behandelt werden.

Abschließend bemerken wir, daß bei Optimierung von Bestandteilen problemorientierter algorithmischer Sprachen die Compiler das Ergebnis wesentlich beeinflussen.

9.2. Algorithmenschemata

In diesem Paragraphen stützen wir uns mit geringen Abweichungen auf die Arbeiten von GLUSCHKOW [36], JANOW [39], KALOUJNINE [40], LJAPUNOW [44], THIELE [70], [71] und die Diplomarbeit von KUMMER [42]. Im Mittelpunkt steht der Begriff des *Algorithmenschemas*, den wir zuerst einführen.

Gegeben sei ein *endlicher gerichteter Graph*

$$G = [Z, \Gamma, z_0, E],$$

wobei Z seine Knotenmenge, Γ seine Bogenmenge, z_0 einzige Quelle und E seine nichtleere Senkenmenge ist. Außerdem gelte $a(z) \leqq 2$ für alle $z \in Z$ (vgl. Definition des „Fragebogengerüsts").

Wir nennen derartige Graphen auch *algorithmisch*. Ecken $z \in Z$ heißen *funktional* bzw. *logisch*, wenn $a(z) = 1$ bzw. $a(z) = 2$. *Fragebogen* enthalten im Gegensatz dazu nur logische Ecken oder Senken.

Eine eindeutige Abbildung Ψ ordne den funktionalen Ecken und den Senken Buchstaben über einem Alphabet, gedeutet als abstrakte *Operatoren*, und den logischen Ecken Ausdrücke eines zweiwertigen Aussagenkalküls zu. Φ belege die von logischen Ecken ausgehenden Bogen mit Wahrheitswerten aus $\{1, 0\}$, so daß für jede logische Ecke z und deren direkte Nachfolger z', z'' gilt: $\Phi([z, z']) \neq \Phi([z, z''])$, d. h., der auf S. 174 beschriebene Fall 1 tritt nicht auf. Wir bezeichnen dann

$$S = [Z, \Gamma, z_0, E, \{1, 0\}, \Phi, \Psi]$$

als *Algorithmenschema*, falls E genau ein Element enthält (vgl. S. 225).

Eingegeben werden endliche oder unendliche Folgen von aussagenlogischen Belegungen.[1] Die *Abarbeitung* eines Algorithmenschemas wird wie folgt definiert: Eine beliebige Folge von Belegungen sei fest gegeben. Wir wählen das erste Glied dieser Folge und ordnen mit der so gegebenen Belegung jeder (in S vorkommenden) Aussagenvariablen einen Wahrheitswert zu. Da jede logische Ecke mit einem Ausdruck eines zweiwertigen Aussagenkalküls belegt ist, kann man durch Berechnung des Wertes der Ausdrücke jeder dieser Ecken einen Wahrheitswert zuordnen. Entsprechend dieser Wertzuordnung durchlaufen wir, beginnend bei z_0, den Graphen so weit, bis wir auf einen funktionalen Knoten, etwa z', stoßen. Darauf geben wir den Operator $\Psi(z')$ aus. Jetzt werden die Aussagenvariablen unter Verwendung des zweiten Gliedes der gegebenen Folge belegt und der Graph, diesmal beginnend mit z', bis zum nächsten funktionalen Knoten, etwa z'', durchlaufen. Anschließend wird der Operator $\Psi(z'')$ ausgegeben und rechts neben $\Psi(z')$ geschrieben, wir haben also $\Psi(z')\,\Psi(z'')$ erhalten. Beim Ablauf der Abarbeitung müssen wir folgende Fälle beachten:

1. Man erreicht (das erstemal) die Senke. Dann bricht der Prozeß ab, die ausgegebene Folge von Operatoren ist endlich.

2. Man gerät in einen Kreis logischer Ecken. Der Prozeß läuft „im Inneren" zwar ad infinitum weiter; es werden jedoch weder neue Eingabeinformationen angefordert noch werden weitere Operatoren ausgegeben. Die ausgegebene Folge von Operatoren ist wie im Fall 1 endlich; man kennzeichnet aber den Fall 2 dadurch, daß man die ausgegebene Folge mit einem Sonderzeichen abschließt.

[1] Man stellt unmittelbar fest, daß bei einem vorgegebenen Algorithmenschema der Abarbeitungsprozeß nur von den Wahrheitswerten derjenigen Aussagenvariablen abhängig ist, die in dem gegebenen Schema vorkommen, d. h., man kann sich bei der Betrachtung von Beispielen auf sogenannte *endliche* Belegungen, die nur endlich vielen Aussagenvariablen einen Wahrheitswert zuordnen, beschränken. Faßt man die in Frage kommenden Aussagenvariablen zu einem Vektor zusammen, so können die endlichen Belegungen sehr einfach durch Angabe von *Vektoren*, deren Komponenten Wahrheitswerte sind, angegeben werden.

3. Ist die Eingabefolge endlich und wird das letzte Glied verwendet, so bricht der Prozeß danach ab (falls er nicht gemäß Fall 2 formal ad infinitum weiterläuft). Die Ausgabefolge ist hier stets endlich.

4. Ist die Eingabefolge unendlich und tritt weder Fall 1 noch Fall 2 ein, so bricht der Prozeß nicht ab und die Ausgabefolge ist unendlich.

Aus dieser Definition ergibt sich unmittelbar, daß jeder Eingabefolge von Belegungen eindeutig eine Ausgabefolge von Operatoren zugeordnet ist.

Algorithmenschemata stehen offenbar in einem sehr engen Zusammenhang mit *Graphschemata* und *Flußdiagrammen*. Das wird sofort klar, wenn man sich die Aussagenvariablen durch logische Ausdrücke eines Prädikatenkalküls ersetzt denkt. Ferner sieht man dann auch unmittelbar ein, daß im allgemeinen nicht beliebige Folgen von aussagenlogischen Belegungen zugelassen werden dürfen; denn auf Grund von Abhängigkeiten zwischen Aussagenvariablen, die ohne Verlust an Allgemeinheit nicht vernachlässigt werden können, sind bestimmte derartige Folgen auszuschließen.

Die Definition der *Äquivalenz* von Algorithmenschemata bildet, wie stets in ähnlich gelagerten Fällen, die Grundlage für den Aufbau einer entsprechenden Theorie. Gegeben sei eine beliebige Menge $\mathfrak{F}$ von Folgen aussagenlogischer Belegungen. In Verallgemeinerung der Ansätze aus der angegebenen Literatur sagen wir, daß Algorithmenschemata **S** und **S'** $\mathfrak{F}$-äquivalent seien genau dann, wenn für jede Folge aus $\mathfrak{F}$ die bei **S** und **S'** ausgegebenen Folgen von Operatoren übereinstimmen. In der Literatur findet man eine größere Anzahl von Verfahren zur Entscheidung der $\mathfrak{F}$-Äquivalenz für bestimmte Klassen $\mathfrak{F}$. Diese Verfahren lösen entweder das Problem direkt, oder sie führen es auf entsprechende Probleme in anderen Theorien, z. B. auf das Entscheidungsproblem der Äquivalenz für abstrakte Automaten, zurück. Schließlich ist festzustellen, daß das über die $\mathfrak{F}$-Äquivalenz Gesagte analog auch für entsprechende Optimierungsprobleme gilt. Als *Optimierungsgrößen* für die *„räumliche“* Optimierung verwendet man häufig die Anzahl der funktionalen, der logischen bzw. aller Ecken. KUMMER [42] beweist z. B. das folgende Theorem, wobei $\mathfrak{F}$ die Menge aller Folgen aussagenlogischer Belegungen ist.

Theorem 9.2. *Ein Algorithmenschema* **S** *hat genau dann eine minimale Anzahl von Ecken, wenn es eine minimale Anzahl von funktionalen und von logischen Ecken enthält.*

Die Optimierung vollzieht er in mehreren Schritten:

1. Konstruktion eines entsprechenden MOORE-Automaten.

2. Streichen aller nie durchlaufenen Knoten und Bogen in S. Diese werden bei Abarbeitung von Punkt 1 erkannt.
3. Konstruktion eines minimalen initial äquivalenten MOORE-Automaten.
4. Übergang zu einem entsprechenden Algorithmenschema, d. h. Wahl eines Knotens (Repräsentant) aus jeder Äquivalenzklasse von Knoten, eventuell Umlegen von Bogen.
5. Reduktion der Anzahl der zwischen funktionalen Knoten stehenden logischen Ecken, d. h. Konstruktion von h-äquivalenten Büscheln (Anwendung der Fragebogentheorie, vgl. S. 227).
6. Einfügen „günstiger" Büschel in das Schema.
7. Teilweise Verschmelzung der logischen Teilschemata (Büschel) gemäß den Belegungen der funktionalen Knoten durch systematisches Probieren.

Auf Grund der Definitionen ergibt sich, was z. B. auch bei dem oben angegebenen Optimierungsalgorithmus zum Tragen kommt, daß die *Fragebogen* Teile von Algorithmenschemata sind (vgl. Punkt 5–7). Ist nun ein Algorithmenschema im wesentlichen ein Fragebogen, so wird von einer beliebigen Folge von aussagenlogischen Belegungen stets nur das erste Glied verwendet; denn in Fragebogen ist eine Nichtsenke immer ein logischer Knoten, es kommen also keine funktionalen Knoten vor.

Nun stand bei den Fragebogen die *„zeitliche"* Optimierung (Erwartungswert der gewichteten Weglänge) im Vordergrund. Die Übertragung dieser Gedanken ist auch hier fruchtbar. So kann man von einem Verteilungsgesetz P auf der Menge $\mathfrak{F}$ der Belegungsfolgen ausgehen und einen Abhängigkeiten beschreibenden Ausdruck H^* heranziehen. Dadurch kann die Äquivalenz verallgemeinert werden, was zum Tragen kommt, wenn man die Knoten bewertet. Weil sich die Algorithmenschemata durch Automaten darstellen lassen, werden sich diese allgemeinen Ansätze auch in der Automatentheorie als fruchtbar erweisen.

9.3. Spieltheoretische Methoden in der Theorie optimaler Algorithmen

Unseres Wissens wurden Zusammenhänge zwischen der *Theorie optimaler Algorithmen* und der *Spieltheorie* bisher nicht untersucht. Wir wollen nun einige Beziehungen darstellen, wobei wir unten nur Algorithmenschemata ohne Operatoren, also *Fragebogen*, betrachten.

Sei S ein Algorithmenschema, $\varkappa$ eine *Bewertung* der Ecken und $G(\mathrm{S})$ die „*Größe*" von S (z. B. $G(\mathrm{S}) = |\mathrm{Z}|$). Nach Voraussetzung (vgl. S. 180) definiere jede Belegung $g \in \mathfrak{G}$ genau einen (bewerteten) Weg $w(g)$ in S. Sei schließlich ψ eine reelle monotone zweistellige Funktion sowie $\mathfrak{S}$ eine Klasse äquivalenter Algorithmenschemata.

Den ersten Spieler deuten wir als *Natur*. Sie wählt Belegungen $g \in \mathfrak{G}$ aus. Der zweite Spieler ist der *Mensch*. Er wählt ein Algorithmenschema S aus $\mathfrak{S}$. Eine *Gewinnfunktion* γ definieren wir für alle $g \in \mathfrak{G}$ und alle $\mathrm{S} \in \mathfrak{S}$

$$\gamma(g, \mathrm{S}) =_{\mathrm{Df}} \Psi(\varkappa(w(g)), G(\mathrm{S})).$$

Die Strategienmengen $\mathfrak{G}$ und $\mathfrak{S}$ sind im allgemeinen unendlich, falls keine Einschränkungen vorgenommen wurden. Es handelt sich hier also um ein *unendliches Zwei-Personen-Nullsummenspiel* (gegen die Natur).

Nun wird die Natur eine *gemischte Strategie P* spielen. Diese identifizieren wir mit einem Verteilungsgesetz P auf $\mathfrak{G}$. Der Mensch wird nach Möglichkeit nur e i n e n *optimalen Algorithmus* S wählen, also ohne die Übersicht über alle äquivalenten Schemata haben zu müssen. Daß dieser Wunsch erfüllbar ist, zeigen wir anhand folgender Überlegungen:

Sei $\mathfrak{S}$ eine Klasse J-P-äquivalenter Fragebogen.[1] Sei weiterhin

$$\psi(\varkappa(w(g)), G(\mathrm{S})) =_{\mathrm{Df}} \varkappa(w(g)).$$

Dann können wir den Erwartungswert des *Verlusts für den Menschen* wie folgt ansetzen (vgl. S. 186), wobei Π eine gemischte Strategie des Menschen ist:

$$\begin{aligned}\gamma^*(P, \Pi) &= \sum_{g \in \mathfrak{G}} \sum_{\mathrm{S} \in \mathfrak{S}} \gamma(g, \mathrm{S})\, P(g)\, \Pi(\mathrm{S}) \\ &= \sum_{\mathrm{S} \in \mathfrak{S}} \Pi(\mathrm{S})\, C(\mathrm{S}).\end{aligned}$$

Die C-optimalen Fragebogen zeichnen sich bekanntlich dadurch aus, daß C ein Minimum ist. Also wird $\gamma^*(P, \Pi)$ *bei reinen Strategien* Π zum Minimum, wobei mit Wahrscheinlichkeit 1 ein optimaler Fragebogen gewählt wird.

[1] Wenn wir nur J-äquivalente Fragebogen zulassen, sind die gewichteten Weglängen im allgemeinen größer. Dafür sind diese Fragebogen bei jedem Verteilungsgesetz P auf $\mathfrak{G}$ äquivalent, was bei den J-P-äquivalenten Fragebogen im allgemeinen nicht der Fall ist.

9.4. Fragebogen als Suchalgorithmen

Das Ziel von Suchverfahren ist u. a. die *Ermittlung der Adressen von gesuchten Datenblöcken.* Diese Adressen geben an, wo diese Datensätze in einem Speicher stehen. Es gibt nun viele Möglichkeiten, Suchverfahren zu beschreiben. In diesem Abschnitt stellen wir sie als *Graphschemata* und als ALGOL-*Prozeduren* dar.

Suchen wir Blöcke mit bestimmten „*Ordnungsbegriffen*“ [34], so geben wir letztere in einen geeigneten interpretierten und mit einem Verteilungsgesetz versehenen Graphen (*Fragebogen*) ein. Diese zu erfüllenden Bedingungen oder Eigenschaften lassen sich durch eine Klasse von prädikaten- oder aussagenlogischen Belegungen charakterisieren. Weil bei verschiedenen Belegungen einige Ausdrücke unterschiedliche Werte annehmen können, werden im allgemeinen mehrere Wege im Fragebogen durchlaufen (vgl. S. 174 f.). Hier setzen wir jedoch voraus, daß nach jeder Eingabe *genau ein Weg* durchlaufen wird. Es werde also immer genau eine Belegung eingegeben. Das entspricht der Verwendung von speziellen Ordnungsbegriffen, die z. B. beim Suchen in Tabellen vorkommen.

Wir betrachten Suchverfahren als *äquivalent,* wenn sie bei jeder Belegung die gleichen Adressen liefern.

Als *Optimierungsgröße* verwenden wir wieder die *mittleren Kosten C,* wobei wir $\varkappa$ als *Ausführungsdauer* deuten. Setzen wir für jeden Ausdruck

$$\varkappa(H) =_{\mathrm{Df}} T,$$

wobei T eine Konstante ist, alle Ausdrücke also die gleiche Ausführungsdauer haben (vgl. S. 180), und addieren wir eine Zeit T_0 zum Herstellen der Anfangsbedingungen, so ergibt sich folgende Formel für die *mittlere Suchzeit*

$$t = T_0 + T\,\mathrm{L}.$$

Im weiteren werden wir uns deshalb nur mit der Berechnung der mittleren Weglänge L beschäftigen.

9.4.1. Sequentielles Suchen

Ungeordnete Datenmengen, die z. B. auf einem Magnetband stehen, müssen *sequentiell* abgesucht werden. Sei N die Anzahl der vorhandenen Datenblöcke. Dann können wir dieses Verfahren durch einen *dichotomen Frage-*

bogen vom Typ $\mathbf{A_R}$ mit N + 1 Senken darstellen, wobei die (N + 1)-te Senke angesteuert werde, wenn sich die gewünschten Daten nicht im Speicher befinden. Hier setzen wir jedoch voraus, daß nur nach Daten gesucht wird, die sich im Speicher (Tabelle) befinden, also die Wahrscheinlichkeit $p(y_{N+1})$ der Senke y_{N+1} gleich Null ist.

Bei *Gleichverteilung* auf den N übrigen Senken ergibt sich für die Anzahl der Suchschritte, die im Mittel durchgeführt werden müssen,

$$L_S = \frac{N+1}{2}$$

(vgl. auch S. 35). Wenn ein anderes *Verteilungsgesetz* vorgegeben ist, muß bei einem optimalen Fragebogen vom Typ $\mathbf{A_R}$ die Adresse eines der am häufigsten gesuchten Datenblöcke in y_1 stehen.[1]

Eine Variante des sequentiellen Suchens ist das *„gekettete" Suchen* [67]. Bei diesem Verfahren sucht man nach Bestimmung der Suchrichtung sequentiell dort weiter, wo man den letzten Suchvorgang beendet hat. Dazu ist es notwendig, daß alle Datenblöcke mittels eines Ordnungsbegriffs sortiert sind.

Als Ausgangspunkt für die Darstellung dieses Verfahrens nehmen wir wie oben einen Fragebogen vom Typ $\mathbf{A_R}$. Dieser wird wie folgt modifiziert. Wir fügen an die frühere Quelle noch einen Bogen mit einer Senke an. Außerdem können wir die von Nichtsenken zu Nichtsenken führenden Bogen in *beiden* Richtungen durchlaufen. Bei N + 2 Senken hat der Fragebogen dann N Nichtsenken $x_1, x_2, \ldots, x_N$. Der Eingabeknoten liegt an der Stelle, wo man den letzten Suchvorgang beendete. Wurden zuletzt die über y_ν zu findenden Datensätze gesucht, so wird beim nächsten Suchvorgang folgender Fragebogen $\mathbf{F}_\nu$ benutzt.

Sei η_ν der Ordnungsbegriff von y_ν, dann wird x_ν mit $v = \eta_\nu$ interpretiert.

[1] In der Klasse der homogenen Büschelfragebogen gilt für alle natürlichen Zahlen N:
Die mittlere Weglänge jedes homogenen Büschelfragebogens mit Gleichverteilung auf der Menge E *der* N *Senken ist größer oder gleich der mittleren Weglänge eines optimalen homogenen Büschelfragebogens gleicher Basis und mit einem beliebigen Verteilungsgesetz auf der Menge* E *der* N *Senken.*
Da hier nur derartige Fragebogen betrachtet werden, haben wir also eine obere Grenze für die mittlere Weglänge L bei homogenen optimalen Büschelfragebogen gefunden. Die Entropie dagegen ist bekanntlich eine untere Schranke für L (vgl. S. 212).

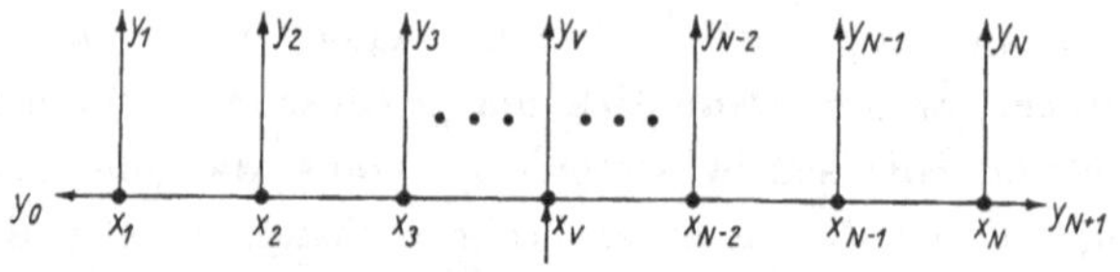

Abb. 9.4.1. Fragebogen zur Beschreibung des „geketteten" Suchens

Bei $p(y_0) = p(y_{N+1}) = 0$ und Gleichverteilung auf den übrigen N Senken ergibt sich für die mittlere Weglänge

$$L_\nu = \frac{1}{N}(1 + 2 + \cdots + (\nu - 1) + \nu) + \frac{1}{N}(2 + 3 + \cdots + (N - \nu + 1))$$
$$= \frac{\nu(\nu + 1)}{2N} + \frac{(N - \nu)(N - \nu + 3)}{2N}.$$

Ist die Wahrscheinlichkeit dafür, daß der Eingabeknoten x_ν ist, gleichermaßen $\frac{1}{N}$, so ergibt sich insgesamt für die mittlere Weglänge

$$L = \frac{1}{N}\sum_{\nu=1}^{N} L_\nu = \frac{N^2 + 3N - 1}{3N}$$

(vgl. [67]). Gegenüber der ersten Methode hat sich L auf ungefähr zwei Drittel reduziert.

9.4.2. Binäres Suchen

Das Verfahren des *binären Suchens* kann man nur bei *sortierten* (geordneten) Datenmengen (Tabelle) anwenden. Dabei greift man direkt auf die Adresse des Blocks zu, dessen Nummer in der Tabelle aus der Summe der Nummer des ersten und des letzten der in Betracht kommenden Blöcke durch ganzzahlige Division durch 2 entsteht. Dann vergleicht man den gesuchten Ordnungsbegriff mit dem zu dieser Adresse gehörigen.

Nun kann man bei dieser Methode verschiedene Attribute verwenden. SCHATTE benutzt ein dreiwertiges

$$\alpha_3(v, r) =_{\mathrm{Df}} \begin{cases} 1, & \text{falls } v > r \\ \frac{1}{2}, & \text{falls } v = r \\ 0, & \text{falls } v < r, \end{cases}$$

wobei r der Vergleichs- und v der gewünschte Ordnungsbegriff ist. Bei dem Wahrheitswert $\frac{1}{2}$ hat man die gesuchten Datensätze gefunden. SCHATTE [67] gibt dafür folgende ALGOL-Prozedur an:

procedure BSuch (T, N, i, j);
value i, j; **integer array** T; **integer** N, i, j;
comment T ist eine Tabelle mit N Datenblöcken. Die Nummer i des gesuchten Blocks (Ordnungsbegriffs) j in der Tabelle soll bestimmt werden. Es wird vorausgesetzt, daß der gesuchte Block tatsächlich in der Tabelle vorhanden ist;
begin integer m, n; $m := 1$; $n := N$;
$M: i := (m + n) \div 2$;
if $j <$ T $[i]$ **then begin** $n := i - 1$; **goto** M **end**;
if $j >$ T $[i]$ **then begin** $m := i + 1$; **goto** M **end**
end BSuch

Dieser Prozedur entsprechen *trichotome* Quasibüschelfragebogen (vgl. S. 240), deren Knoten $x \in Q$ genau eine Senke als direkte Nachfolger haben. Die anderen direkten Nachfolger sind entweder Quasisenken oder Nichtsenken. Dieses dreiwertige Attribut wurde in der Prozedur durch zwei zweiwertige realisiert (vgl. S. 177).

Als *Beispiel* geben wir einen Fragebogen mit 6 Senken und 7 Quasisenken (vgl. S. 240) an. Letztere können nicht erreicht werden, wenn nur nach vorhandenen Blöcken gesucht wird. Unter dieser Voraussetzung haben diese Ecken die Wahrscheinlichkeit Null.

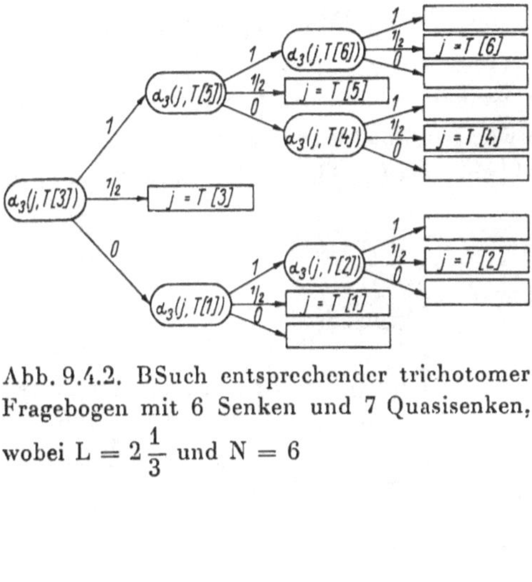

Abb. 9.4.2. BSuch entsprechender trichotomer Fragebogen mit 6 Senken und 7 Quasisenken, wobei $L = 2\frac{1}{3}$ und $N = 6$

Hat der Fragebogen $N = 2^k + \alpha$ Senken (N Anzahl der Datenblöcke), so werden höchstens $k + 1$ Suchschritte benötigt (vgl. [34]). Wenn nach $k + 1$ Tests kein Block gefunden wurde, so ist der gesuchte Block nicht vorhanden. Die Suche kann abgebrochen werden.

Bei Gleichverteilung auf der Menge der Senken beträgt die mittlere Weglänge

$$L_1 = \frac{1}{N}\left(1 \cdot 2^0 + 2 \cdot 2^1 + 3 \cdot 2^2 + \cdots + k \cdot 2^{k-1} + (k+1)(\alpha+1)\right)$$

$$= \frac{1}{N}\left((k+1)N + k + 2 - 2^{k+1}\right)$$

(vgl. [67]).

Nun wollen wir die Anzahl der Quasisenken vermindern. Unter der schon oben benutzten Voraussetzung, daß alle gesuchten Blöcke in der Tabelle vorhanden sind, werden wir nicht weiter testen, wenn wir wissen, daß sich der gesuchte Block nur an einem Tabellenplatz befinden kann. Dieser Variante entspricht folgende ALGOL-Prozedur:

```
procedure BSuchtri (T, N, i, j);
value i, j; integer array T; integer N, i, j;
begin integer m, n; m := 1;  n := N;
        M1: i := (m + n) ÷ 2;
                if j > T [i] then begin m:=i+1; goto M2 end;
                if j = T[i] then goto E else n := i − 1;
        M2: if n = m then i := n else goto M1;
E: end
```

Folgende Abbildung zeigt einen Fragebogen mit 6 Senken und einer Quasisenke.

Da diese Prozedur weniger Quasisenken verursacht als die vorhergehende, werden auch weniger Nichtsenken benötigt. Deshalb ist auch die mittlere Weglänge L_2 kleiner als L_1. Allerdings erfordert sie im Gegensatz

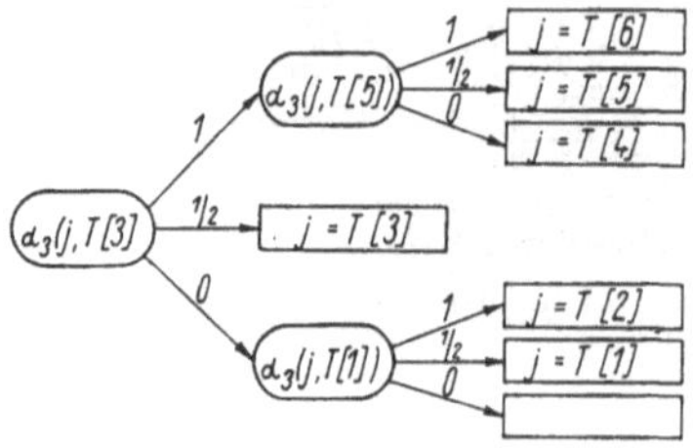

Abb. 9.4.3. BSuchtri entsprechender trichotomer Fragebogen mit 6 Senken und einer Quasisenke, wobei $L = 1\frac{5}{6}$ und $N = 6$

zu BSuch zusätzliche Vergleiche der Indizes. Es ist jedoch auch bei Gleichverteilung nicht gelungen, eine geschlossene Formel für L_2 anzugeben, weil für gewisse α nur Quasisenken aktiviert und keine Nichtsenken hinzugefügt werden, also gewisse Senken statt 0 die Wahrscheinlichkeit $\frac{1}{N}$ erhalten.

Eine letzte Variante benutzt nur das zweiwertige Attribut $\leqq$. In diesem Fall können wir folgende Prozedur verwenden:

```
procedure BSuchopdi (T, N, i, j);
value i, j; integer array T; integer N, i, j;
begin integer m, n; m := 1; n := N;
      M: i := (m + n) ÷ 2;
         if j > T [i] then m := i + 1 else n := i;
         if m = n then i := n else goto M
end
```

Auch hier müssen die Indizes verglichen werden.

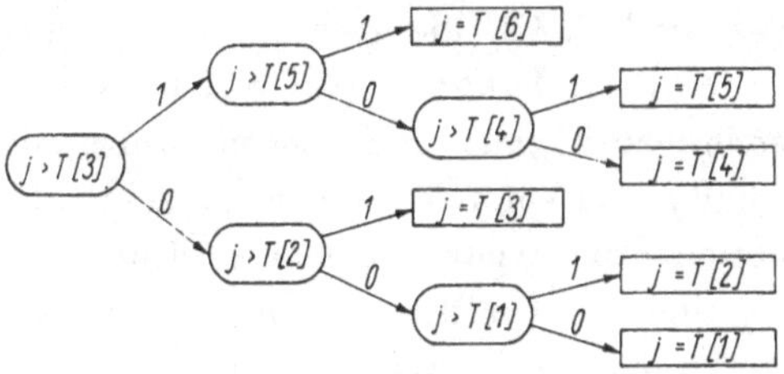

Abb. 9.4.4. BSuchopdi entsprechender dichotomer Fragebogen mit 6 Senken, wobei $L = 2\frac{2}{3}$ und $N = 6$

Bei Gleichverteilung sind die dieser Prozedur entsprechenden Fragebogen in der Klasse der dichotomen Büschelfragebogen L-optimal. Die mittlere Weglänge L_3 dieser Fragebogen vom Typ $\mathbf{A}_0$ beträgt bei $N = 2^k + \alpha$

$$L_3 = k + \frac{2\alpha}{N}$$

(vgl. S. 34).

Der Vergleich der mittleren Weglänge der Fragebogen bei Gleichverteilung ergibt

$$L_2 \leqq L_1 = k + 1 + \frac{k+2}{N} - \frac{2^{k+1}}{N} \leqq L_3 = k + 2 - \frac{2^{k+1}}{N}.$$

Gegenüber dem sequentiellen Suchen ist hier eine erhebliche Verminderung der mittleren Weglänge eingetreten. Jedoch bemerkt SCHATTE [67], daß ein Suchschritt beim binären Suchen länger dauert als beim sequentiellen. Es kann also insgesamt eine Verschlechterung ergeben. Man muß infolgedessen bei jeder Anwendung anhand der Bewertung $\varkappa$ berechnen, welches Verfahren insgesamt gesehen eine kürzere Suchzeit verspricht.

9.4.3. Einige weitere Verfahren

Weitere Suchverfahren sind das *„indizierte" Suchen* in zwei oder mehr Suchebenen. Dieses kann man durch gewisse Produkte von Fragebogen darstellen. Leider können wir hier darauf wie auch auf das *„direkte" Suchen* nicht eingehen.

Auf S. 217 haben wir ein Suchverfahren von DUBAIL beschrieben. Weitere Anknüpfungspunkte bieten die von PRYWES und GRAY eingeführten *„balanced trees"* (vgl. S. 34), die auch hier eine wichtige Rolle spielen, und das Verfahren von HIBBARD (vgl. S. 146). Bei letzterem konstruiert man folgendermaßen einen Fragebogen, wobei die Zahlen Ordnungsbegriffe seien und j eine Variable für einen gesuchten Ordnungsbegriff sei. Wir interpretieren die Quelle mit dem Ausdruck $j \leqq b_0$. Alle Zahlen, die größer als b_0 sind, werden Elemente einer Menge S_0. Die restlichen fassen wir in I_0 zusammen. Dann zeichnen wir zwei Bogen (mit je einem Endpunkt). S_0 bzw. I_0 ordnen wir dem mit 1 bzw. 0 belegten Bogen zu. Die eben konstruierten direkten Nachfolger der Quelle interpretieren wir mit $j \leqq b_S$ bzw. $j \leqq b_I$, wobei b_S bzw. b_I die erste Zahl aus S bzw. I ist. Danach wird wieder jeweils eine Klasseneinteilung in zwei Mengen getroffen. Das Verfahren bricht ab, wenn jede Menge genau ein Element enthält. Im Gegensatz zu DUBAIL (vgl. S. 217 f.) wird bei HIBBARD auch $j \leqq b_{min}$ getestet, wobei b_{min} die kleinste Zahl ist. Wird nur nach vorhandenen Blöcken gesucht, so entsteht dadurch eine Quasisenke. Schließlich ordnen wir den Senken die Adressen zu, unter denen die gesuchten Sätze zu erreichen sind.

Rechentechnisch werden diese „Suchbäume" durch *„zweifach zusammenhängende Listen"* realisiert [7].

Die *Abarbeitung* wird wie üblich erklärt. Wir belegen j mit dem gesuchten Ordnungsbegriff und geben ihn in den Fragebogen ein.

Es gibt $n!$ verschiedene geordnete Folgen von n Zahlen. Also sind $n!$ verschiedene Fragebogen möglich. Deshalb benutzt HIBBARD folgende „Längendefinition“

$$L(n) =_{\mathrm{Df}} \sum_{\nu=1}^{n!} L(\mathbf{F}_\nu)$$

und beweist

$$L(n) = 2 \sum_{\nu=2}^{n+1} \frac{1}{\nu} < 1{,}4 \log_2(n+1).$$

Abschließend weisen wir noch auf zwei wichtige Probleme hin. Es ist oft notwendig, *Blöcke aus Tabellen oder Listen zu entfernen bzw. neue hinzuzufügen.* Für eine Optimierung in diesem Sinne könnte man fordern, daß sich diese Prozesse möglichst „einfach“ realisieren lassen. Die dabei entstehenden Probleme wurden für Suchverfahren schon untersucht. Bei Fragebogen blieben sie bisher unberücksichtigt.

9.5. Sortieren durch Vereinigung von Magnetbändern

Ein wichtiges Problem der automatisierten Informationsverarbeitung ist das *Sortieren* von Daten, die auf *Magnetbändern* stehen. Bei diesen Verfahren ist für unsere Betrachtungen wichtig, daß *aus mehreren Anfangsfolgen eine (geordnete) Endfolge hergestellt wird.* Im folgenden skizzieren wir dazu die Untersuchungen von CÉSARI [26].

Gegeben seien nichtleere Mengen Q und E mit $\mathrm{Q} \cap \mathrm{E} = \emptyset$. Wir setzen $\mathrm{Z} =_{\mathrm{Df}} \mathrm{Q} \cup \mathrm{E}$ und nennen die Elemente aus Z *Folgen,* sowie die Elemente aus E *Endfolgen.* Als erstes nehmen wir einige *Einschränkungen* vor.

1. Jede Folge $z \in \mathrm{Z}$ hat eine von der benutzten Methode und vom verwendeten Material unabhängige Länge λ. Die Länge einer durch Vereinigung entstandenen Folge ist gleich der Summe der Längen der vereinigten Folgen.
2. Die Kosten einer Vereinigung sind der Länge der erhaltenen Folgen proportional. Der Proportionalitätsfaktor t ist von der Anzahl der vereinigten Folgen, vom Verfahren (z. B. eventuell nötiges Wiederaufspulen) und vom Material abhängig, jedoch von den Längen der Folgen unabhängig.
3. Die Gesamtkosten ergeben sich aus der Summe der Kosten der einzelnen Vereinigungen.

Zur Beschreibung dieses Prozesses konstruieren wir jetzt folgendermaßen einen *Graphen*:

Für jede Anfangsfolge $y \in \mathrm{E}$ zeichnen wir eine Senke. Wenn wir Folgen vereinigen, zeichnen wir einen Knoten $x \in \mathrm{Q}$ und verbinden ihn durch Bogen mit den Ecken, die den vereinigten Folgen zugeordnet sind. Die Endfolge z_0 entspricht dann dem Zentrum. Es ist klar, daß so ein *Büschel* entsteht.

Im folgenden betrachten wir nur *homogene Büschel*, d. h., es werden immer a Folgen vereinigt, wobei a konstant und größer als 1 ist. Ist $\mathrm{N}-1$ nicht durch $a-1$ teilbar, wobei N die Anzahl der Anfangsfolgen ist, so fügen wir einige Anfangsfolgen der Länge Null hinzu (vgl. S. 24 ff. und S. 240).

Wir bezeichnen dann

$$\lambda(z_0) =_{\mathrm{Df}} \sum_{y \in \mathrm{E}} \lambda(y)$$

als *Länge der Endfolge* z_0 und für jede Folge $z \in \mathrm{Z}$

$$p(z) =_{\mathrm{Df}} \frac{\lambda(z)}{\lambda(z_0)}$$

als *Wahrscheinlichkeit von z;* denn p hat die Eigenschaften der oben (vgl. S. 21 und 184) eingeführten Abbildung gleicher Bezeichnung.

Als *Äquivalenzbegriff* können wir ohne Schwierigkeiten die auf S. 24 definierte h-Äquivalenz verwenden.

Nach der zweiten Voraussetzung sind die *Gesamtkosten*

$$C =_{\mathrm{Df}} \sum_{x \in \mathrm{Q}} t\,\lambda(x) = t \sum_{x \in \mathrm{Q}} \lambda(x) = t\,\lambda(z_0) \sum_{x \in \mathrm{Q}} p(x),$$

wobei $\varkappa(x) =_{\mathrm{Df}} t\,\lambda(z_0)$ für alle $x \in \mathrm{Q}$ gilt (vgl. S. 180).

Aus P 6.2 folgt

$$\mathrm{L} = \sum_{x \in \mathrm{Q}} p(x) = \sum_{y \in \mathrm{E}} l(y)\, p(y).$$

Nun gilt aber wegen Theorem 10.1.2

$$\mathrm{L} \geqq - \sum_{y \in \mathrm{E}} p(y) \log_a p(y).$$

Daraus folgt:

$$C \geqq - t\,\lambda(z_0) \sum_{y \in \mathrm{E}} p(y) \log_a p(y).$$

Damit ist gezeigt, daß manchmal die Voraussetzungen der „klassischen" Fragebogentheorie ausreichen. Im hier dargestellten Fall genügt ein Verteilungsgesetz p auf E. Außerdem können wir uns auf die Klasse der Büschelfragebogen beschränken. Es gibt aber auch Unterschiede zur „klassischen" Fragebogentheorie. Zum Beispiel werden *bei jeder Realisierung des Vereinigungsprozesses alle Wege (rückwärts) durchlaufen.*

In der „klassischen" Fragebogentheorie liefert bekanntlich der HUFFMANsche Algorithmus L-optimale Fragebogen. Deshalb müssen hier immer die Folgen mit den kleinsten Längen vereinigt werden. Jedoch arbeitet kein bisher verwendetes Sortierverfahren nach dieser Methode. Infolgedessen ist CÉSARI der Meinung, daß es illusorisch ist, durch einen optimalen Prozeß das Sortierproblem zu lösen. Wir schließen uns dieser Meinung an. Jedoch kann man durch den hier skizzierten Ansatz die üblichen Verfahren vergleichen und feststellen, welche Methode sich in welchen Fällen um wieviel vom Optimum unterscheidet. Das untersucht CÉSARI für einige Verfahren.

ZEHNTES KAPITEL

Weiterführung der „klassischen" Fragebogentheorie durch PICARD und andere

Seit dem Erscheinen der vorliegenden Monographie im Original ist von PICARD und seinen Mitarbeitern eine größere Anzahl von Arbeiten publiziert worden (vgl. Literaturverzeichnis). Diese Autoren beschäftigen sich mit der Verbesserung, der Abrundung und der Weiterentwicklung der Fragebogentheorie, wobei bisher hauptsächlich *Büschel* studiert wurden. Im folgenden werden wir die wichtigsten Ergebnisse skizzieren und dabei zeigen, daß man sie auch mit unserem Ansatz ableiten kann (vgl. Kapitel VIII).

10.1. Rekursive Konstruktion optimaler sinnvoller Fragebogen

DUBAIL [30] verwendet wie PICARD in Beispielen *interpretierte* Fragebogen. In ihren allgemeinen Untersuchungen abstrahiert sie jedoch von den dabei verwendeten Ausdrücken. Sie untersucht also nur die formale Wirkung von Fragen und deren Beantwortung. Dieser Ansatz reicht aus, um einen weiteren Algorithmus zur Konstruktion optimaler Fragebogen zu gewinnen. Weiter zeigt sie in Beispielen (vgl. S. 218), wie durch diesen formalen Ansatz auch die interpretierten Ausdrücke bzw. Attribute algorithmisch konstruiert werden können.

Bei ihrem Ansatz geht DUBAIL von heterogenen *Büschelfragebogen*

$$\mathbf{F} = [\mathrm{Z}, \Gamma, z_0, \mathrm{E}, p]$$

(*im* PICARD*schen Sinne*) aus (vgl. S. 22). Dann definiert sie den Begriff eines *von einer Ecke* $z_0' \in \mathrm{Z}$ *erzeugten Unterfragebogens*

$$\mathbf{U} = [\mathrm{Z}', \Gamma', z_0', \mathrm{E}', p_{z_0'}],$$

d. h., $[\mathrm{Z}', \Gamma', z_0', \mathrm{E}']$ ist ein vollständiges Unterfragebogengerüst und $p_{z_0'}$ ein bedingtes Verteilungsgesetz (vgl. S. 186). Da es sich um Büschel handelt, kann sie für alle Knoten $z' \in Z'$ setzen:

$$p_{z_0'}(z') =_{\mathrm{Df}} \frac{p(z')}{p(z_0')}.$$

Ausgehend von

$$L =_{\mathrm{Df}} \sum_{y \in E} p(y)\, l(y),$$

definiert sie die *mittlere Weglänge* $L_{z_0'}$ *eines in* z_0' *entspringenden Unterfragebogens*

$$L_{z_0'} =_{\mathrm{Df}} \sum_{y \in E'} p_{z_0'}(y)\; l_{z_0'}(y),$$

wobei $l_{z_0'}(y)$ die Länge des Weges von z_0' nach y ist, d. h.

$$l_{z_0'}(y) =_{\mathrm{Df}} l(y) - l(z_0').$$

Weil DUBAIL zur Konstruktion optimaler Fragebogen optimale Unterfragebogen benutzt, leitet sie *zur rekursiven Berechnung der mittleren Weglänge* folgende Formel ab:

$$L_{z_0'} = 1 + \sum_{z \in \Gamma z_0'} p_{z_0'}(z)\, L_z.$$

Speziell gilt

$$L_y = 0$$

für Senken y und

$$L = L_{z_0} = 1 + \sum_{z \in \Gamma z_0} p(z)\, L_z$$

für die Quelle z_0.

Analog wird die *„verallgemeinerte Entropie"* berechnet. Ausgehend von der *„elementaren" Entropie einer Frage z*

$$h(z) =_{\mathrm{Df}} - \sum_{z' \in \Gamma z} p_z(z') \log_{a(z)} p_z(z'),$$

definiert sie als *„Entropie eines Weges* $w(y) = [z_{\nu_0}, z_{\nu_1}, \ldots, z_{\nu_m}, y]$ *von* z_0 *nach der Senke y"*

$$h(w(y)) =_{\mathrm{Df}} \sum_{\mu=0}^{m} h(z_{\nu_\mu})$$

und schließlich als *„verallgemeinerte" Entropie* HG den Erwartungswert der Wegentropie

$$HG =_{\mathrm{Df}} \sum_{y \in E} p(y)\, h(w(y)).$$

Wie man sich leicht überzeugen kann, stimmt diese verallgemeinerte Entropie HG mit der von PICARD (vgl. S. 108) allerdings nur für *optimale heterogene* Fragebogen definierten *Acquisition* und für *homogene* Fragebogen mit der *Entropie* überein.

Für Unterfragebogen gilt analog

$$\mathrm{HG}_{z_0'} =_{\mathrm{Df}} \sum_{y \in \mathrm{E}'} h_{z_0'}(w(y))\, p_{z_0'}(y).$$

Daraus folgt

$$\mathrm{HG}_{z_0'} = h(z_0') + \sum_{z \in \Gamma z_0'} p_{z_0'}(z)\, \mathrm{HG}_z.$$

Einen anderen Zugang zur Berechnung der verallgemeinerten Entropie bekommt man durch folgende Formel:

$$\mathrm{HG}_{z_0'} = \sum_{z \in \hat{\Gamma} z_0'} p_{z_0'}(z)\, h(z).$$

Für $z_0' = z_0$ folgt

$$\mathrm{HG} = \mathrm{HG}_{z_0} = \sum_{z \in \mathrm{Q}} p(z)\, h(z).$$

Der Vorteil dieser auch bei Zyklen möglichen (vgl. S. 243) Berechnungsmethode besteht unter anderem darin, daß man direkt den Einfluß der *Bewertungen* der Fragen sehen kann.

Theorem 10.1.1. *Die verallgemeinerte Entropie* HG *eines Produkts ist gleich der Summe der verallgemeinerten Entropien der Faktoren.*

Diesen wie die meisten anderen Sätze beweist DUBAIL induktiv.

Theorem 10.1.2. *Für alle Fragebogen* **F** *gilt:*

$$\mathrm{HG} \leqq \mathrm{L}.$$[1]

[1] Die *Entropie* $\mathrm{H} =_{\mathrm{Df}} \sum_{i=1}^{\mathrm{N}} - p_i \log_2 p_i$ ist eine *untere Schranke* für die mittleren Weglängen L(F) aller *dichotomen* (*homogenen*) Fragebogen F, deren N Senken die Wahrscheinlichkeiten $p_1, p_2, \ldots, p_{\mathrm{N}}$ haben, d. h., H ist eine *invariante* Größe für eine Klasse *h*-äquivalenter homogener Büschelfragebogen. Die *verallgemeinerte Entropie* HG dagegen verändert sich in einer Klasse *h*- bzw. *s*-äquivalenter Fragebogen (vgl. S. 244). Die verallgemeinerte Entropie HG ist aber insofern eine Verallgemeinerung der Entropie H, als obiges Theorem selbstverständlich auch für dichotome Büschelfragebogen gilt (vgl. S. 65).

Bei der Berechnung der *Abschwächung* können wir wieder analog vorgehen. Zuerst wird die *„elementare" Abschwächung einer Ecke z* definiert

$$b(z) =_{\mathrm{Df}} 1 - h(z).$$

Für die Berechnung der *Abschwächung eines Weges*

$$w(y) = [z_{\nu_0}, z_{\nu_1}, \ldots, z_{\nu_m}, y]$$

summieren wir

$$b(w(y)) =_{\mathrm{Df}} \sum_{\mu=0}^{m} b(z_{\nu_\mu}).$$

Die *Abschwächung* B *eines Fragebogens* ist dann der Erwartungswert der Abschwächungen der Wege

$$\mathrm{B} =_{\mathrm{Df}} \sum_{y \in \mathrm{E}} p(y)\, b(w(y)).$$

In Übereinstimmung mit der früheren Definition der Abschwächung (vgl. S. 65) gelten folgende Beziehungen:

$$\mathrm{B} = \mathrm{L} - \mathrm{HG} \geqq 0.$$

Für Unterfragebogen werden entsprechende Größen eingeführt. $\mathrm{B}_{z'_0}$ kann ebenfalls *rekursiv* berechnet werden:

$$\mathrm{B}_{z'_0} = b(z'_0) + \sum_{z \in \Gamma z'_0} p_{z'_0}(z)\, \mathrm{B}_z.$$

Wir können die Abschwächung auch folgendermaßen berechnen:

$$\mathrm{B}_{z'_0} = \sum_{z \in \hat{\Gamma} z'_0} p_{z'_0}(z)\, b(z),$$

was für die Quelle z_0 Gültigkeit behält.

Theorem 10.1.3. *Für beliebige Fragebogen* $\mathbf{F}_1$ *und* $\mathbf{F}_2$ *gilt:*

$$\mathrm{B}(\mathbf{F}_1 \times \mathbf{F}_2) = \mathrm{B}(\mathbf{F}_1) + \mathrm{B}(\mathbf{F}_2).$$

Unter Verwendung der bei der Definition der h-Äquivalenz (vgl. S. 24) benötigten eineindeutigen Abbildung χ von E auf E' und des dritten Punktes der Definition des „sinnvollen" Fragebogens (vgl. S. 181) als Äquivalenzbegriff (*D-Äquivalenz*) wird optimiert, d. h., es werden die bezüglich L, HG bzw. B minimalen Elemente innerhalb der Klasse *D*-äquivalenter Fragebogen gesucht. Dubail stellt fest, daß *alle homogenen Büschelfragebogen* HG-*optimal sind;* denn sie haben die gleiche (von der Fragebogenstruktur unabhängige) Entropie. Deshalb ist *jeder homogene*

Büschelfragebogen genau dann B-*optimal, wenn er* L-*optimal ist.* Bei heterogenen Fragebogen ist die Optimierung schwieriger.

Theorem 10.1.4. *Für alle Fragebogen* **F** *gilt: Wenn* **F** *bezüglich* L, HG *bzw.* B *optimal ist, so sind alle seine Unterfragebogen bezüglich* L, HG *bzw.* B *optimal.*

Der Beweis wird indirekt geführt.

Diese Unterfragebogen haben im allgemeinen weniger Senken und ein anderes Verteilungsgesetz als der gesamte Fragebogen. Deshalb muß man in anderen Äquivalenzklassen optimieren. Außerdem müssen die Beschränkungen $|Q_a^+|$ der Anzahl der Fragen erfüllt sein (vgl. S. 181).

Die *Umkehrung von Theorem* 10.1.4 gilt trivial, da jeder Fragebogen auch Unterfragebogen von sich selbst ist. Zum Nachweis der Optimalität genügt es aber noch nicht, wenn alle echten Unterfragebogen optimal sind; denn es gibt Beispiele für nicht optimale Fragebogen, deren echte Unterfragebogen optimal sind.

Dubail führt den Begriff des *sinnvollen* Fragebogens (*questionnaire réalisable*) ein. Damit verläßt sie die ursprüngliche Picardsche Fragebogentheorie und betrachtet ausschließlich derartige Fragebogen (die auch schon Picard in konkreten Beispielen benutzte, vgl. Kapitel VI und VII). Lüdde dagegen macht die *interpretierten sinnvollen* Fragebogen explizit zum Gegenstand seiner Untersuchungen, ohne allerdings diese Bezeichnung zu verwenden. Da wir diesen wichtigen Begriff schon oben (vgl. S. 181) einführten, können wir uns hier die Erläuterungen ersparen.

Picard hat gezeigt, daß der (verallgemeinerte) Huffmansche Algorithmus L-optimale Büschelfragebogen liefert, wenn alle Ausdrücke durch $\varkappa$ mit 1 bewertet sind. Deshalb ist die mittlere Weglänge L_{Huff} eines derartigen Fragebogens, die etwa durch Anwendung des Huffmanschen Algorithmus berechnet werden kann, *die untere Grenze der mittleren Weglängen aller zu ihm s-äquivalenten Büschelfragebogen:*

$$L_{Huff} \leqq L.$$

Doch sind die dabei zu stellenden Fragen im allgemeinen zu kompliziert, wie Picard [58, S. 257] bemerkte. So hat z. B. die erste Frage beim Fragebogen 10 des Städteproblems die aussagenlogische Kompliziertheit 2 (vgl. S. 123). Folgender äquivalenter Fragebogen enthält nur „einfache" Fragen (vgl. Abb. 6.9, Abb. 6.10 und S. 236).

Um bei der Suche nach dem Maximum von reellen Zahlen (Abb. 7.1) einen sinnvollen Fragebogen, dessen mittlere Weglänge weit über L_{Huff} liegt, zu erhalten, läßt PICARD sogar *Zyklen* zu.[1] Die zur Realisierung

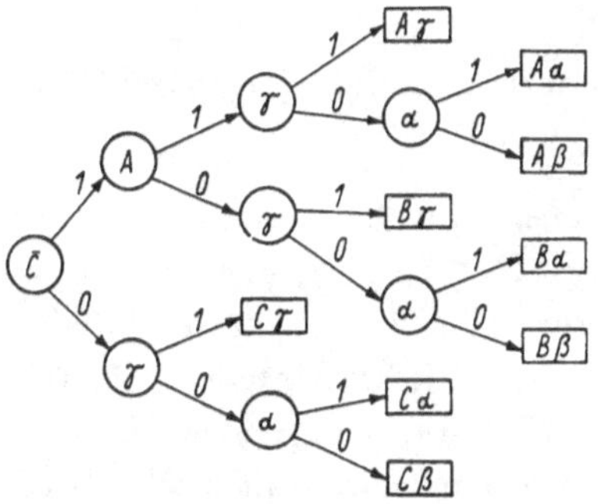

Abb. 10.1.1. Aussagenlogisch interpretierter Büschelfragebogen mit Gleichverteilung auf E zur Lösung der zehnten Variante des Städteproblems, wobei $C = L = \frac{1}{9} \sum_{y \in E} l(y) = 2\frac{1}{3}$ gilt

eines nach dem HUFFMANschen Algorithmus konstruierten Fragebogens nötigen Fragen kann er nicht als sinnvolle Testattribute formulieren. Wenn aber alle im Fragebogen vorkommenden Fragen sinnvoll sind, haben wir mittels des HUFFMANschen Algorithmus einen optimalen sinnvollen Büschelfragebogen bekommen. Wenn das nicht der Fall ist, müssen wir uns nach anderen Optimierungsmethoden umsehen. Eine Möglichkeit bieten die sich an das folgende Theorem anschließenden Überlegungen.

Theorem 10.1.5. *Alle (sinnvollen) Unterfragebogen eines optimalen sinnvollen Fragebogens sind optimal.*

Die Umkehrung gilt wieder trivial.

Der *Grundgedanke des* DUBAIL*schen Optimierungsalgorithmus für interpretierte sinnvolle Büschelfragebogen* ist folgender: Durch systematisches *Probieren* bestimmt man aus allen „einfachen" sinnvollen Unterfragebogen die „komplizierteren" optimalen, indem man eine Quelle z_0' zeichnet und in die direkten Nachfolger dieser Quelle nacheinander alle optimalen

[1] Diese Tatsache nimmt LÜDDE [45] zum Anlaß für seine Untersuchung.

„einfachen" Büschelfragebogen einsetzt. Dann sucht man unter den eben konstruierten Büschelfragebogen einen mit minimaler mittlerer Weglänge $L_{z_0'}$ heraus. Das Verfahren setzt man so lange fort, bis man einen „vollständigen" Büschelfragebogen mit minimaler mittlerer Weglänge konstruiert hat.

Es seien also alle sinnvollen optimalen Unterfragebogen **F′** mit

$$N' =_{Df} |E'| < N$$

konstruiert. Wir wollen nun einen sinnvollen optimalen Unterfragebogen **F″**, wobei $N'' =_{Df} |E''|$ und $1 \leqq N' < N'' \leqq N$, konstruieren. Seien H ein r-wertiger (interpretierter) Ausdruck, der eine Klasseneinteilung von E″ in r nichtleere Klassen liefert (eine Klasseneinteilung $\mathfrak{K}$ steht uns hier nicht zur Verfügung), und T(E″) die Menge aller sinnvollen Fragen bezüglich E″. z_0' wird dann nacheinander mit allen $H \in T(E'')$ interpretiert. Schließlich suchen wir die sinnvollen Ausdrücke H_0, die folgender Bedingung genügen und von denen wir einen beliebigen auswählen:

$$\min_{H \in T(E'')} \Big(1 + \sum_{z \in \Gamma z_0'} p_{z_0'}(z)\, L_z\Big),$$

d. h., es wird ein Fragebogen **F″** mit minimalem $L_{z_0'}$ gesucht. Dann ist **F″** aber nach Definition optimal. Natürlich kann man beim Durchprobieren der „einfacheren" Fragebogen **F′** auch nicht-optimale nehmen. Diese realisieren aber sicher nicht das Optimum. Deshalb brauchen wir sie nicht zu berücksichtigen (Theorem 10.1.5). Das Verfahren ist beendet, wenn ein die „*Anfangssituation*" E realisierender (vollständiger) Fragebogen vorliegt.

Die bezüglich HG bzw. B optimalen Fragebogen werden analog konstruiert.

Bemerkungen.

1. Diese Konstruktionsalgorithmen sind nur dann schnell, wenn die Menge der sinnvollen Fragen nicht groß ist. Dann wird sich aber das DUBAILsche Optimum im allgemeinen sehr vom HUFFMANschen unterscheiden.
2. Weil L = HG + B gilt, braucht man nicht alle Rechnungen auszuführen, wenn man bezüglich aller drei Größen optimale Fragebogen haben will.
3. Hier wie bei den späteren Optimierungen von CHENAIS, TERRENOIRE und DUBAIL [28], [29] (vgl. S. 220 f.) erhalten wir nur Büschelfragebogen

mit minimaler mittlerer Weglänge L($= C$, falls $\varkappa(H) = 1$ für alle sinnvollen Testfragen H gilt) bzw. minimalen mittleren Kosten C. Nun hat aber LÜDDE [45] (vgl. Abb. 10.3.5) gezeigt, daß *es Fragebogen mit Zyklen gibt, die eine kleinere mittlere Weglänge* L *als ein optimaler Büschelfragebogen haben*, wenn nur Fragen der Kompliziertheit 1 zugelassen sind. Diese Tatsache hat weitgehende Konsequenzen. Man muß also vor Anwendung des DUBAILschen Algorithmus erst *beweisen, daß im betrachteten Fall alle C-optimalen Fragebogen Büschel sind.* Diese Beweise sind aber schwierig und unbequem (vgl. S. 218).

4. Da alle sinnvollen Ausdrücke durchprobiert werden müssen, liegt hier ein (systematisches) *Probierverfahren* vor. Zur Abrundung führen wir ein (etwas verändertes) *Beispiel* von DUBAIL [30] an.

Identifizierung einer Informationseinheit

Es werde ein *„Ordnungsbegriff"* (positive reelle Zahl, Individuum) eingegeben. Untersucht wird nun, in welches der N Intervalle $[1, 2), [2, 3), \ldots, [N-1, N), [N, N+1)$ er gehört. Bei jeder Senke stehe diejenige Adresse, unter der die gesuchte Information in einem Speicher zu finden ist. Sei P ein diskretes Verteilungsgesetz auf dem Intervall $[1, N+1)$. $P(a, b)$ ist dann die Wahrscheinlichkeit dafür, daß $\xi \in [a, b)$, d. h.

$$P(a, b) =_{\mathrm{Df}} \sum_{\xi \in [a,b)} P(\xi).$$

Außerdem definieren wir für $1 \leqq a \leqq N$:

$$p_a =_{\mathrm{Df}} P(a, a+1).$$

Jede der N Senken trage positive Wahrscheinlichkeit.

Problemstellung. Unter obigen Voraussetzungen wollen wir einen Algorithmus finden, der zu jedem diskreten Verteilungsgesetz P einen homogenen zweiwertigen optimalen sinnvollen Büschelfragebogen unter der Verwendung von einstelligen zweiwertigen interpretierten Ausdrücken

$$\alpha_k(\xi) =_{\mathrm{Df}} \xi \geqq k$$

konstruiert. Die Interpretation der Nichtsenken mit Testattributen ist dabei die Hauptschwierigkeit, d. h. die Festlegung der jeweiligen Größe k.

Mit $S(a, b)$ bezeichnen wir die Menge der Intervalle $[a, a+1), \ldots, [b, b+1)$. Sinnvoll bezüglich $S(a, b)$ sind dann alle $b - a$ Fragen α_k mit $a + 1 \leqq k \leqq b$, d. h., wir nennen im folgenden

$$[S(a, b), \{\alpha_k : a + 1 \leqq k \leqq b\}]$$

eine *Situation*. Nach Beantwortung von α_k befindet man sich entweder in der Situation

$$[S(a, k-1), \{\alpha_j : a+1 \leqq j \leqq k-1\}]$$

oder

$$[S(k, b), \{\alpha_j : k+1 \leqq j \leqq b\}].$$

Mit $L(a, b)$ bezeichnen wir die mittlere Weglänge eines sinnvollen optimalen Unterfragebogens, welcher mittels Fragen aus $\{\alpha_{a+1}, \ldots, \alpha_b\}$ entscheidet, in welches der Intervalle aus $S(a, b)$ der eingegebene Ordnungsbegriff gehört.

Es gilt:

1. $L(a, a) = 0$ für alle a mit $1 \leqq a \leqq N$, weil in diesem Fall die gesuchten Intervallgrenzen feststehen.
2. $L(a, b) = 1 + \min\limits_{2 \leqq a+1 \leqq k \leqq b \leqq N} \left(P_1 L(a, k-1) + P_2 L(k, b)\right)$,

   wobei

$$P_1 =_{\mathrm{Df}} \frac{P(a, k-1)}{P(a, b)} = \frac{\sum\limits_{i=a}^{k-1} p_i}{\sum\limits_{i=a}^{b} p_i}$$

und

$$P_2 =_{\mathrm{Df}} 1 - P_1$$

gilt.

Zu jeder Menge $S(a, b)$ wird ein optimaler sinnvoller Büschelfragebogen konstruiert. Die kleinste jeweils das Minimum realisierende Zahl $k(a, b)$ wird gespeichert. Deshalb lautet die erste Frage eines der Menge $S(a, b)$ zugeordneten optimalen Unterfragebogens $\alpha_{k(a,b)}(\xi)$.

Nun müssen wir noch zeigen, daß bei diesem Problem alle optimalen Fragebogen Büschel sind, wir also die hier entwickelte Theorie anwenden können. Wir zeigen das indirekt, d. h., wir nehmen die Existenz von Zyklen an. Dann existiert mindestens ein Zyklus mit einem Zentrum. Sei z ein solches. Weiter sei $\Psi(z)$ identisch mit $\xi \geqq k$, wobei $k \in \{2, 3, \ldots, N-1, N\}$. Dann muß ein Intervall existieren, in dem Zahlen sowohl größer und gleich k als auch kleiner k liegen. Das ist aber ein Widerspruch.

Wir beenden die Behandlung dieses Beispiels, indem wir dazu eine von Dubail aufgestellte ALGOL-Prozedur angeben.

```
procedure questionnaire optimal (n, p, l, t);
value n; array p, l; integer array t; integer n;
begin integer k, i, e, a, w; real m, p1, p2, b;
      for a: = 1 step 1 until n do l[a, a] : = 0;
      for e: = 1 step 1 until n − 1 do
      for a : = 1 step 1 until n − e do
      begin m : = 100 * n; for k : = a + 1 step 1 until a + e do
            begin p1 : = p2 : = 0;
                  for i: = a step 1 until k − 1 do p1 : = p1 + p[i];
                  for i: = k step 1 until a + e do p2 : = p2 + p[i];
                  b : = p1/(p1 + p2); p2 : = p2/(p1 + p2); p1 : = b;
                  b : = 1 + p1 * l[a, k − 1] + p2 * l[k, a + e];
                  if b < m then begin w : = k; m : = b end
            end;
                  l[a, a + e] : = m; t[a, a + e] : = w
      end
end
```

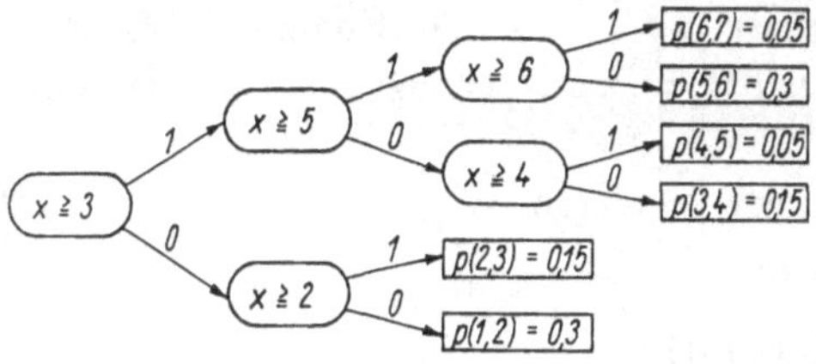

Abb. 10.1.2. Optimaler prädikatenlogisch interpretierter Büschelfragebogen mit $C = L = 2{,}55$

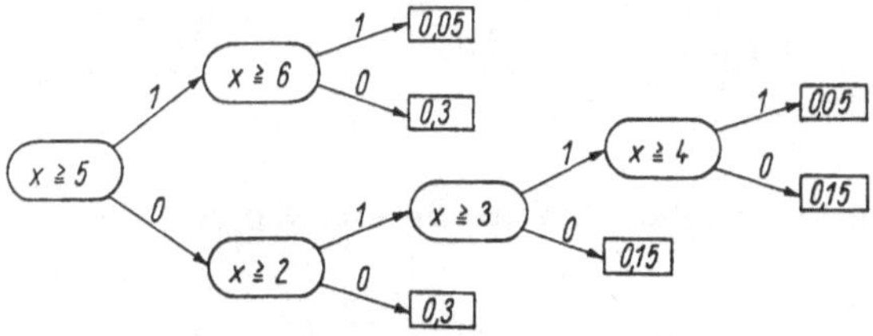

Abb. 10.1.3. Optimaler zu obigem Fragebogen J-P-äquivalenter prädikatenlogisch interpretierter Büschelfragebogen mit $C = L = 2{,}55$

Für N = 6 und für folgendes Verteilungsgesetz

$$P(1) = 0{,}3;\ P(2) = 0{,}15;\ P(3) = 0{,}15;\ P(4) = 0{,}05;$$
$$P(5) = 0{,}3;\ P(6) = 0{,}05 \text{ und } P(\xi) = 0 \text{ für alle } \xi \notin \{1, 2, 3, 4, 5, 6\}$$

geben wir zwei Fragebogen an, die außerdem zeigen, daß *es nicht-isomorphe C-optimale Büschelfragebogen gibt.*

10.2. Rekursive Konstruktion optimaler sinnvoller Büschelfragebogen unter Berücksichtigung einer Bewertung der Testausdrücke

Im Anschluß an DUBAIL [30] stellen CHENAIS, TERRENOIRE und DUBAIL [28], [29] für sinnvolle Büschelfragebogen, bei denen die Testausdrücke bewertet sind, analoge Überlegungen an. Deshalb verwenden sie für Büschel die gleiche Optimierungsgröße C, die wir oben eingeführt und gedeutet hatten (vgl. S. 186).

Folgende Interpretationen zeigen, daß *die* DUBAIL*schen Optimierungsgrößen* L, HG *und* B *Spezialfälle von C sind.* Wenn man $\varkappa(\Psi(x)) =_{\mathrm{Df}} 1$, $\varkappa(\Psi(x)) =_{\mathrm{Df}} h(x)$ bzw. $\varkappa(\Psi(x)) =_{\mathrm{Df}} b(x)$ für alle Knoten $x \in \mathrm{Q}$ setzt, dann gilt $C = \mathrm{L}$, $C = \mathrm{HG}$ bzw. $C = \mathrm{B}$. Es genügt also, das Optimierungsproblem für C zu lösen.

In Analogie zur Definition der mittleren Weglänge $\mathrm{L}_{z'_0}$ (vgl. S. 211) definieren sie die *mittleren Kosten*

$$C_{z'_0} =_{\mathrm{Df}} \sum_{y \in \mathrm{E}'} p_{z'_0}(y)\, \varkappa_{z'_0}(w(y))$$

eines Unterfragebogens, wobei der *Aufwand eines Weges*

$$w(y) = [z'_{\nu_0}, z'_{\nu_1}, \ldots, z'_{\nu_m}, y]$$

$$\varkappa_{z'_0}(w(y)) =_{\mathrm{Df}} \sum_{\mu=0}^{m} \varkappa(\Psi(z'_{\nu_\mu}))$$

ist.

Diese Definitionen ermöglichen die rekursive Berechnung von C.

Theorem 10.2.1. *Für alle Unterfragebogen (mit z'_0 als Zentrum) eines interpretierten Büschelfragebogens gilt:*

$$C_{z'_0} = \varkappa(\Psi(z'_0)) + \sum_{z \in \Gamma z'_0} p_{z'_0}(z)\, C_z.$$

Diese Rekursionsformel und das folgende Theorem lassen sich auch für Fragebogen mit Zyklen bei entsprechender Verallgemeinerung der Definitionen beweisen (vgl. S. 243). Weil wir aber unter Berücksichtigung von Zyklen andere Optimierungsmethoden (vgl. S. 233 f.) anwenden müssen, verzichten wir hier auf die Ausführung dieser Verallgemeinerung. Da die DUBAILschen Optimierungsgrößen Spezialfälle von C sind, ist sie auch dort möglich.

Theorem 10.2.2. *Jeder Unterfragebogen eines C-optimalen Büschelfragebogens ist C-optimal.*

Die Umkehrung gilt ebenfalls.

Wir geben nun ein Beispiel für die Konstruktion eines C-optimalen Büschelfragebogens nach dem Probieralgorithmus an, wobei $\varkappa$ die aussagenlogische Kompliziertheit ist (vgl. S. 226). Die zugrunde liegenden Ausdrücke und das im folgenden benutzte Verteilungsgesetz P auf der Menge der aussagenlogischen Belegungen geben wir auf S. 234 an. Dort sind auch in Abb. 10.3.6 *Fragebogen mit kleinerem C* dargestellt (vgl. S. 216 f.). Zur Vereinfachung ordnen wir

$\bar{a} \wedge b$	1	0,25
$\bar{b} \wedge c$	2	0,35
$\bar{c} \wedge d$	3	0,1
$\bar{d} \wedge a$	4	0,3

zu.

Wir beginnen mit der Angabe der „einfachsten" Unterfragebogen, die nur *zwei Ereignisse trennen.*

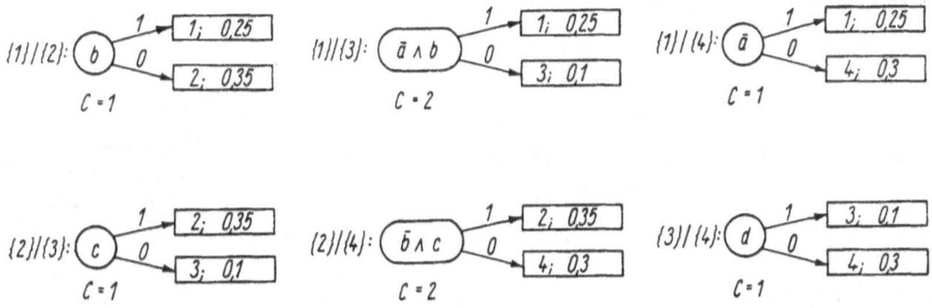

Abb. 10.2.1. C-optimale Unterfragebogen zur Trennung von *zwei* Ereignissen

In der folgenden Abbildung sind die *drei Ereignisse trennenden* Büschel dargestellt, wobei wir durch einen senkrechten Strich andeuten, wie getrennt wird.

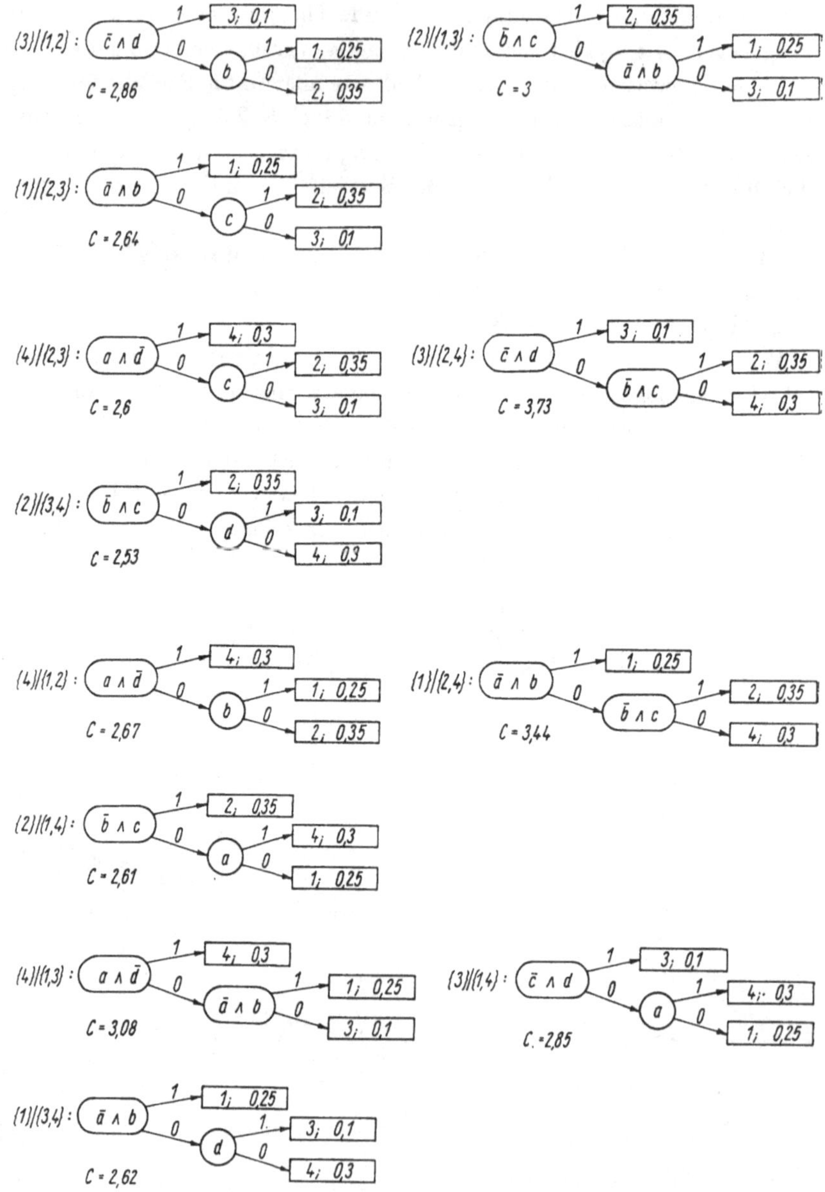

Abb. 10.2.2. Unterfragebogen zur Trennung von *drei* Ereignissen, wobei jeweils der dritte Fragebogen C-optimal ist

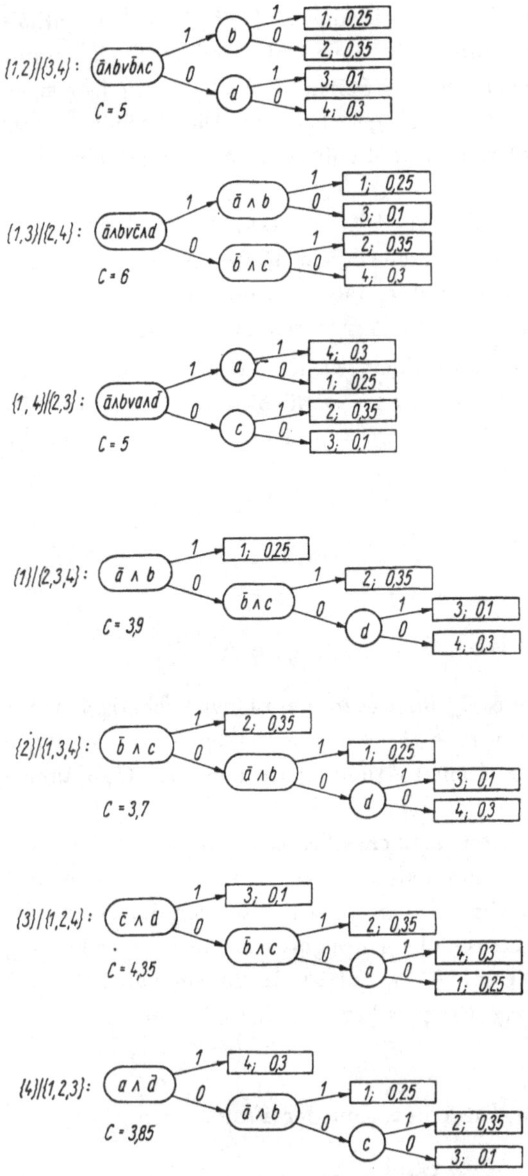

Abb. 10.2.3. Büschelfragebogen zur Trennung von allen vier Ereignissen, wobei der fünfte C-optimal ist

Schließlich probiert man alle „vollständigen“ (d. h. 4 Senken enthaltenden) Fragebogen durch und sucht einen mit minimalem C heraus. Zur Trennung der vor bzw. nach dem Strich stehenden Ereignismengen werden immer *optimale* Unterfragebogen benutzt. Diese schon vorher konstruierten Büschel werden dann in die direkten Nachfolger der ersten Frage eingesetzt.

In den gleichen Arbeiten [28], [29] führen CHENAIS, TERRENOIRE und DUBAIL eine weitere Optimierungsgröße C_π ein. Diese definieren wir jetzt. Sei $\pi(H)$ die Wahrscheinlichkeit dafür, daß der Ausdruck H richtig beantwortet wird. Sei $[z_{\nu_0}, \ldots, z_{\nu_m}, y]$ ein Weg durch einen Fragebogen und $\pi(\mathrm{z}) =_{\mathrm{Df}} \pi(\Psi(\mathrm{z}))$, d. h. man abstrahiert wieder davon, daß die Knoten mit Ausdrücken belegt sind. Um die Wahrscheinlichkeit dafür zu berechnen, daß der y zugeordnete Ausdruck $\varphi(y)$ wahr ist, multipliziert man die Wahrscheinlichkeiten

$$C(y) =_{\mathrm{Df}} \prod_{\mu=0}^{m} \pi(z_{\nu_\mu}).$$

Der *Erwartungswert einer richtigen Antwort* ist dann

$$C_\pi =_{\mathrm{Df}} \sum_{y \in \mathrm{E}} p(y)\, C(y).$$

Bei der Optimierung muß C_π im Gegensatz zu den bisherigen Optimierungsgrößen maximiert werden. Trotzdem gelten analoge Rekursionsformeln und ein analoger Konstruktionsalgorithmus für C_π-optimale Büschelfragebogen.

PICARD stellt auf S. 96 ff. ein ähnliches Problem. Er läßt zu, daß ein beliebig ausgewähltes und dann fixiertes System von Ereignissen vernachlässigt und nach einer Umordnung gestrichen werden darf, wenn die Summe der Wahrscheinlichkeiten dieser Ereignisse kleiner als eine beliebig vorgegebene positive Zahl ε mit $0 < \varepsilon \leq 1$ ist. In diesem Fall bekommt man nur bis auf ε das richtige Ereignis bzw. die richtige Klasse.

10.3. Aussagenlogische Interpretation der Fragebogen

Da die wichtigsten Gedanken von LÜDDE [45], [46] in unseren Ansatz eingeflossen sind, brauchen wir hier nur die Unterschiede zu prädikatenlogisch interpretierten Fragebogen und die speziellen Ergebnisse darzustellen.

Zunächst muß man feststellen, daß LÜDDE seinen Betrachtungen die *klassische zweiwertige Aussagenlogik* zugrunde legt (vgl. 9.2). Das hat u. a. zur Folge, daß keine Individuen zur Verfügung stehen. Deshalb denken wir uns eine *endliche Menge von einstelligen zweiwertigen Attributen* (Eigenschaften), denen axiomatisch die *gleiche Kompliziertheit* (Ausführungsdauer, Kosten) zugeordnet ist (gleich deshalb, damit wir ohne Veränderung der Kompliziertheit die Attribute vertauschen können), gegeben. Wir charakterisieren jedes Individuum, indem wir die Werte, die die Attribute bei diesem annehmen, aufschreiben. Wir vernachlässigen dann die Individuen und fassen die Werte zu sogenannten *aussagenlogischen Belegungen g* zusammen. Diese können wir als Klassen von prädikatenlogischen Belegungen auffassen.

Im Unterschied zu den prädikatenlogischen Fragebogen

$$\mathbf{F} = [Z, \Gamma, z_0, E, \pi, J, f, H^*, \Phi, \Psi, \Xi]$$

haben wir hier „aussagenlogische"

$$\mathbf{F}_a = [Z, \Gamma, z_0, E, \mu_2, \mathfrak{G}, H^*, \Phi, \Psi, \Xi]$$

vorliegen, wobei $\mathfrak{G}$ eine Menge von aussagenlogischen Belegungen, die einen aussagenlogischen Ausdruck H^* falsifizieren, Ψ eine eindeutige Abbildung von Q in die Menge der aussagenlogischen Ausdrücke ist und alle anderen Größen die gleiche Bedeutung wie im prädikatenlogischen Fall haben.

Bei der Behandlung des *Syntheseproblems* werden wir erklären, warum die Belegungen $g \in \mathfrak{G}$ einen Ausdruck H^* falsifizieren müssen.

Die *Abarbeitung, Äquivalenz* usw. werden analog dem prädikatenlogischen Fall erklärt.

In Paragraph 8.3 zeigten wir, daß jeder Fragebogen als Klassifikationsmechanismus aufgefaßt werden kann. Die dort angeführten Überlegungen lassen sich auf den hier studierten Fall übertragen, wobei nur Belegungen $g \in \mathfrak{G}$ eingegeben werden. Das *Analyseproblem* ist damit gelöst.

Wie können wir aussagenlogisch das *Syntheseproblem* formulieren? Wie früher sei eine *Klasseneinteilung* der Menge aller Belegungen, jetzt aber in $N + 2$ Klassen gegeben, wobei $N \geqq 0$. Jede Klasse K sei durch einen Ausdruck H_K beschrieben. Ein Individuum (aussagenlogische Belegung) g gehört genau dann in eine Klasse K, wenn der K zugeordnete aussagenlogische Ausdruck H_K von g verifiziert wird.

Zwei Klassen nehmen eine Sonderstellung ein. Einer eventuell leeren Klasse von Belegungen sei ein Ausdruck H^* zugeordnet, der hier die Abhängigkeiten der Attribute und Funktionen ausdrückt. Die H^* verifizierenden, *den Abhängigkeiten widersprechenden Belegungen* werden auf jeden Fall ausgeschlossen (vgl. ROHLEDER [65], [66]), während außerdem die Möglichkeit besteht, aus den gleichen Gründen wie auf S. 174 weitere Belegungen auszusondern, d. h., wir gehen zu

$$\mathfrak{G} =_{\mathrm{Df}} \{g : g \text{ Belegung und } Wert\,(H^*, g) = 0\}$$

über. Es werden also nur Belegungen $g \in \mathfrak{G}$ zur Klassifizierung zugelassen.

Die andere Klasse enthält die *nicht klassifizierbaren Belegungen.* Diese entstehen dadurch, daß der Klassifikationsfragebogen entweder Kreise enthält oder die Zuordnung der Wahrheitswerte zu den Bogen nicht „sinnvoll" ist (sinnvoll heißt, es gibt zu jedem Knoten und zu jedem Wahrheitswert seines Ausdrucks genau einen Bogen mit dem gleichen Wert). LÜDDE [45], [46] setzt jedoch voraus, daß die Fragebogen keine Kreise enthalten und daß die Zuordnung sinnvoll getroffen wurde. Infolgedessen ist diese Klasse nach Voraussetzung leer.

Die oben betrachteten N Ausdrücke haben dann folgende Eigenschaft: *Bei jeder „zulässigen" Belegung $g \in \mathfrak{G}$ wird genau einer wahr („bezüglich H^* vollständige und disjunkte Ausdrucksmenge"*, vgl. LÜDDE [45]). Prädikatenlogisch bedeutet das, daß das durch den Fragebogen realisierte mehrwertige Attribut für alle zulässigen Belegungen *definiert* ist.

Zur Lösung des Syntheseproblems werden nur *zweiwertige homogene kreisfreie* Fragebogen gesucht, deren Nichtsenken (Fragen) durch Ψ mit Ausdrücken H einer *aussagenlogischen Kompliziertheit* $\varkappa$ (Anzahl der Stellen in H, an denen Aussagenvariable stehen) interpretiert sind, wobei zu jeder Klasse K der oben angegebenen Klasseneinteilung genau eine Klasse K_ν existiert, so daß $K = K_\nu$ gilt (vgl. S. 178).

Fragebogen heißen genau dann *optimal*, wenn eine der Größen

$$C =_{\mathrm{Df}} \sum_{g \in \mathfrak{G}} P(\{g\})\, \varkappa\,(w(g))$$

(vgl. S. 186) bzw.

$$|\mathrm{Q}|$$

minimal ist.

Die *Optimierung bezüglich* $|\mathrm{Q}|$ ist graphentheoretisch trivial. Wie auf S. 163 bemerkt wurde, sind *Büschel* $|\mathrm{Q}|$*-optimal.* In Spezialfällen kann man $|Q|$ noch verringern, indem man *Ergibtanweisungen* benutzt (vgl. S. 157). Büschelfragebogen, die ein gegebenes Klassifizierungsproblem lösen, kann man z. B. mit Hilfe des DUBAILschen Algorithmus unter Berücksichtigung der Kompliziertheiten konstruieren (vgl. Abb. 10.2.1, 10.2.2 und 10.2.3). Eine zweite Möglichkeit besteht darin, daß man nur eine sinnvolle Frage sucht und benutzt sowie keine Minimumbildung durchführt. Dann erhält man im allgemeinen keinen C-optimalen Büschelfragebogen, was hier auch nicht erforderlich ist. Eine andere Variante wäre die Konstruktion eines Büschels vom Typ $\mathbf{A}_0$ bzw. $\mathbf{A}_\mathbf{R}$ oder nach dem HUFFMANschen Algorithmus. Bei diesen müßte man die Fragen $x \in Q$ wie folgt interpretieren:

$$\Psi(x) =_{\mathrm{Df}} \bigvee_{y \in \hat{\Gamma}z \cap E} \varphi(y),$$ [1]

wobei

$$\Phi([x, z]) = 1.$$

Dieses Verfahren läßt sich auf den Fall der interpretierten heterogenen Fragebogen verallgemeinern.

Schließlich muß man noch angeben, wie man zu einem Fragebogen mit Zyklen ein äquivalentes Büschel konstruieren kann. Zuerst rechnet man die Abbildung φ auf E aus. Dann konstruiert man wie oben mit dieser Ausdrucksmenge ein Büschel.

Zusammenfassend können wir folgenden Satz formulieren:

Theorem 10.3.1. *Jedes Klassifizierungsproblem (bezüglich H^* disjunkte und vollständige Ausdrucksmenge) kann durch einen homogenen zweiwertigen Büschelfragebogen gelöst werden (eventuell mit komplizierten Fragen).*

Es gibt nicht-isomorphe äquivalente Büschelfragebogen, d. h. *die $|Q|$-optimalen Fragebogen sind in ihrer Struktur nicht eindeutig bestimmt* (vgl. Abb. 6.9 und Abb. 6.10).

Die *(zeitliche) Optimierung bezüglich C* ist schwieriger. Denn zunächst muß man feststellen, daß *alle Testfragen die aussagenlogische Kompliziertheit* 1 haben müssen. Es gilt also:

Theorem 10.3.2. *Wenn ein Fragebogen C-optimal ist, so gilt: Allen Nichtsenken von* $\mathbf{F}$ *sind durch* Ψ *nur Aussagenvariable zugeordnet.*

[1] Die eindeutige Abbildung φ ordnet jeder Ecke $z \in Z$ einen aussagenlogischen Ausdruck zu, der dem Attribut $\bar{\alpha}_z$ entspricht (vgl. S. 178).

Den Beweis führen wir durch Kontraposition. Es sei eine Nichtsenke $x' \in Q$ derart gegeben, daß $\varkappa(\Psi(x')) = 2$[1], d. h. es gilt[2]

$$\Psi(x') = q_{j_1}^{\sigma_1} \wedge q_{j_2}^{\sigma_2}$$

oder

$$\Psi(x') = q_{j_1}^{\sigma_1} \vee q_{j_2}^{\sigma_2}$$

mit

$$\sigma_1, \sigma_2 \in \{0,1\} \quad \text{und} \quad q^\sigma =_{\mathrm{Df}} \begin{cases} q, \text{ falls } \sigma = 1 \\ \bar{q}, \text{ falls } \sigma = 0. \end{cases}$$

Wir behaupten, daß unter Anwendung des folgenden Verfahrens[3] C verringert wird.

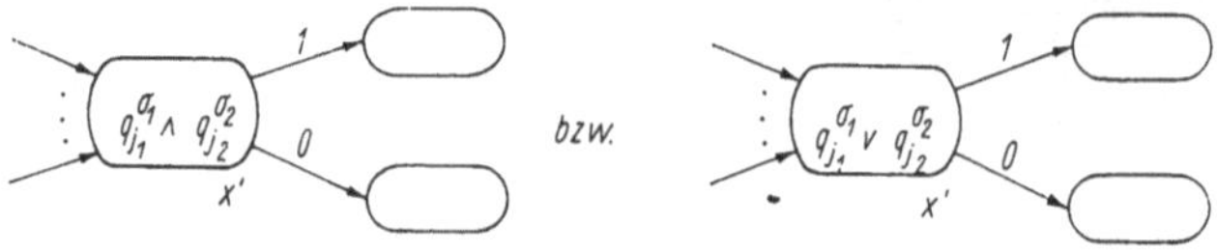

Abb. 10.3.1.

wird umgeformt in

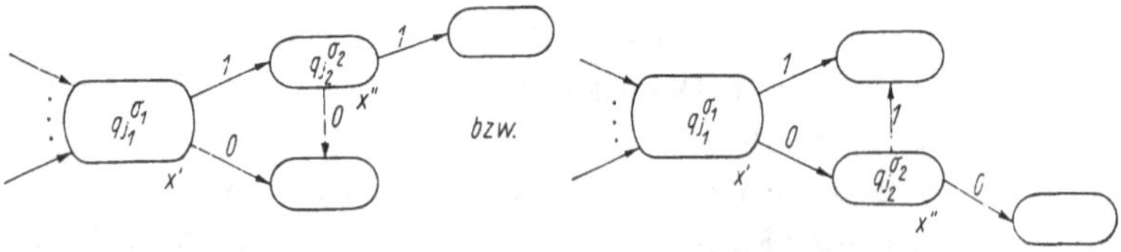

Abb. 10.3.2.

Vorher gilt:

$$C = \sum_{x \in Q} p(x)\, \varkappa(\Psi(x)) = \sum_{x \in Q \setminus \{x'\}} p(x)\, \varkappa(\Psi(x)) + 2\, p(x').$$

Nach Anwendung des obigen Verfahrens ergibt sich aber:

$$C = \sum_{x \in Q \setminus \{x'\}} p(x)\, \varkappa(\Psi(x)) + p(x') + p(x''),$$

wobei $p(x') > p(x'')$ und $x'' \notin Q$ gilt, d. h., C wurde um $p(x') - p(x'') > 0$ reduziert.

[1] Gilt $\varkappa(\Psi(x')) > 2$, so wenden wir das folgende Verfahren mehrmals an.
[2] Zur Vereinfachung schließen wir die Funktoren $\rightarrow$ nnd $\leftrightarrow$ aus.
[3] Bei Bewertung der Ausdrücke muß man den höher bewerteten zuerst schreiben.

Wir merken hier an, daß dieses Verfahren zur Konstruktion optimaler Fragebogen ungeeignet ist, da im allgemeinen „Quasifragen" konstruiert werden (vgl. S. 240).

Es entsteht nun das Problem, wann *Fragebogen bezüglich beider Größen optimal* sind. Es werden also Büschelfragebogen mit minimalem C gesucht. Zunächst gab LÜDDE [45] einen Algorithmus (s. unten) an, der anhand der Ausdrucksmenge $\{H_1, H_2, \ldots, H_N\}$ entscheidet, ob es einen *nur mit Aussagenvariablen interpretierten Büschelfragebogen* gibt (notwendige Bedingung), der ein vorgegebenes Klassifizierungsproblem (Ausdrucksmenge) löst. Da uns hier die DUBAILsche Theorie zur Verfügung steht, können wir das auch so feststellen: Wir versuchen, mittels des DUBAILschen Algorithmus einen sinnvollen Fragebogen zu konstruieren, wobei als Fragen nur Aussagenvariablen zugelassen sind.

In Spezialfällen können wir sofort entscheiden, ob ein nur mit Aussagenvariablen interpretierter Büschelfragebogen existiert. Es gilt nämlich:

Theorem 10.3.3. *Ist jeder Ausdruck aus $\{H_1, \ldots, H_N\}$ zu einer Elementarkonjunktion bezüglich H^* semantisch äquivalent,*[1] *so ist die obige notwendige Bedingung erfüllt. Ist aber ein Ausdruck zu keiner Fundamentalkonjunktion bezüglich H^* semantisch äquivalent, so ist diese Bedingung nicht erfüllbar.*

LÜDDE benutzt das folgende Konstruktionsverfahren, um zu einem Büschel, das nur mit Aussagenvariablen interpretiert ist, ein äquivalentes zu konstruieren, das die gleiche Eigenschaft hat.

Sei $\mathbf{B} = [\mathrm{Z}, \Gamma, z_0, \mathrm{E}, \mu_2, \mathfrak{G}, H^*, \Phi, \Psi, \Xi]$ ein derartiges Büschel und sei $z^* \in \mathrm{Z}$. Für alle $y \in \mathrm{E} \cap \hat{\Gamma} z^*$ wird $\varphi(y)$ berechnet. Diese Ausdrücke bilden eine Ausdrucksmenge $\mathfrak{S}'$[2], für die nach folgendem Verfahren (oder durch Anwendung des DUBAILschen Algorithmus auf $\mathfrak{S}'$) ein Büschel konstruiert wird, wobei als erste Frage auch eine von $\Psi(z^*)$ verschiedene stehen kann:

Man beginnt bei der ersten Aussagenvariablen q_1 und prüft, ob alle Ausdrücke aus $\mathfrak{S}'$ Implikanten[3] bezüglich H^* von q_1 oder von $\bar{q}_1$ sind. Wenn das

[1] Ausdrücke H und H' heißen genau dann *bezüglich eines Ausdrucks H^* äquivalent*, wenn für alle Belegungen g gilt: $Wert(H^*, g) = 1$ oder $Wert(H, g) = Wert(H', g)$. Man vergleiche ROHLEDER [65].

[2] Mittels $\mathfrak{S}'$ können wir auch den Begriff „äquivalenter Unterfragebogen" präzisieren, ohne direkt auf die realisierten Klasseneinteilungen zurückzugreifen.

[3] Ein Ausdruck H_1 heißt genau dann *Implikant eines Ausdrucks H_2 bezüglich H^**, wenn der Ausdruck $H^* \vee (H_1 \rightarrow H_2)$ allgemeingültig ist.

der Fall ist, zerlegt man $\mathfrak{S}'$ in zwei disjunkte Teilmengen $\mathfrak{S}$ und $\bar{\mathfrak{S}}$, wobei in $\mathfrak{S}$ alle Implikanten bezüglich H^* von q_1 enthalten sind und zeichnet

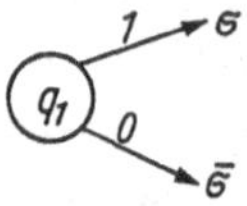

Dann prüft man für alle Ausdrücke aus $\mathfrak{S}$ bzw. $\bar{\mathfrak{S}}$, ob sie Implikanten bezüglich H^* von $q_1 \wedge q_2$ oder von $q_1 \wedge \bar{q}_2$ bzw. von $\bar{q}_1 \wedge q_2$ oder von $\bar{q}_1 \wedge \bar{q}_2$ sind. In diesem Fall zerlegt man wieder und zeichnet weiter, bis jede Menge genau einen Ausdruck enthält. Anderenfalls probiert man alle anderen Aussagenvariablen durch, ob sie diese Eigenschaften haben (eventuell sind auch die schon festgelegten Aussagenvariablen durch neue zu ersetzen). Wenn sich an einer Stelle keine Aussagenvariable q_j finden ließ, gibt es kein nur mit Aussagenvariablen interpretiertes Büschel, welches $\mathfrak{S}'$ realisiert.

Wenn man es immer so einrichten kann, daß N_1 Ausdrücke eine negierte Aussagenvariable und $N - N_1$ die unnegierte implizieren (vgl. Paragraph 3.5.2), dann bekommt man einen Büschelfragebogen von Typ A_0.

Der in z^* entspringende Unterfragebogen wird durch den soeben konstruierten ersetzt. Dann müssen die Wahrscheinlichkeiten der Knoten $z \in \hat{\Gamma} z^*$ neu bestimmt werden. Nach der Permutation ist es möglich, daß Ecken mit den größten Wahrscheinlichkeiten in „kleineren" Rängen als vorher enthalten sind, gleichzeitig aber andere Knoten in „größere" Ränge gekommen sind, so daß insgesamt C vergrößert wurde (vgl. Abb. 10.3.9).

Mittels dieses Verfahrens kann man entscheiden, ob es zu einem beliebig interpretierten Fragebogen einen nur mit Aussagenvariablen interpretierten Büschelfragebogen gibt. Existiert ein solcher, so wird er konstruiert. Man setzt zu diesem Zweck $z =_{Df} z_0$.

Bei der Konstruktion äquivalenter Büschelfragebogen permutiert Picard Unterfragebogen. Eine derartige Permutation hätte hier im allgemeinen zur Folge, daß die Äquivalenz verlorengeht, während die von uns definierten Permutationen diese Äquivalenz erhalten.

Wenn es einen nur mit Aussagenvariablen interpretierten Büschelfragebogen gibt, welcher ein vorgelegtes Klassifizierungsproblem löst, bekommen wir mittels des Dubailschen Algorithmus ein Büschel, dessen mittlere Kosten C nicht größer als die aller anderen äquivalenten Büschel sind. Es gibt aber, wie folgendes Beispiel zeigt, Fragebogen mit geringerem C, d. h., die Möglichkeit der Konstruktion eines nur mit Aussagenvariablen interpretierten Büschels ist nur eine notwendige Bedingung für die Optimalität bezüglich beider Größen. Mit anderen Worten: *Die Eigenschaft, C-optimaler Büschelfragebogen zu sein, ist im allgemeinen von der Struktur der den Klassen zugeordneten Ausdrücke und den Wahrscheinlichkeiten abhängig.*

Beispiel. Es sei die Ausdrucksmenge

$$\mathfrak{S} =_{\mathrm{Df}} \{a \wedge b \wedge c, b \wedge \bar{c}, a \wedge \bar{b} \wedge c, \bar{a} \wedge c, \bar{a} \wedge \bar{b} \wedge \bar{c}\}$$

mit $H^* =_{\mathrm{Df}} a \wedge \bar{b} \wedge \bar{c}$ zu realisieren. Zur Veranschaulichung deuten wir sie als *Klassifizierungsproblem in der Ebene.* Wir interpretieren a als $[x, y] \in A$, b als $[x, y] \in B$ und c als $[x, y] \in C$, also als einstellige Attribute, denn wir betrachten die Punkte als Individuen. Wir definieren:

$$[x, y] \in A =_{\mathrm{Df}} x^2 + y^2 \leqq 1,$$
$$[x, y] \in B =_{\mathrm{Df}} y \geqq 0,$$
$$[x, y] \in C =_{\mathrm{Df}} x > -1.$$

Dann stellt sich unsere Ausdrucksmenge als folgendes Mengensystem dar:

$$\mathfrak{S} = \{A \cap B \cap C, B \cap \bar{C}, A \cap \bar{B} \cap C, \bar{A} \cap C, \bar{A} \cap \bar{B} \cap \bar{C}\}$$

mit $A \cap \bar{B} \cap \bar{C} =_{\mathrm{Df}} \emptyset$.

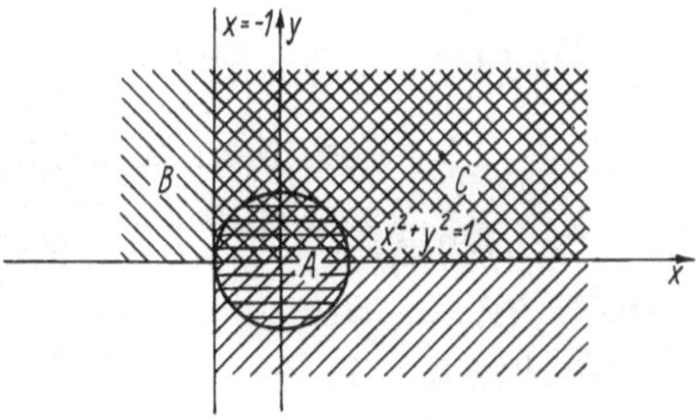

Abb. 10.3.3. Darstellung von $\mathfrak{S}$ in der Ebene

Gesucht ist nun ein Fragebogen, der entscheidet, in welcher der fünf Mengen aus $\mathfrak{S}$ ein Punkt $[x, y]$ liegt. Diesem Klassifizierungsproblem entsprechen die folgenden drei äquivalenten Fragebogen:

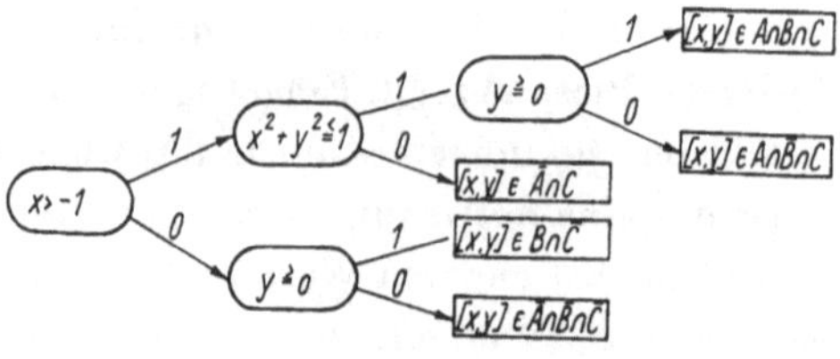

Abb. 10.3.4. Prädikatenlogisch interpretierter Fragebogen mit $C = \mathrm{L} = 2{,}7$

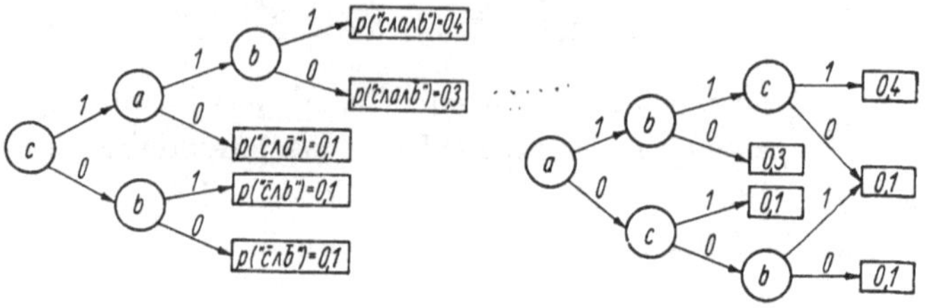

Abb. 10.3.5. J-P-äquivalente aussagenlogisch interpretierte Fragebogen, wobei der linke $|\mathrm{Q}|$-optimal, jedoch nicht C-optimal und der rechte C-optimal, aber nicht $|\mathrm{Q}|$-optimal ist

Legen wir folgendes Verteilungsgesetz P

$$P(0{,}0) = 0{,}1;\ P(1{,}0) = 0{,}05;\ P(1{,}1) = 0{,}2;\ P\left(\frac{1}{2}, \frac{1}{2}\right) = 0{,}02;$$

$$P\left(-\frac{1}{2}, \frac{1}{2}\right) = 0{,}03;\ P(0, -1) = 0{,}1;\ P\left(-\frac{1}{2}, -\frac{1}{2}\right) = 0{,}1;$$

$$P\left(+\frac{1}{2}, -\frac{1}{2}\right) = 0{,}05;\ P\left(-\frac{3}{4}, -\frac{1}{4}\right) = 0{,}05;\ P(1, \sqrt{2}) = 0{,}01;$$

$$P(10{,}0) = 0{,}02;\ P\left(-\frac{1}{2}, \pi\right) = 0{,}05;\ P(0{,}2) = 0{,}01;$$

$$P(0, -5) = 0{,}01;\ P(-1{,}0) = 0{,}05;\ P(-5{,}5) = 0{,}05;$$

$$P(-1, -\sqrt{3}) = 0{,}01;\ P(-2, -2) = 0{,}03;\ P(-5, -1) = 0{,}02;$$

$$P(-7, -6) = 0{,}03;\ P(-1, -9) = 0{,}01$$

und $P(x, y) = 0$ für alle anderen Punkte $[x, y]$

zugrunde, dann gilt für die letzten beiden Fragebogen

$$\mathrm{L}_1 = 2{,}7 \qquad \mathrm{L}_2 = 2{,}6$$

$$\mathrm{H}_1 = 2{,}0465 \qquad \mathrm{H}_2 = 2{,}1455$$

$$|\mathrm{Q}_1| = 4 \qquad |\mathrm{Q}_2| = 5$$

und $L_{Huff} = 2{,}1$. Das Büschel, das man auch durch Anwendung des DUBAILschen Algorithmus erhalten kann, ist also nicht C-optimal.

Dieses Beispiel zeigt, daß die C-optimalen Fragebogen den PICARDschen Optimalitätsbedingungen widersprechen können. Auf Seite 216 f. haben wir diese Tatsache im Zusammenhang mit der Darstellung der DUBAILschen Theorie erläutert. Diesen Widerspruch können wir hier präziser erklären, indem wir berücksichtigen, daß die den anderen Klassen zugeordneten Ausdrücke H eine Kompliziertheit $\varkappa$ haben. Man kann nur mit Aussagenvariablen nicht in weniger als $\varkappa_m(H)$ Fragen, wobei $\varkappa_m(H)$ die Kompliziertheit eines zu H bezüglich H^* semantisch äquivalenten optimalen Ausdrucks ist, entscheiden, ob eine zulässige Belegung in diese Klasse gehört. Infolgedessen kann die $a \wedge b \wedge c$ zugeordnete Senke nicht die Länge 0, 1, 2 haben. Die nach PICARD erforderliche Permutation ist also unmöglich. $a \wedge \bar{b} \wedge c$ kann dagegen Element von Z_2 sein, weil $\varkappa_m(a \wedge \bar{b} \wedge c) = 2$. Das nutzten wir bei der Konstruktion eines optimalen Fragebogens aus.

Es wurde schon festgestellt, daß der DUBAILsche Algorithmus ein Probierverfahren ist. Leider können wir hier allgemein für die Optimierung bezüglich C auch nur derartige Verfahren angeben. Das Ergebnis ist meistens kein Büschel.

Den von LÜDDE in [45] angegebenen Probieralgorithmus zur Konstruktion C-optimaler Fragebogen kann man in Worten so beschreiben:

Wir belegen die Quelle mit einer Aussagenvariablen, dann ihre Nachfolger, wobei die Aussagenvariablen von den vorher benutzten verschieden sein müssen. Im allgemeinen erhalten wir auf diese Weise eine „*Verfeinerung*"[1], ein nur mit Aussagenvariablen interpretiertes Büschel der Wege. Wenn in einem Fragebogen Fragen vorkommen, deren Kompliziertheit größer als 1 ist, kann man das in den Abbildungen 10.3.1 und 10.3.2 geschilderte Verfahren mehrfach anwenden, um eine Verfeinerung zu konstruieren. Dann interpretieren wir die Quelle mit einer anderen Aussagenvariablen usw. Schließlich suchen wir unter den so gewonnenen Büschelfragebogen einen mit minimalem C heraus. Bei Verfeinerungen müssen wir noch durch *Identifikation von Unterfragebogen* (eventuell nur der Senken) einen entsprechenden Fragebogen (mit Zyklen) konstruieren. Folgendes Beispiel zeigt, daß das bei interpretierten Fragebogen möglich ist (vgl. S. 139 f.).

[1] Eine genauere Definition formulierte LÜDDE in [45].

Beispiel. Wir betrachten die Aussagenvariablen a, b, c, d und fassen sie folgendermaßen zu einem Vektor zusammen

$$[a, b, c, d].$$

Wir wollen jetzt die Ausdrucksmenge

$$\mathfrak{S} =_{\mathrm{Df}} \{\bar{a} \wedge b, \bar{b} \wedge c, \bar{c} \wedge d, a \wedge \bar{d}\}$$

realisieren. Dabei werden diejenigen endlichen Belegungen, die durch folgende Vektoren charakterisiert sind,

$$[1, 1, 1, 1], [1, 0, 1, 0], [0, 1, 0, 1], [0, 0, 0, 0]$$

durch den Ausdruck

$$H^* =_{\mathrm{Df}} a \wedge b \wedge c \wedge d \vee a \wedge \bar{b} \wedge c \wedge \bar{d} \vee \bar{a} \wedge b \wedge \bar{c} \wedge d \vee \bar{a} \wedge \bar{b} \wedge \bar{c} \wedge \bar{d}$$

ausgeschlossen. Unter Verwendung des Verteilungsgesetzes

$$\begin{aligned}
&P(0, 1, 1, 1) = 0{,}1; \quad &P(0, 1, 1, 0) = 0{,}1; \quad &P(0, 1, 0, 0) = 0{,}05;\\
&P(1, 0, 1, 1) = 0{,}15; \quad &P(0, 0, 1, 1) = 0{,}1; \quad &P(0, 0, 1, 0) = 0{,}1;\\
&P(1, 1, 0, 1) = 0{,}05; \quad &P(1, 0, 0, 1) = 0{,}02; \quad &P(0, 0, 0, 1) = 0{,}03;\\
&P(1, 1, 1, 0) = 0{,}1; \quad &P(1, 1, 0, 0) = 0{,}1; \quad &P(1, 0, 0, 0) = 0{,}1,
\end{aligned}$$

wobei alle anderen Belegungen die Wahrscheinlichkeit 0 haben, ergeben sich folgende J-P-äquivalente Fragebogen mit

$$\begin{aligned}
&\mathrm{L}_1 = 2{,}4 \qquad &\mathrm{L}_2 = 2{,}4\\
&\mathrm{HG}_1 = 2{,}259 \qquad &\mathrm{HG}_2 = 2{,}265\\
&|\mathrm{Q}_1| = 5 \qquad &|\mathrm{Q}_2| = 4.
\end{aligned}$$

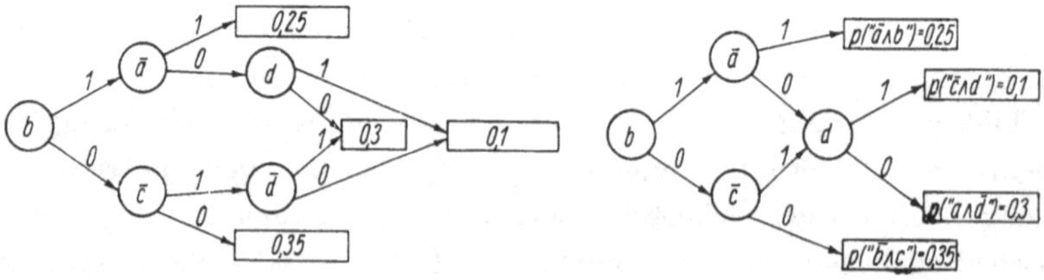

Abb. 10.3.6. J-P-äquivalente aussagenlogisch interpretierte Fragebogen mit Zyklen, wobei beim rechten Unterfragebogen identifiziert wurde

In Spezialfällen können wir den Probieraufwand etwas vermindern. Diesem Problem sind die folgenden Überlegungen gewidmet. Wenn wir z. B. wissen, daß die C-optimalen Fragebogen Büschel sind, brauchen wir nur noch diese durchzumustern. Wir formulieren dafür folgende hinreichende Bedingung:

Theorem 10.3.4. *Wenn es einen nur mit Aussagenvariablen interpretierten Büschelfragebogen gibt, der eine Menge $\mathfrak{S}$ realisiert, und für alle zu ihm J-P-äquivalenten Büschel und für alle Senkenpaare y, y' gilt:*

$$\text{Wenn } l(y) > l(y') \geqq \varkappa_m(\varphi(y)), \text{ so } p(y) \leqq p(y'),$$

so sind alle C-optimalen Fragebogen Büschel.

Den Beweis führen wir analog Paragraph 1.2.1.

Wenn bei Gleichverteilung auf E ein nur mit Aussagenvariablen interpretiertes Büschel existiert, sind trivialerweise die C-optimalen Fragebogen Büschel, d. h., in diesem Fall ist die Anwendung des DUBAILschen Algorithmus möglich.

Theorem 10.3.5. *Sei* $\mathbf{F} = [Z, \Gamma, z_0, E, \mu_2, \mathfrak{G}, H^*, \Phi, \Psi, \Xi]$ *ein nur mit Aussagenvariablen interpretierter Büschelfragebogen, der ein vorgegebenes Klassifizierungsproblem $\mathfrak{S}$ löst, so daß*

$$\varkappa_m(H) = l(y_H)$$

für alle Ausdrücke H gilt, wobei $\varphi(y_H)$ bezüglich H^* mit H semantisch äquivalent ist. Dann ist $\mathbf{F}$ genau dann C-optimal, wenn $\mathbf{F}$ die obige Eigenschaft hat, d. h., die Struktur der C-optimalen Fragebogen ist in diesem Fall von den Wahrscheinlichkeiten unabhängig.

Zum Beweis merken wir an, daß $l(y) > l(y') \geqq \varkappa_m(\varphi(y))$ nie erfüllbar ist. Verneinen wir die Behauptung, so erhält man wegen der Bemerkungen nach dem letzten Beispiel einen Widerspruch zur obigen Voraussetzung.

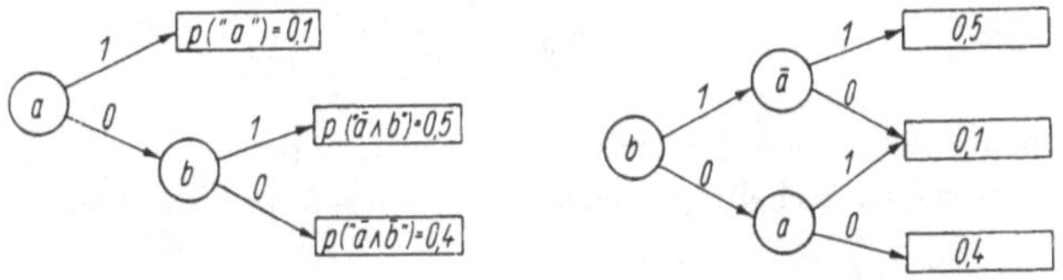

Abb. 10.3.7. J-P-äquivalente aussagenlogisch interpretierte Fragebogen, wobei der linke |Q|- und C-optimal mit $|Q| = 2$ und $C = L = 1{,}9$ ist

In diesem Fall und bei Erfüllung der PICARDschen Optimalitätsbedingungen brauchen wir also nicht zu probieren.

Schließlich zeigen wir am Beispiel des *Städteproblems* (vgl. S. 115 ff.), daß die PICARDschen Beispiele aus den Kapiteln VI und VII mit unseren Mitteln aussagenlogisch dargestellt werden können.

Zu realisieren sei

$$\mathfrak{S} =_{\mathrm{Df}} \{A \wedge \alpha, A \wedge \beta, A \wedge \gamma, B \wedge \alpha, B \wedge \beta, B \wedge \gamma, C \wedge \alpha, C \wedge \beta, C \wedge \gamma\}$$

mit

$$H^* =_{\mathrm{Df}} A \wedge B \vee A \wedge C \vee B \wedge C \vee \bar{A} \wedge \bar{B} \wedge \bar{C}$$
$$\vee\, \alpha \vee \beta \vee \alpha \wedge \gamma \vee \beta \wedge \gamma \vee \bar{\alpha} \wedge \bar{\beta} \wedge \bar{\gamma}$$

und dem Verteilungsgesetz P, wobei die Belegungen durch Vektoren charakterisiert und die Aussagenvariablen in der Reihenfolge $A, B, C, \alpha, \beta, \gamma$ belegt werden,

$$P(1, 0, 0, 1, 0, 0) = 0{,}3; \quad P(1, 0, 0, 0, 1, 0) = 0{,}15;$$
$$P(1, 0, 0, 0, 0, 1) = 0{,}02; \quad P(0, 1, 0, 1, 0, 0) = 0{,}02;$$
$$P(0, 1, 0, 0, 1, 0) = 0{,}02; \quad P(0, 1, 0, 0, 0, 1) = 0{,}35;$$
$$P(0, 0, 1, 1, 0, 0) = 0{,}02; \quad P(0, 0, 1, 0, 1, 0) = 0{,}02;$$
$$P(0, 0, 1, 0, 0, 1) = 0{,}1.$$

Alle anderen Belegungen haben die Wahrscheinlichkeit 0.

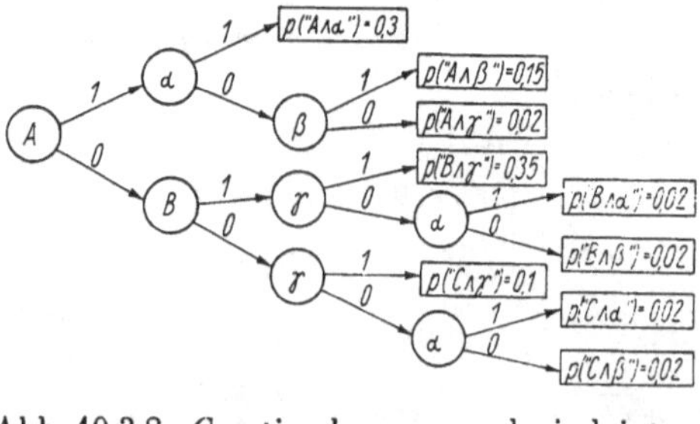

Abb. 10.3.8. C-optimaler aussagenlogisch interpretierter Büschelfragebogen mit $C = \mathrm{L} = 2{,}78$

Dann ist der Fragebogen von Abb. 10.3.8 optimal, obwohl die Senke y mit $p(y) = 0{,}35$ nicht in Z_2 liegt. Beim Vertauschen (vgl. Abb. 10.3.9) kommen andere Senken in Z_4, so daß C insgesamt vergrößert wird.

Durch H^* werden 55 der 64 Belegungen ausgeschlossen. Das hat hier zur Folge, daß alle Ausdrücke zu Elementarkonjunktionen bezüglich H^* äquivalent sind und die minimale Kompliziertheit 2 haben. Wie man leicht sieht, kann man in diesen Fällen die Permutationen sehr einfach ausführen.

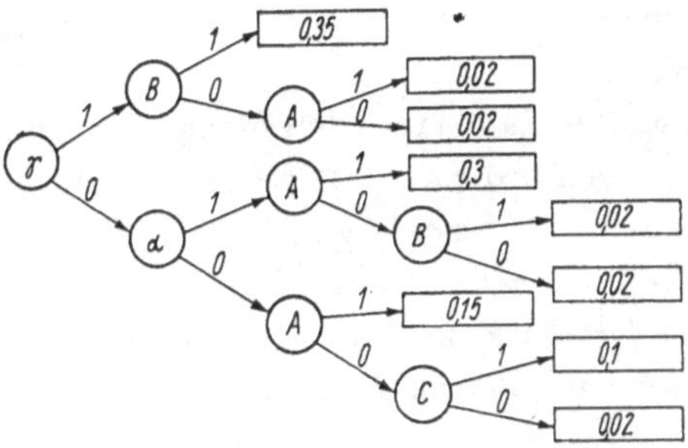

Abb. 10.3.9. Aussagenlogisch interpretierter Büschelfragebogen mit $C = L = 2{,}81$

10.4. Bewertung der Knoten und weitere Optimierungsgrößen

Petolla [50] und Parchonemko [49] führen für Nichtsenken von nicht interpretierten Büscheln eine Bewertung c ein, die sie inhaltlich als *Kosten* deuten. Ausdrücke werden dagegen nicht bewertet. Das erscheint uns nicht sinnvoll, weil in diesem Falle die Kosten eines Knotens nicht verändert werden können, wenn ein derartiger Knoten von unserem Standpunkt aus mit einem anderen Ausdruck interpretiert wird. Deshalb müssen sie den auf S. 100 beschriebenen Äquivalenzbegriff (s-Äquivalenz) verwenden, der noch dadurch verschärft wird, daß die Kosten der $(n + 1)$ Fragen nur permutiert werden dürfen (vgl. auch Paragraph 9.4).

Bei Petolla [50] finden wir jedoch einige interessante Einzelheiten. Diese wollen wir jetzt im heterogenen Fall skizzieren.

Es können auch Unterbüschel mit den Zentren z und z', wobei $z' \in \Gamma z$ oder $z \in \Gamma z'$, vertauscht werden, wenn sie unterschiedliche Basen haben. Es sei $a(z') > a(z)$. Man streicht $a(z') - a(z)$ Bogen in der Frage z', wobei kein Weg von z nach z' oder umgekehrt unterbrochen werden darf, zieht von ihrer Wahrscheinlichkeit die Summe der Wahrscheinlichkeiten der $a(z') - a(z)$ direkten Nachfolger ab. Dann fügt man bei z diese Bogen und die an ihren Endpunkten entspringenden Unterbüschel hinzu und addiert die Wahrscheinlichkeiten. Die Kosten aller Knoten und die Wahrscheinlichkeiten in den permutierten Unterbüscheln bleiben gleich. Deshalb liegt dieses neue Büschel in der gleichen Äquivalenzklasse. Diese Operation ist aber nicht eindeutig. Sie entspricht dem von Picard auf S. 105 angegebenen Verfahren. Außerdem ist sie in der Form bei interpretierten Fragebogen nicht anwendbar.

Um zu zeigen, daß die von PICARD verwendete Menge von Umformungsregeln vollständig ist, beweist PETOLLA das folgende Theorem:

Theorem 10.4.1. *Seien* **F** *und* **F'** *beliebige s-äquivalente Fragebogen. Dann gibt es eine endliche Folge von Permutationen obigen und des auf S.* 37 f. *beschriebenen Typs, wobei dort die Kosten wie die Wahrscheinlichkeiten fest mit den Unterbüscheln verbunden bleiben, so daß* **F** *in* **F'** *und auch* **F'** *in* **F** *überführt werden kann.*

Die Umkehrung gilt ebenfalls (vgl. S. 189).

Durch Permutationen von Unterbüscheln werden die mittleren Kosten C manchmal reduziert. PETOLLA verallgemeinert dabei die Ergebnisse aus Paragraph 1.4.

Er formuliert zusätzlich die folgende Reduktionsregel zur Verkleinerung der mittleren Kosten C:

R 5. *Man ordne den Knoten* $z \in Z$ *mit den kleineren Wahrscheinlichkeiten die größeren Kosten und den größeren „Aufwand" zu.*

Schließlich beweist PETOLLA, daß der verallgemeinerte HUFFMANsche Algorithmus und die von ihm gegebenen Reduktionsregeln einen optimalen Fragebogen liefern.

Für homogene Büschel führt CÉSARI [26], [27] neue Optimierungsgrößen L_s und L_t ein:

$$L_s =_{\mathrm{Df}} \frac{1}{s} \log_a \sum_{y \in \mathrm{E}} p(y) \prod_{\mu=1}^{m} \varkappa^s(z_{\nu_\mu}),$$

wobei $w(y) = [z_{\nu_0}, z_{\nu_1}, \ldots, z_{\nu_m}, y]$ ein Weg durch **F**, $s < 0$ und $\varkappa(z) > 1$ ist, sowie die *„Länge* L_t *von* CAMPBELL" [25]

$$L_t =_{\mathrm{Df}} \frac{1}{t} \log_a \sum_{y \in \mathrm{E}} p(y)\, a^{t \cdot l(y)},$$

wobei a konstant und $t > -1$ ist. Für $t \to 0$ enthält man die ursprüngliche Optimierungsgröße L.

Schließlich bemerken wir, daß es einen gewissen Zusammenhang zwischen L_t und der *Entropie* H_r *von* RÉNYI [64] gibt. RÉNYI definiert

$$\mathrm{H}_r =_{\mathrm{Df}} \frac{1}{1-r} \log_a \sum_{y \in \mathrm{E}} p(y)^r,$$

wobei $r \neq 1$.

Für $r \to 1$ ergibt sich die Definition von H

$$H_1 = - \sum_{y \in E} p(y) \log_a p(y) = H.$$

$\varkappa(x)$ kann man als Bewertung einer Frage x betrachten. Die Basis und die Logarithmusfunktion gehen in die Definition ein. Dadurch ist es möglich, als Äquivalenzdefinition die Existenz einer eindeutigen Abbildung von E auf E′ mit Invarianz der Wahrscheinlichkeiten zu nehmen, ohne daß die Optimierung trivial wird. Außerdem kann man noch Zyklen zulassen; denn L_s und L_t können auch sinnvoll definiert werden, wenn man von interpretierten Fragebogen und von einem Verteilungsgesetz P auf $\mathfrak{G}$ ausgeht.

CÉSARI definiert gewichtete Wahrscheinlichkeiten

$$\Pi_t(z) =_{Df} a^{tl(z)} \sum_{y \in \hat{\Gamma} z \cap E} p(y)\, a^{tl(y)},$$

so daß für $t \neq 0$

$$L_t = \frac{1}{t} \log_a \Pi_t(z_0)$$

gilt. Für $t > 0$ minimiert er bei der Optimierung, für $-1 < t < 0$ maximiert er dagegen. Im letzten Fall deutet CÉSARI die Maximierung als Vergrößerung der *Wahrscheinlichkeit einer richtigen Antwort* (vgl. S. 224). Man kann diese Wahrscheinlichkeit erhöhen, wenn man die mit kleinen Wahrscheinlichkeiten belegten Senken wegläßt (vgl. S. 96 f.). Bei der Optimierung bezüglich L_s und L_t geht CÉSARI in Analogie zu PICARD und PETOLLA vor (Anwendung eines entsprechend verallgemeinerten HUFFMANschen Algorithmus).

Abschließend weisen wir noch auf einen Zusammenhang mit der Informationstheorie hin (vgl. S. 212). Als Verallgemeinerung eines Resultats von CAMPBELL [25] beweist CÉSARI

Theorem 10.4.2. *Es gilt für jeden Fragebogen* $F = [Z, \Gamma, z_0, E, p]$

$$1 > L_t - H_r \geqq 0,$$

wobei $r =_{Df} \dfrac{1}{1+t}$ *mit* $r \geqq 0$ *gesetzt wird.*

Schließlich untersucht CÉSARI, wann $L_t = H_r$ gilt, und betrachtet Fragebogen mit Gleichverteilung auf E sowie Produkte von Fragebogen. Dabei leitet er zu den früheren Resultaten analoge Beziehungen her (vgl. Kap. III und IV).

Theorem 10.4.3. *Sei* $\mathbf{F} = [\mathrm{Z}, \Gamma, z_0, \mathrm{E}, p]$ *ein Fragebogen. Dann ist*

$$L_t = \mathrm{H}_r$$

genau dann, wenn

$$\mathrm{N} = |\mathrm{Q}|(a-1)+1$$

und für alle $z \in \mathrm{Z}$

$$\Pi_t(z) = a^{-(t+1)\cdot l(z)}\,\Pi_t(z_0)$$

gilt.

Bei Gleichverteilung ergibt sich $L_t = k$ und $\mathrm{H}_r = \log_a \mathrm{N}$, falls $\mathrm{N} = a^k$ gilt. L_t und H_r sind also von t bzw. r unabhängig.

10.5. Quasifragebogen

In diesem Abschnitt referieren wir kurz eine Arbeit von PICARD [62]. Anfangs stellen wir die nötigen Definitionen zusammen und erläutern sie danach. Sie sind nur sinnvoll, wenn man ein Verteilungsgesetz P bzw. p auf $\mathfrak{G}$ bzw. E zugrunde legt, d. h., für Fragebogengerüste ohne Verteilungsgesetz sind sie sinnlos.

Wir nennen Senken y mit $p(y) = 0$ *Quasisenken.* Eine Nichtsenke x heißt genau dann *Quasinichtsenke* (*Quasifrage*), wenn es mindestens eine Senke $y \in \Gamma x$ mit $p(y) > 0$ gibt und x mindestens eine Quasisenke als direkten Nachfolger hat. Jeder (interpretierte) Fragebogen **F**, welcher Quasinichtsenken enthält, heißt (*interpretierter*) *Quasifragebogen.* Es müssen also nicht nur Belegungen g mit $P(\{g\}) = 0$, sondern auch Klassen K und Senken y mit $P(K) = p(y) = 0$ vorkommen. Q sei dann die Menge der Nichtsenken und der Quasinichtsenken. Die Wahrscheinlichkeiten der (Quasi-)knoten werden wie üblich berechnet.

Die Definition der Quasifragebogen dient bei PICARD in erster Linie der Abrundung der Theorie. Er führt sie infolgedessen erst 1969 ein [62]. In der Praxis treten sie jedoch häufig in interpretierten Fragebogen auf. Deshalb widmen wir ihnen einen Abschnitt.

MASSON [47] führt *Wägungen* durch, wobei drei Ausgänge möglich sind: Die linke Seite ist schwerer als die rechte, umgekehrt und Gleichgewicht. Er stellt also dreiwertige Fragen. Es kann der Fall eintreten, daß für die Waage nur noch zwei Stellungen möglich sind. MASSON deutet die entsprechenden Fragen als zweiwertige. In Wirklichkeit hat er aber eine dreiwertige Quasifrage gestellt, bei der ein Ausgang, etwa „Gleichgewicht", die Wahrscheinlichkeit Null hat. Diese eben gegebene Deutung wird durch die Verwendung interpretierter Fragebogen nahegelegt.

Ähnliches kann beim *Sortieren von Zahlen* vorkommen. Nach Beantwortung einiger Fragen haben manche Tests nur noch einen Ausgang, nämlich dann, wenn man die Reihenfolge mittels H^* vollständig erschließen kann. In optimalen Programmen (vgl. S. 157) gibt es solche Testfragen nicht.

Vom PICARDschen Standpunkt aus kann man den Sinn der Quasifragebogen darin sehen: Auf Seite 24 f. führt er quasihomogene Büschel ein, da nicht jede Anzahl N von Senken durch ein homogenes Büschel realisierbar ist. Deshalb läßt PICARD eine Ecke mit $\beta + 1$ Ausgängen zu. Jetzt können wir diese Schwierigkeiten umgehen, indem wir eine Quasifrage mit $a - \beta - 1$ Quasisenken und $\beta + 1$ Senken benutzen.

L wird wie üblich als *Erwartungswert der Weglänge* definiert. Man kann sie bei kreisfreien Fragebogen wie früher durch Summation der Wahrscheinlichkeiten aller Fragen und Quasifragen berechnen [62].

Bei der *Äquivalenz* gibt es keine Schwierigkeiten, wenn die eineindeutige Abbildung χ genau die Senken mit positiver Wahrscheinlichkeit erfaßt (vgl. S. 185 f.).

Durch Quasisenken entstehen Quasifragen. Diese erhöhen meistens C. Deshalb wird man ihre Anzahl bei der Optimierung bezüglich C auf ein Minimum, d. h. auf höchstens eine beschränken (quasihomogene Büschelfragebogen).

10.6. Fragebogen mit Zyklen

In einigen Arbeiten [55], [57], [60] beschäftigt sich PICARD mit Fragebogen, die Zyklen enthalten. Bei unserem allgemeinen Ansatz gibt es dabei keine Schwierigkeiten. L (vgl. S. 188) und H lassen sich dagegen bei Existenz von Zyklen nicht ohne weiteres definieren; denn es laufen evtl. mehrere Bogen zusammen. Das hat den Verlust von (überflüssiger) Information zur Folge. Wenn man nun ausgehend von den Wahrscheinlichkeiten der Senken die der Nichtsenken berechnen will, darf man sie nicht einfach addieren. Wird dies ausgeführt, so werden einige Wahrscheinlichkeiten mehrfach gezählt. Denn bei der Identifikation von „strukturgleichen" Unterbüscheln (vgl. S. 234), was die Existenz von Zyklen nach sich zieht, wurden die Wahrscheinlichkeiten addiert. Weil man aus einer Summe nicht auf die Größe der Summanden schließen kann, ist die eigentlich notwendige Aufteilung der Wahrscheinlichkeiten nicht ausführbar. Deshalb fordert PICARD ad hoc die Vorgabe einer eindeutigen Abbildung p_Γ von der Bogenmenge Γ in das Intervall [0,1]. Sie muß folgende Bedingungen erfüllen:

$$\sum_{z \in \Gamma z_0} p_\Gamma(z_0, z) = \sum_{y \in \mathrm{E}} \sum_{z \in \Gamma^{-1} y} p_\Gamma(z, y) = 1$$

und für alle $x \in \mathrm{Q}$

$$\sum_{z \in \Gamma x} p_\Gamma(x, z) = \sum_{z \in \Gamma^{-1} x} p_\Gamma(z, x).$$ [1]

Wenn man
$p_\Gamma(z, z') =_{\mathrm{Df}} P(\{g : g \in \mathfrak{G}$ und $[z, z']$ wird nach Eingabe von g durchlaufen$\})$ setzt, so wurde mittels P eine Abbildung p_Γ definiert, die auch die obigen Bedingungen erfüllt.

Schließlich definiert PICARD eine eindeutige Abbildung p von Z in [0,1]:

$$p(z) =_{\mathrm{Df}} \begin{cases} \sum_{z' \in \Gamma z} p_\Gamma(z, z'), & \text{falls} \quad z \in \mathrm{Q} \\ \sum_{x \in \Gamma^{-1} z} p_\Gamma(x, z), & \text{falls} \quad z \in \mathrm{E}. \end{cases}$$

Diese Abbildung stimmt mit der früher auf S. 21 und S. 184 eingeführten Abbildung gleicher Bezeichnung überein.

Nun konstruieren wir zu einem Fragebogen mit Zyklen wie folgt ein „*Büschel* **B** *der Wege*" (vgl. [45]). Das Verfahren ist dem von PICARD [57] verwendeten ähnlich.

Zuerst ordnet man die Knoten nach folgender Ordnung:

$$[\varrho, \sigma] \leqq [\varrho', \sigma'] =_{\mathrm{Df}} \varrho < \varrho' \quad \text{oder} \quad \varrho = \varrho' \quad \text{und} \quad \sigma \leqq \sigma'.$$

Danach prüft man bei der „größten" Ecke z, ob $|\Gamma^{-1} z| > 1$ gilt. Wenn diese Bedingung erfüllt ist, schreibt man diese Ecke mit dem in ihr ent-

[1] Aus diesen Bedingungen folgt, daß p_Γ auch als Fluß mit der Stromstärke 1 durch den dem Fragebogen zugeordneten Graphen von der Quelle z_0 zu den Senken $y \in \mathrm{E}$ gedeutet werden kann.

springenden Unterbüschel an das Ende jedes in z einlaufenden Bogens und geht zur nächsten (d. h. „kleineren") Ecke z' über. Ist obige Bedingung nicht erfüllt, so prüft man sofort, ob z' ihr genügt. Der Prozeß ist beendet, wenn die Quelle erreicht ist.

Bei der Konstruktion eines Büschels der Wege muß man die Wahrscheinlichkeiten (auch in den Unterbüscheln) noch einmal aufteilen. Die damit verbundenen Schwierigkeiten meistert PICARD, indem er beliebig wählbare positive Parameter einführt. Mittels eines Verteilungsgesetzes P auf $\mathfrak{G}$ lassen sie sich sowie die Wahrscheinlichkeiten der neuen Knoten und Wege eindeutig bestimmen.

Wenn alle Fragen eine von P unabhängige Bewertung $\varkappa$ haben, gilt wegen $C = \sum_{x \in Q} p(x) \varkappa(\Psi(x))$ [45], [60]:

Theorem 10.6.1. *Für jeden Fragebogen* **F** *und jedes zugehörige Büschel* **B** *der Wege von* **F** *gilt:*

$$C_{\mathbf{F}} = C_{\mathbf{B}}.$$

Zur Definition der verallgemeinerten Entropie HG für Fragebogen mit Zyklen müssen wir $h(z)$ noch einmal erklären:

$$h(z) =_{\mathrm{Df}} - \sum_{z' \in \Gamma_z} \frac{p_\Gamma(z, z')}{p(z)} \log_{a(z)} \frac{p_\Gamma(z, z')}{p(z)}.$$

Die verallgemeinerte Entropie HG ist dann

$$\mathrm{HG} =_{\mathrm{Df}} \sum_{w \in \mathrm{W(E)}} p(w)\, h(w),$$

wobei $h(w)$ wie früher definiert ist (vgl. S. 211).

Daraus folgt als Verallgemeinerung eines Resultats von DUBAIL (vgl. S. 212)

$$\mathrm{HG} = \sum_{x \in Q} p(x)\, h(x),$$

wenn man $\varkappa(\Psi(x)) =_{\mathrm{Df}} h(x)$ auf S. 186 setzt.

Die letzte Beziehung dient PICARD [55], [57] zur Definition von HG, die er als die *„durch einen Fragebogen verarbeitete Information"* bezeichnet. Im Gegensatz dazu nennt er die Entropie H, die z. B. mit der größten Basis a_M berechnet wird, die *„durch einen Fragebogen übertragene Information"*.

Wie das in Abb. 10.3.6 dargestellte Beispiel zeigt, *stimmen die verallgemeinerte Entropie* HG *bei Fragebogen* **F** *mit Zyklen und ihren zugehörigen*

Büscheln **B** *der Wege im allgemeinen nicht überein.* Man braucht nur die Zyklen im rechten Fragebogen zu beseitigen. Dann liegt ein Büschel vor, dessen verallgemeinerte Entropie HG_1 von HG_2 verschieden ist.

Mit dem Verhältnis von H und HG beschäftigt sich PICARD genauer [55], [57]. Dazu definiert er einen Büschelfragebogen $\mathbf{B}^*$ in folgender Weise: In einem aus einem Fragebogen **F** entstandenen Büschel **B** der Wege werden die Wahrscheinlichkeiten von **F** „proportional" aufgeteilt, und zwar wird die Aufteilung schrittweise vorgenommen.

Wie man sich erinnert, wurde das Büschel **B** der Wege sukzessive aus **F** gewonnen. Man begann mit der „größten" Ecke z und prüfte, ob $|\Gamma^{-1}z| > 1$ gilt. War diese Bedingung erfüllt, so wurde z durch $|\Gamma^{-1}z|$ Knoten ersetzt. Dabei bleiben die Wahrscheinlichkeiten der in z einlaufenden Bogen konstant, die der auslaufenden müssen dagegen aufgeteilt werden, und zwar wie folgt: Es werde die Wahrscheinlichkeit $p^*(z^*)$ eines Bildes z^* von z per definitionem gleich der Wahrscheinlichkeit des in z^* einlaufenden Bogens gesetzt. Für einen von z^* zu einem direkten Nachfolger $z^{*\prime}$ von z^* verlaufenden Bogen wird die Wahrscheinlichkeit $p^*(z^*, z^{*\prime})$ folgendermaßen definiert:

$$p^*(z^*, z^{*\prime}) =_{\mathrm{Df}} \frac{p_\Gamma(z, z')}{p(z)}\, p^*(z^*),$$

wobei $z' \in Z_{\mathbf{F}}$ das Urbild von $z^{*\prime}$ ist. Entsprechend werden die anderen Nachfolger von z^* definiert. Dann geht man zur nächst „kleineren" Ecke z' über. War obige Bedingung nicht erfüllt, so prüft man sofort, ob z' ihr genügt usw.

Nun beweist PICARD folgendes Theorem:

Theorem 10.6.2. *Für jeden Fragebogen* **F** *gelten folgende Beziehungen:*

$$\mathrm{H}(\mathbf{F}) \leqq \mathrm{H}(\mathbf{B}) = \mathrm{HG}(\mathbf{B}) \leqq \mathrm{HG}(\mathbf{B}^*) = \mathrm{H}(\mathbf{B}^*) = \mathrm{HG}(\mathbf{F}),$$

d. h., $\mathbf{B}^*$ „überträgt" den maximalen Wert der verallgemeinerten Entropie aller **F** entsprechenden Büschel **B** der Wege. Dieser Wert stimmt mit HG(**F**) überein. *Die Gleichheitszeichen gelten für Büschelfragebogen.*

Diese „proportionale" Aufteilung der Wahrscheinlichkeiten kann man benutzen, wenn kein Verteilungsgesetz bekannt ist. Anderenfalls sind mit Vorgabe eines Verteilungsgesetzes P auf $\mathfrak{G}$ alle von Wahrscheinlichkeiten abhängigen Größen eindeutig bestimmt.

10.7. Informationstheoretische Deutung des HUFFMANschen Algorithmus und verallgemeinerte Entropiebegriffe

PICARD beschäftigt sich in mehreren Arbeiten [52], [58], [59], [61] mit der axiomatischen Einführung einer Entropie. Dabei schließt er sich der Axiomatik von FADDEJEW [31] (vgl. auch RÉNYI [64, S. 441]) an.

Wenn es möglich ist, jeweils unterschiedlich viele Wahrscheinlichkeiten zusammenzufassen (vgl. verallgemeinerten HUFFMANschen Algorithmus), dann wird die Größe der Entropie eines Fragebogens auch davon abhängen, wie viele Wahrscheinlichkeiten wann zusammengefaßt wurden. Das entspricht dem Fall der heterogenen Büschelfragebogen. Eine Verallgemeinerung der Axiome auf diesen Fall ist möglich. Dabei muß die derart definierte Entropie H mit HG (vgl. S. 211) übereinstimmen. Bei der von PICARD für heterogene Büschelfragebogen, die nach dem verallgemeinerten HUFFMANschen Algorithmus (vgl. S. 107) konstruiert wurden, definierten Entropie (Acquisition) ist das beispielsweise der Fall.

PICARD [59], [61] zeigt, daß *die* L-*optimalen Fragebogen nicht immer* HG-*optimal sind.* Bei der s-Äquivalenz (vgl. S. 100) kann man also ein sinnvolles Optimierungsproblem bezüglich HG stellen. Allerdings ergeben sich bei Zugrundelegung der D-Äquivalenz mehr Möglichkeiten (s. S. 213 f.).

Durch das verallgemeinerte Axiom von FADDEJEW [58], [61]

$$H_N(p_1, \ldots, p_N) = H_{N-a(x)+1}(p_1, \ldots, p_{N-a(x)}, s) + s\, H_{a(x)}\left(\frac{p_{N-a(x)+1}}{s}, \frac{p_{N-a(x)+2}}{s}, \ldots, \frac{p_N}{s}\right),$$

wobei $s =_{Df} \sum_{i=1}^{a(x)} p_{N-i}$, wird ein Zusammenhang zwischen dem verallgemeinerten HUFFMANschen Algorithmus nahegelegt. Dazu beweist PICARD durch Abschätzungen folgendes Theorem [59], [61]:

Theorem 10.7. *In jedem Schritt des verallgemeinerten* HUFFMAN*schen Algorithmus wird eine Ecke x konstruiert, die eine minimale „Informationszufuhr" $p(x)\,h(x)$ gewährleistet.*

Der HUFFMANsche Algorithmus arbeitet bekanntlich von „unten" nach „oben" (vgl. S. 81 f.). Im Gegensatz dazu wird bei der FANOschen Methode von „oben" nach „unten" (vgl. S. 45 f.) die „Informationszufuhr" maximiert. Es wurde bereits festgestellt, daß diese Methoden im allgemeinen verschiedene Ergebnisse liefern. Durch die gefundenen Beziehungen kann man untersuchen, in welchen Fällen Übereinstimmung herrscht [59], [61].

Literaturverzeichnis

[1] BERGE, C.: Théorie des graphes et ses applications. Paris 1958.

[2] BERGE, C., et A. GHOUILA-HOURI: Programmes, jeux et réseaux de transport. Paris 1962.
(Deutsche Übersetzung: BERGE, C., und A. GHOUILA-HOURI: Programme, Spiele und Transportnetze. Leipzig 1967.)

[3] Хинчин А. Я.: Понятие энтропии в теории вероятности. Успехи мат. наук **8** (1953), 3–20.
(Deutsche Übersetzung: CHINTSCHIN, A. J.: Der Begriff der Entropie in der Wahrscheinlichkeitsrechnung. In: Arbeiten zur Informationstheorie **I**, 7–25. Berlin 1961.
Englische Übersetzung: KHINCHIN, A. I.: Mathematical foundations of information theory. Dover–New York 1957.)

[4] Хинчин А. Я.: Об основных теоремах теории информации. Успехи мат. наук **11** (1956), 17–75.
(Deutsche Übersetzung: CHINTSCHIN, A. J.: Über grundlegende Sätze der Informationstheorie. In: Arbeiten zur Informationstheorie **I**, 26–85. Berlin 1961.
Englische Übersetzung: Siehe [3].)

[5] FALKOFF, A. D.: Algorithms for parallel – search memories. J. ACM **9** (1962), 488–511.

[6] FEINSTEIN, A.: Foundations of Information Theory. New York 1958.

[7] HIBBARD, T. N.: Some combinatorial properties of certain trees with application to searching and sorting. J. ACM **9** (1962), 13–28.

[8] HUFFMAN, D. A.: A method for the construction of minimum-redundancy codes. Proc. Inst. Radio Engrs. **9** (1952), 1098–1101.

[9] Яглом А. М., и И. М. Яглом: Вероятность и информация. Москва 1957.
(Deutsche Übersetzung: JAGLOM, A. M., und I. M. JAGLOM: Wahrscheinlichkeit und Information. Berlin 1960.
Französische Übersetzung: YAGLOM, A. M., et I. M. YAGLOM: Probabilité et information. Paris 1959.)

[10] KÖNIG, D.: Theorie der endlichen und unendlichen Graphen. Leipzig 1936 und New York 1950.

[11] LUCAS, E.: Théorie des nombres. Paris 1891 und Paris 1961.

[12] MOOERS, C. N.: Some mathematical fundamentals of the use of symbols in information retrieval. In: Information Processing (Bericht der Inter-

nationalen Tagung über Informationsverarbeitung, UNESCO, Paris, 15.–20. Juni 1959), 315–321. Paris–München–London 1960.

[13] Picard, C. F.: Automatisation des méthodes mathématiques employées en calcul automatique. 7ª Rassegna Elettronica. Congresso per l'elettronica, 407–424. Rom 1960.

[14] Picard, C. F.: Cheminement optimum et théorie de l'information. In: Information Processing 1962, Proceedings of IFIP Congress 62 (Ed. C. M. Popplewell), 720–721. Amsterdam 1963.

[15] Prywes, N. S., and H. J. Gray: The multi list system for real-time storage and retrieval. In: Information Processing 1962, Proceedings of IFIP Congress 62 (Ed. C. M. Popplewell), 273–278. Amsterdam 1963.

[16] Roy, B.: Cheminement et connexité dans les graphes. Paris. Thèse. 1961.

[17] Shannon, C. E.: A mathematical theory of communication. Bell Syst. Techn. J. **27** (1948), 379–423 und 623–658.

[18] Shannon, C. E., and W. Weaver: The mathematical theory of communication. Urbana 1949.

[19] So. F. R. O.: Revue Française de Recherche Opérationelle. Prolèmes 11 (S. 184), 12 et 12a (S. 281). nos 23 et 24, vol. 6, Paris 1962.

[20] Ville, J. A.: Leçons sur quelques aspects nouveaux de la théorie des probabilités. Ann. Inst. H. Poincaré **14** (1954), 61–143.

[21] Ville, J. A.: Théorie de l'information. Cours de la Chaire d'Econométrie, Faculté des Sciences. Paris 1961.

Literaturverzeichnis der Herausgeber

[22] Bachmann, K. H.: ALGOL-Programmierung. Berlin 1967.

[23] Blackwell, D., and M. A. Girshick: Theorie of games and statistical decision. New York 1954.

[24] Burger, E.: Einführung in die Theorie der Spiele. Berlin 1959.

[25] Campbell, L. L.: A coding theorem and Rényi's entropy. Information and Control **8** (1965), 423–429.

[26] Césari, Y.: Questionnaire, codage et tris. Publication de l'Institut Blaise Pascal, Paris 1968.

[27] Césari, Y.: Nouvelle extension de l'algorithme de Huffman. In: [38].

[28] Chenais, D., F. Dubail et M. Terrenoire: Questionnaires réalisables optimaux. Unveröffentlicht. 1968.

[29] Chenais, D., et M. Terrenoire: Nouveaux critères d'optimisation pour des questionnaires réalisables. In: [38].

[30] Dubail, F.: Algorithmes de questionnaires réalisables, optimaux au sens de différents critères. Lyon, Faculté des Sciences. Thèse. 1967.

[31] Фаддеев Д. К.: К понятию энтропии конечной вероятностной схемы. Успехи мат. наук **XI** (1956), 227–231.

(Deutsche Übersetzung: FADDEJEW, D. K.: Zum Begriff der Entropie eines endlichen Wahrscheinlichkeitsschemas. In: Arbeiten zur Informationstheorie **I**, 86–90. Berlin 1961.)

[32] FANO, R. M.: Transmission of information. The MIT-Press 1961.
(Deutsche Übersetzung: FANO, R. M.: Informationsübertragung. München–Wien 1966.)

[33] FEY, P.: Informationstheorie. Berlin 1966.

[34] FISCHBACH, F., und P. BÜTTGEN: Die Methodik der Großraumspeicher. Mainz 1967.

[35] FISCHBACH, F., und P. BÜTTGEN: IDS Integrierte Daten-Speicherung. Mainz 1967.

[36] Глушков В. М.: О применении абстрактной теории автоматов для минимизации микропрограмм. Тех. киб. **1** (1964), 3–8.

[37] HENZE, E.: Einführung in die Informationstheorie. Berlin 1967.

[38] Informatique, théorique et questionnaires. Seminaire sur les questionnaires. Publication de l'Institut Blaise Pascal. Paris 1968.

[39] Янов Ю. И.: О логических схемах алгоритмов. Проблемы кибернетики **1** (1958), 75–127.
(Deutsche Übersetzung: JANOW, J. I.: Über logische Schemata von Algorithmen. Probleme der Kybernetik **1** (1962), 87–144.)

[40] Калужнин Л. А.: Об алгоритмизации математических задач. Проблемы кибернетики **2** (1959), 51–67.
(Deutsche Übersetzung: KALOUJNINE, L. A.: Über die Algorithmierung mathematischer Aufgaben. Probleme der Kybernetik **2** (1963), 54–74.)

[41] KERNER, I. O., und G. ZIELKE: Einführung in die algorithmische Sprache ALGOL. Leipzig 1966.

[42] KUMMER, G.: Zur Minimisierung von Algorithmenschemata. Jena, Friedrich-Schiller-Universität. Diplomarbeit, 1968.

[43] Лазарев В. Г.: Способ минимизации логической схемы алгоритма. Автоматика и телемеханика **10** (1965), 1838–1843.

[44] Ляпунов А. А.: О логических схемах программ. Проблемы кибернетики **1** (1958), 46–74.
(Deutsche Übersetzung: LJAPUNOW, A. A.: Über logische Programmschemata. Probleme der Kybernetik **1** (1962), 53–86.)

[45] LÜDDE, E.: Optimierung von logischen Entscheidungen. Jena, Friedrich-Schiller-Universität. Diplomarbeit. 1968.

[46] LÜDDE, E.: Optimierung von logischen Entscheidungen. Wiss. Z. Hochsch. Archit. Bauwes. Weimar **16** (1969), 265–267.

[47] MASSON, P.: Sur quelques problèmes de pesée. Paris, Faculté des Sciences. Diplomarbeit. 1967.

[48] MEYER-EPPLER, W.: Grundlagen und Anwendung der Informationstheorie. Berlin 1959.

[49] Пархонемко П. П.: Оптимальные вопросники с неравными ценами вопросов. Доклады Академии наук СССР Москва **184** (1969) №1, 51–54.

[50] PETOLLA, S.: Extension de l'algorithme d'Huffman à une classe de questionnaires avec côuts. Lyon, Thèse. 1969.

[51] PICARD, C. F.: Problèmes de recherche de l'information et questionnaires. In: IVe Congrès de Calcul et de Traitement de l'information, A. F. I. R. O., Versailles 1964, 61–70. Paris 1965.

[52] PICARD, C. F.: Théorie de l'information et théorie des graphes. R. F. T. I. **9** (1966), 15–40.

[53] PICARD, C. F.: Quelques idées récentes sur le problème du tri. R. F. T. I. **9** (1966), 41–46.

[54] PICARD, C. F.: Sur un probleme de pesées. Revue Française d'Informatique et Recherche Opérationelle **1** (1967), 63–72.

[55] PICARD, C. F.: Valeur maximale de l'information traitée. Comptes Rendus Acad. Sc. Paris **265** (1967) série A, 624–627.

[56] PICARD, C. F.: Panorama des liaisons entre graphes et ordinateurs. Théorie des Graphes (Sommées Internationales), 301–314. Paris 1967.

[57] PICARD, C. F.: Théorèmes de l'information traitée. In: Proceedings of the Colloquium on Information Theorie, Debrecen 1967, 317–339. Budapest 1968.

[58] PICARD, C. F.: Information, acquisition, précision. In: Programmation en mathématiques numériques, Colloques internationaux du C. N. R. S. Besançon 1966, 253–268. Paris 1968.

[59] PICARD, C. F.: Interprétation informationelle de l'algorithme de Huffman. Comptes Rendus Acad. Sc. Paris **266** (1968) série A, 998–1000.

[60] PICARD, C. F.: Sur la longueur de cheminement d'un questionnaire latticiel. In: [38].

[61] PICARD, C. F.: Axiomes de Faddeev, algorithme de Huffman et acquisition. Unveröffentlicht. 1969.

[62] PICARD, C. F.: Quasi-questionnaires, codes and Huffman's length. Kybernetica **6** (1970), 418–435.

[63] PICARD, C. F.: Éléments de la théorie des graphes **I**. Publication de l'Institut Blaise Pascal. Paris 1969.

[64] RÉNYI, A.: Wahrscheinlichkeitsrechnung. Berlin 1962.

[65] ROHLEDER, H.: Über die Synthese von Reihenparallelschaltungen bei unvollständig gegebenen Arbeitsbedingungen. Ztschr. f. math. Logik **8** (1962), 165–199.

[66] ROHLEDER, H.: Ein Verfahren zum Aufsuchen minimaler Ausdrücke. Ztschr. f. math. Logik **9** (1963), 125–140.

[67] SCHATTE, P.: Tabellen als Hilfsmittel beim Programmentwurf. Rechentechnik Datenverarbeitung **7** (1970), H. 2, 38–43, H. 3, 42–48.

[68] SCHNEIDER, M.: Information sans probabilité sur un questionnaire. In: [38].

[69] SOBEL, M.: On an optimal search for the *t* best using binary errorless comparisons. In: [38].

[70] THIELE, H.: Zur Bewertung von Algorithmen. Z. Psychol. **171** (1965), 275–285.

[71] THIELE, H.: Wissenschaftstheoretische Untersuchungen in algorithmischen Sprachen I. Berlin 1966.

[72] THIELE, H.: Über einen sequentiellen Prädikatenkalkül als Grundlage für den Aufbau problemorientierter algorithmischer Sprachen. Wiss. Ztschr. TU Dresden **17** (1968), 1122–1126.

Nach Redaktionsschluß

[73] AGGARWAL, N. L.: Sur la perte d'information dans un questionnaire. Comptes Rendus Acad. Sc. Paris **270** (1970) série A, 1190–1193.

[74] BAKHTAOUI, A.: Algorithmes de forêts minimales, réseaux de transport et optimalité. Paris, Thèse. 1972.

[75] BOUCHON, B.: Questionnaires représentant des propositions logiques. Comptes Rendus Acad. Sc. Paris **274** (1972) série A, 791–794.

[76] BOUCHON, B.: Réalisations de questionnaires et propositions logiques. Paris, Thèse. 1972.

[77] CÉSARI, Y.: Optimisation des questionnaires avec contrainte de rang. In: Proceedings of the Colloquium on Combinatorial theory and its applications, Balatonfüred 1969, 213–215. Amsterdam 1970.

[78] CHATY, G.: Cheminements remarquables dans les graphes: existence, obtention, conservation. Paris, Thèse Sc. Math. 1971.

[79] CHENAIS, D., et M. TERRENOIRE: Détermination de la réalisation d'un processus aléatiore a l'aide de pseudoquestionnaires. In: Proceedings of the Colloquium on Combinatorial theory and its applications, Balatonfüred 1969, 217–237. Amsterdam 1970.

[80] CHENAIS, D.: Ordre sur un ensemble de questions. Comptes Rendus Acad. Sc. Paris **273** (1971) série A, 419–421.

[81] DUNCAN, G. T.: Information and questionnaires in statistical inference. Annals of mathematical statistics, Oktober 1970.

[82] GHERSI, T.: Questionnaires latticiels, réseaux de transport et optimalité. Paris, Thèse. 1970.

[83] GUIAȘU, S.: Weighted entropy. Reports on Mathematical Physics **2** (1971), 165–179.

[84] GUIAȘU, S., et C. F. PICARD: Borne inférieure de la longueur utile de certains codes. Comptes Rendus Acad. Sc. Paris **273** (1971) série A, 248–251.

[85] LÜDDE, E.: Anwendung der Fragebogentheorie in der Theorie der Suchverfahren. Wiss. Z. der Humboldt-Universität zu Berlin, Math.-Nat. R.XXI (1972) H. 5, 535–539.

[86] PATRIS, J.: Questionnaires avec circuits. Paris, Thèse. 1972.

[87] PETOLLA, G.: Coûts, contraintes, ordres et questionnaires. Lyon, Thèse. 1970.

[88] PICARD, C. F.: Probabilités sur des graphes et information traitée par des questionnaires. In: Transactions of the 6th Prague Conference on Infor-

mation theory, statistical decision functions and random processes, Praha 1971.
[89] PICARD, C. F., et M. SCHNEIDER: Information du type M transmise par un questionnaire latticiel. Comptes Rendus Acad. Sc. Paris **274** (1972) série A, 660–663.
[90] PICARD, C. F.: Graphes et questionnaires **1**. Paris 1972.
[91] PICARD, C. F.: Graphes et questionnaires **2**. Paris 1972.
[92] SCHNEIDER, M.: Information généralisée et questionnaires. Lyon, Thèse. 1970.
[93] SIMON, J. C., and C. ROCHE: Application of questionnaire theory to pattern recognition. Second International Joint Conference on artificial intelligence. London 1971.
[94] TABOY, J. P.: Détermination d'une organisation mémoire permettant la partition d'un fichier par la théorie des questionnaires. Paris, Thèse. 1971.
[95] TERRENOIRE, M.: Une généralisation des questionnaires: les pseudoquestionnaires. Comptes Rendus Acad. Sc. Paris **720** (1970) série A, 263–265.
[96] TERRENOIRE, M.: Pseudoquestionnaires et information. Comptes Rendus Acad. Sc. Paris **271** (1970) série A, 884–887.
[97] TERRENOIRE, M.: Un modèle mathématique de processus d'interrogation: les pseudoquestionnaires. Grenoble, Thèse Sc. Math. 1970.

Kolibri 360 GmbH
Ferdinand-Jühlke-Straße 7
99095 Erfurt, Deutschland
produktsicherheit@kolibri360.de